国家出版基金项目
NATIONAL PUBLICATION FOUNDATION

主 编 周 钟
副主编 杨静熙 张 敬 蔡德文
蒋 红 廖成刚 游 湘

大国重器

中国超级水电工程·锦屏卷

复杂地质特高拱坝设计关键技术

王仁坤 张敬 周钟 饶宏玲 杨强 等 编著

中国水利水电出版社
www.waterpub.com.cn
·北京·

内 容 提 要

  本书系国家出版基金项目——《大国重器 中国超级水电工程·锦屏卷》之《复杂地质特高拱坝设计关键技术》分册。本书依托锦屏一级水电站305m特高拱坝工程，围绕复杂地质条件下建坝条件、建基面选择、体形设计、拱座稳定分析、坝基变形控制、坝体防裂风险、坝肩边坡变形影响及拱坝整体安全等关键技术问题，论证了建坝的可行性，研究确定了坝基可利用岩体，开展了拱坝体形优化设计，探讨评价了拱座的抗滑稳定分析方法及其稳定性，提出了控制坝基变形的拱端抗变形系数与加固方案，识别拱坝开裂风险，开展断层、软岩的流变及弱化试验，揭示了边坡长期变形对拱坝结构的影响，采用多种方法评价了拱坝-地基的整体安全性。本书研究成果成功应用于锦屏一级工程特高拱坝的建设，并经受了工程安全运行的考验。

  本书可供从事水利水电工程设计、科研、管理人员和高等院校相关专业师生阅读，也可供其他相关专业人员参考。

图书在版编目（CIP）数据

复杂地质特高拱坝设计关键技术 ／ 王仁坤等编著
. -- 北京 ：中国水利水电出版社，2022.3
 （大国重器 中国超级水电工程. 锦屏卷）
 ISBN 978-7-5226-0598-2

Ⅰ．①复… Ⅱ．①王… Ⅲ．①水利水电工程－高坝－拱坝－设计－研究－凉山彝族自治州 Ⅳ．①TV642.4

中国版本图书馆CIP数据核字(2022)第056002号

书　　名	大国重器 中国超级水电工程·锦屏卷 **复杂地质特高拱坝设计关键技术** FUZA DIZHI TEGAO GONGBA SHEJI GUANJIAN JISHU
作　　者	王仁坤　张敬　周钟　饶宏玲　杨强 等编著
出版发行	中国水利水电出版社 （北京市海淀区玉渊潭南路1号D座　100038） 网址：www.waterpub.com.cn E-mail：sales@mwr.gov.cn 电话：（010）68545888（营销中心）
经　　售	北京科水图书销售有限公司 电话：（010）68545874、63202643 全国各地新华书店和相关出版物销售网点
排　　版	中国水利水电出版社微机排版中心
印　　刷	北京印匠彩色印刷有限公司
规　　格	184mm×260mm　16开本　18印张　438千字
版　　次	2022年3月第1版　2022年3月第1次印刷
定　　价	**160.00元**

《大国重器 中国超级水电工程·锦屏卷》
编撰委员会

高级顾问	马洪琪	钟登华	王思敬	许唯临
主　　任	王仁坤			
常务副主任	周　钟			
副 主 任	杨静熙	张　敬	蔡德文	蒋　红
	廖成刚	游　湘		
委　　员	李文纲	赵永刚	郎　建	饶宏玲
	唐忠敏	陈秋华	汤雪峰	薛利军
	刘　杰	刘忠绪	邢万波	张公平
	刘　跃	幸享林	陈晓鹏	
主　　编	周　钟			
副 主 编	杨静熙	张　敬	蔡德文	蒋　红
	廖成刚	游　湘		

《复杂地质特高拱坝设计关键技术》
编 撰 人 员

主　　编　王仁坤

副 主 编　张　敬　周　钟　饶宏玲　杨　强

参编人员　唐忠敏　薛利军　庞明亮　唐　虎

　　　　　　陈秋华　祝海霞　郑付刚

　　锦绣山河，层峦叠翠。雅砻江发源于巴颜喀拉山南麓，顺横断山脉，一路奔腾，水势跌宕，自北向南汇入金沙江。锦屏一级水电站位于四川省凉山彝族自治州境内，是雅砻江干流中下游水电开发规划的控制性水库梯级电站，工程规模巨大，是中国的超级水电工程。电站装机容量 3600MW，年发电量166.2 亿 kW·h，大坝坝高 305.0m，为世界第一高拱坝，水库正常蓄水位1880.00m，具有年调节功能。工程建设提出"绿色锦屏、生态锦屏、科学锦屏"理念，以发电为主，结合汛期蓄水兼有减轻长江中下游防洪负担的作用，并有改善下游通航、拦沙和保护生态环境等综合效益。锦屏一级、锦屏二级和官地水电站组成的"锦官直流"是西电东送的重点项目，可实现电力资源在全国范围内的优化配置。该电站的建成，改善了库区对外、场内交通条件，完成了移民及配套工程的开发建设，带动了地方能源、矿产和农业资源的开发与发展。

　　拱坝以其结构合理、体形优美、安全储备高、工程量少而著称，在宽高比小于 3 的狭窄河谷上修建高坝，当地质条件允许时，拱坝往往是首选的坝型。从 20 世纪 50 年代梅山连拱坝建设开始，到 20 世纪末，我国已建成的坝高大于 100m 的混凝土拱坝有 11 座，拱坝数量已占世界拱坝总数的一半，居世界首位。1999 年建成的二滩双曲拱坝，坝高 240m，位居世界第四，标志着我国高拱坝建设已达到国际先进水平。进入 21 世纪，我国水电开发得到了快速发展，目前已建成了一批 300m 级的高拱坝，如小湾（坝高 294.5m）、锦屏一级（坝高 305.0m）、溪洛渡（坝高 285.5m）。这些工程不仅坝高、库大、坝身体积大，而且泄洪功率和装机规模都位列世界前茅，标志着我国高拱坝建设技术已处于国际领先水平。

　　锦屏一级水电站是最具挑战性的水电工程之一，开发锦屏大河湾是中国几代水电人的梦想。工程具有高山峡谷、高拱坝、高水头、高边坡、高地应力、深部卸荷等"五高一深"的特点，是"地质条件最复杂，施工环境最恶劣，技术难度最大"的巨型水电工程，创建了世界最高拱坝、最复杂的特高拱坝基础处理、坝身多层孔口无碰撞消能、高地应力低强度比条件下大型地下洞室群变形控制、世界最高变幅的分层取水电站进水口、高山峡谷地区特高拱坝施工总布置等多项世界第一。工程位于雅砻江大河湾深切高山峡谷，地质条件极其复杂，面临场地构造稳定性、深部裂缝对建坝条件的影响、岩体工程地质特性及参数选取、特高拱坝坝基岩体稳定、地下洞室变形破坏等重大工程地质问题。坝基发育有煌斑岩脉及多条断层破碎带，左岸岩体受特定构造和岩性影响，卸载十分强烈，卸载深度较大，深部裂缝发育，给拱坝基础变形控制、加固处理及结构防裂设计等带来前所未有的挑战，对此研究提出了复杂地质拱坝体形优化方法，构建了拱端抗变形系数的坝基加固设计技术，分析评价了边坡长期变形对拱坝结构的影响。围绕极低强度应力比和不良地质体引起的围岩破裂、时效变形等现象，分析了三轴加卸载和流变的岩石特性，揭示了地下厂房围岩渐进破裂演化机制，提出了洞室群围岩变形稳定控制的成套技术。高拱坝泄洪碰撞消能方式，较好地解决了高拱坝泄洪消能的问题，但泄洪雾化危及机电设备与边坡稳定的正常运行，对此研究提出了多层孔口出流、无碰撞消能方式，大幅降低了泄洪雾化对边坡的影响。高水头、高渗压、左岸坝肩高边坡持续变形、复杂地质条件等诸多复杂环境下，安全监控和预警的难度超过了国内外现有工程，对此开展完成了工程施工期、蓄水期和运行期安全监控与平台系统的研究。水电站开发建设的水生生态保护，尤其是锦屏大河湾段水生生态保护意义重大，对此研究阐述了生态水文过程维护、大型水库水温影响与分层取水、鱼类增殖与放流、锦屏大河湾鱼类栖息地保护和梯级电站生态调度等生态环保问题。工程的主要技术研究成果指标达到国际领先水平。锦屏一级水电站设计与科研成果获 1 项国家技术发明奖、5 项国家科技进步奖、16 项省部级科技进步奖一等奖或特等奖和 12 项省部级优秀设计奖一等奖。2016 年获"最高的大坝"吉尼斯世界纪录称号，2017 年获中国土木工程詹天佑奖，2018 年获菲迪克（FIDIC）工程项目杰出奖，2019 年获国家优质工程金奖。锦屏一级水电站已安全运行 6 年，其创新技术成果在大岗山、乌东德、白鹤滩、叶巴滩等水电工程中得到推广应用。在高拱坝建设中，特别是在 300m 级高拱坝建设中，锦屏一级水电站是一个新的里程碑！

本人作为锦屏一级水电站工程建设特别咨询团专家组组长，经历了工程建设全过程，很高兴看到国家出版基金项目——《大国重器　中国超级水电工程·锦屏卷》编撰出版。本系列专著总结了锦屏一级水电站重大工程地质问题、复杂地质特高拱坝设计关键技术、地下厂房洞室群围岩破裂及变形控制、窄河谷高拱坝枢纽泄洪消能关键技术、特高拱坝安全监控分析、水生生态保护研究与实践等方面的设计技术与科研成果，研究深入、内容翔实，对于推动我国特高拱坝的建设发展具有重要的理论和实践意义。为此，推荐给广大水电工程设计、施工、管理人员阅读、借鉴和参考。

中国工程院院士

2020 年 12 月

序 二

千里雅江水，高坝展雄姿。雅砻江从青藏高原雪山流出，聚纳众川，切入横断山脉褶皱带的深谷巨壑，以磅礴浩荡之势奔腾而下，在攀西大地的锦屏山大河湾，遇世界第一高坝，形成高峡平湖，它就是锦屏一级水电站工程。在各种坝型中，拱坝充分利用混凝土高抗压强度，以压力拱的型式将水推力传至两岸山体，具有良好的承载与调整能力，能在一定程度上适应复杂地质条件、结构形态和荷载工况的变化；拱坝抗震性能好、工程量少、投资节省，具有较强的超载能力和较好的经济安全性。锦屏一级水电站工程地处深山峡谷，坝基岩体以大理岩为主，左岸高高程为砂板岩，河谷宽高比 1.64，混凝土双曲拱坝是最好的坝型选择。

目前，高拱坝设计和建设技术得到快速发展，中国电建集团成都勘测设计研究院有限公司（以下简称"成都院"）在 20 世纪末设计并建成了二滩、沙牌高拱坝，二滩拱坝最大坝高 240m，是我国首座突破 200m 的混凝土拱坝，沙牌水电站碾压混凝土拱坝坝高 132m，是当年建成的世界最高碾压混凝土拱坝；在 21 世纪初设计建成了锦屏一级、溪洛渡、大岗山等高拱坝工程，并设计了叶巴滩、孟底沟等高拱坝，其中锦屏一级水电站工程地质条件极其复杂、基础处理难度最大、拱坝坝高世界第一，溪洛渡工程坝身泄洪孔口数量最多、泄洪功率最大、拱坝结构设计难度最大，大岗山工程抗震设防水平加速度达 0.557g，为当今拱坝抗震设计难度最大。成都院在拱坝体形设计、拱坝坝肩抗滑稳定分析、拱坝抗震设计、复杂地质拱坝基础处理设计、枢纽泄洪消能设计、温控防裂设计及三维设计等方面具有成套核心技术，其高拱坝设计技术处于国际领先水平。

锦屏一级水电站拥有世界第一高拱坝，工程地质条件复杂，技术难度高。成都院勇于创新，不懈追求，针对工程关键技术问题，结合现场施工与地质条件，联合国内著名高校及科研机构，开展了大量的施工期科学研究，进行科技攻关，解决了制约工程建设的重大技术难题。国家出版基金项目——《大国重器 中国超级水电工程·锦屏卷》系列专著，系统总结了锦屏一级水电站重大工程地质问题、复杂地质特高拱坝设计关键技术、地下厂房洞室群围岩破裂及变形控制、窄河谷高拱坝枢纽泄洪消能关键技术、特高拱坝安全监控分析、水生生态保护研究与实践等专业技术难题，研究了左岸深部裂缝对建坝条件的影响，建立了深部卸载影响下的坝基岩体质量分类体系；构建了以拱端抗变形系数为控制的拱坝基础变形稳定分析方法，开展了抗力体基础加固措施设计，提出了拱坝结构的系统防裂设计理念和方法；创新采用围岩稳定耗散能分析方法、围岩破裂扩展分析方法和长期稳定分析方法，揭示了地下厂房围岩渐进破裂演化机制，评价了洞室围岩的长期稳定安全；针对高拱坝的泄洪消能，研究提出了坝身泄洪无碰撞消能减雾技术，研发了超高流速泄洪洞掺气减蚀及燕尾挑坎消能技术；开展完成了高拱坝工作性态安全监控反馈分析与运行期变形、应力性态的安全评价，建立了初期蓄水及运行期特高拱坝工作性态安全监控系统；锦屏一级工程树立"生态优先、确保底线"的环保意识，坚持"人与自然和谐共生"的全社会共识，协调水电开发和生态保护之间的关系，谋划生态优化调度、长期跟踪监测和动态化调整的对策措施，解决了大幅消落水库及大河湾河道水生生物保护的难题，积极推动了生态环保的持续发展。这些为锦屏一级工程的成功建设提供了技术保障。

锦屏一级水电站地处高山峡谷地区，地形陡峻、河谷深切、断层发育、地应力高，场地空间有限，社会资源匮乏。在可行性研究阶段，本人带领天津大学团队结合锦屏一级工程，开展了"水利水电工程地质建模与分析关键技术"的研发工作，项目围绕重大水利水电工程设计与建设，对复杂地质体、大信息量、实时分析及其快速反馈更新等工程技术问题，开展水利水电工程地质建模与理论分析方法的研究，提出了耦合多源数据的水利水电工程地质三维统一建模技术，该项成果获得国家科技进步奖二等奖；施工期又开展了"高拱坝混凝土施工质量与进度实时控制系统"研究，研发了大坝施工信息动态采集系统、高拱坝混凝土施工进度实时控制系统、高拱坝混凝土施工综合信息集成系统，建立了质量动态实时控制及预警机制，使大坝建设质量和进度始终处于受控状态，为工程高效、优质建设提供了技术支持。本人多次到过工程建设现场，回忆起来历历在目，今天看到锦屏一级水电站的成功建设，深感工程建设的艰辛，点赞工程取得的巨大成就。

本系列专著是成都院设计人员对锦屏一级水电站的设计研究与工程实践的系统总结，是一套系统的、多专业的工程技术专著。相信本系列专著的出版，将会为广大水电工程技术人员提供有益的帮助，共同为水电工程事业的发展作出新的贡献。

　　欣然作序，向广大读者推荐。

中国工程院院士　钟登华

2020 年 12 月

拱坝是高次超静定空间壳体结构，能充分发挥混凝土材料性能，相较其他坝型，坝体通常较薄，抗震性能较好，是一种经济性和安全性都比较优越的坝型，在世界范围内得到快速发展。至 20 世纪末，全球建设了 20 多座 200m 以上的特高拱坝，国外代表性的工程有英古里、莫瓦桑、萨扬·舒申斯克、格兰峡、德兹、科恩布赖茵等。二滩拱坝最大坝高 240m，是我国首座坝高突破 200m 的大坝。随着拱坝建设技术的发展，坝高向 300m 级推进，拱坝水推力急剧增大，坝体应力水平显著提高，地震作用效应明显增加，对坝体结构受力和坝基条件要求更高，因此拱坝必须建在与之相适应的坝基上，坝基必须具有足够的承载能力和稳定安全可靠性。

锦屏一级特高拱坝为世界第一高坝，承受的水推力巨大，在正常蓄水位 1880.00m 下坝体承受总水推力约 1350 万 t。其坝址地质条件也极为复杂。坝顶高程 1885.00m 以上边坡高达 $1315\sim1715$m，谷坡陡峻，为典型的 V 形高山峡谷地貌，坝区呈右岸陡于左岸，下部陡于上部的不对称地形。坝基发育规模较大的 f_5、f_8、f_2、f_{13}、f_{14}、f_{18} 断层和煌斑岩脉等一系列软弱结构面。左岸岩体受特定构造和岩性影响，卸荷十分强烈，卸荷深度较大，谷坡中下部大理岩卸荷水平深度达 $150\sim200$m，中上部砂板岩卸荷水平深度达 $200\sim300$m，顺河方向分布长度近千米，卸荷裂隙多沿岩体构造节理面松弛张开，裂隙开度达 $10\sim20$cm，这种罕见的地质现象被称为深部卸荷。极其不对称的地形地质条件、大规模的软弱结构面、深部卸荷等突出地质问题，给拱坝建基面选择、拱坝体形设计、坝肩抗滑稳定分析、拱坝变形稳定、拱坝防裂设计和坝基加固处理带来前所未有的挑战，并存在左岸坝肩持续变形以及对拱坝结构安全影响的问题。为解决上述难题，进行了一系列科研攻关和深入研究，突破常规设计理论、方法和规范，探究出一套适合复杂条件下建设特高拱坝的设计分析方法，有力地支撑了锦屏一级拱坝的设计和建设。

全书分为 10 章。第 1 章介绍了工程基本情况、坝址坝型选择历程，分析了锦屏一级特高拱坝设计的关键技术问题。第 2 章针对复杂工程地质及左岸发育的深部裂缝对建坝条件的影响等问题，开展了深部裂缝的形成机制研究，从山体稳定性、拱座抗滑稳定性、坝基变形及承载力、坝基渗控稳定性等方面分析其影响，提出了对应的工程措施，论证了建坝的可行性。第 3 章提出了拱坝建基岩体选择要求和思路，通过坝线精细选择减小了深部裂缝和软弱岩带的影响，结合现场灌浆试验确定了可利用岩体，选定的拱坝和垫座建基面，经结构分析满足安全控制要求。第 4 章分析了拱坝体形设计条件，开展了多种线型的比较，建立了拱坝体形优化设计方法和评价体系，提出的优化体形对坝基条件具有较好的适应性。第 5 章分析了拱座滑移模式，采用刚体极限平衡、变形体极限平衡、整体稳定分析等多种分析方法，综合分析论证了锦屏一级拱坝拱座的抗滑稳定性。第 6 章提出了高拱坝坝基变形控制难题及研究思路，构建了拱端抗变形系数并提出了坝基变形控制目标，通过分析比较确定了垫座、抗力体固结灌浆、网格置换、传力洞等综合加固措施，采用多种分析方法论证了加固措施的有效性和合理性。第 7 章分析了拱坝开裂主要影响因素，提出了拱坝结构系统防裂的设计理念，识别了主要开裂风险区，采取了针对性的防裂加固措施，降低了拱坝开裂风险。第 8 章介绍了左坝肩边坡稳定性及变形特征，提出了裂隙岩体孔隙塑性理论，揭示了左岸坝肩高陡边坡长期变形机理，采用黏弹-塑性流变分析方法预测了边坡长期变形的收敛性，研究评价了边坡长期变形对拱坝安全的影响，拱坝具有较强的适应坝肩边坡变形的能力。第 9 章采用三维非线性有限元法和地质力学模型试验，开展了拱坝-地基整体稳定性分析研究，证实锦屏一级拱坝具有较高的超载能力。第 10 章概要总结了锦屏一级复杂地质条件特高拱坝设计研究取得的成果和应用成效，提出了值得重点关注和进一步研究的问题。

本书第 1 章由饶宏玲、张敬编写，第 2 章由王仁坤、周钟、唐忠敏编写，第 3 章由王仁坤、饶宏玲、唐忠敏、唐虎编写，第 4 章由张敬、周钟、王仁坤编写，第 5 章由庞明亮、唐忠敏编写，第 6 章由张敬、周钟、陈秋华、祝海霞编写，第 7 章由薛利军、周钟、杨强编写，第 8 章由周钟、杨强、薛利军、郑付刚编写，第 9 章由王仁坤、饶宏玲、薛利军、杨强编写，第 10 章由周钟、张敬编写。全书由周钟、王仁坤、张敬总体策划，张敬统稿，由河海大学任青文教授审稿。

本书系统总结了锦屏一级复杂地质条件下拱坝设计的主要研究成果。该成果历经中国电建集团成都勘测设计研究院有限公司几代勘测设计人员数十年的研究和实践，凝聚了他们的智慧。清华大学、武汉大学、四川大学、河海大学、中国水利水电科学研究院等参加了相关的科研课题研究，锦屏一级施工期科研项目由雅砻江流域水电开发有限公司资助，在各阶段的审查中中国水电水利规划设计总院及雅砻江流域水电开发有限公司给予了大力支持，在此谨向以上单位的领导、专家、学者表示诚挚的感谢。

本书在编写过程中得到了中国电建集团成都勘测设计研究院有限公司各级领导和同事的大力支持与帮助，中国水利水电出版社为本书的出版付出了诸多辛劳，在此一并表示衷心感谢。

限于编者水平，时间仓促，不足之处在所难免，恳请批评指正。

作者

2021 年 7 月

目　录

第 1 章

工程概况与拱坝设计关键技术

1.1 工程概况

雅砻江干流呷依寺至江口河道长 1368km，天然落差 3180m，干流共规划 21 级水电站开发水能资源，锦屏一级（图 1.1-1）为下游河段的控制性工程，位于四川省凉山彝族自治州盐源县和木里县境内，具有年调节能力，对下游梯级补偿调节效益显著，在雅砻江梯级滚动开发中具有"承上启下"的重要作用。

图 1.1-1 锦屏一级拱坝

锦屏一级工程规模巨大，开发任务主要是发电，结合汛期蓄水兼有分担长江中下游地区防洪的作用。电站装机容量为 3600MW，保证出力为 1086MW，多年平均年发电量为 166.2 亿 kW·h，年利用小时数为 4616h。水库正常蓄水位为 1880.00m，死水位为 1800.00m，正常蓄水位以下库容为 77.6 亿 m³，调节库容为 49.1 亿 m³，属年调节水库。枢纽主要由混凝土双曲拱坝、坝身泄洪孔口与坝后水垫塘、右岸 1 条有压接无压泄洪洞和右岸中部地下厂房等永久性建筑物组成。

锦屏一级双曲拱坝坝顶高程为 1885.00m，建基面最低高程为 1580.00m，最大坝高为 305.00m，为世界第一高坝。拱冠梁顶厚为 16.00m，拱冠梁底厚为 63.00m，最大中心角为 93.12°，厚高比为 0.207，弧高比为 1.811，坝体基本体形混凝土方量为 476.47 万 m³。顶拱中心线弧长为 552.23m，设置 25 条横缝，分为 26 个坝段。坝身设置 4 个表孔、5 个深孔、2 个放空底孔和 5 个临时导流底孔。

锦屏一级水电站工程于 2004 年 1 月开始施工辅助工程建设，2006 年 12 月大江截流，2009 年 9 月完成坝基开挖并开始混凝土浇筑，2013 年 12 月大坝混凝土全线浇筑到顶。大坝蓄水分四个阶段进行：第一阶段，2012 年 11 月中下旬导流洞下闸后由导流底孔过流，水位至 1710.00m；第二阶段，2013 年 6 月中旬导流底孔下闸水库开始蓄水到死水位 1800.00m，2013 年 8 月第一批机组发电；第三阶段，2013 年 9 月底从死水位开始蓄水至 1840.00m；第四阶段，2014 年 7 月初开始蓄水，2014 年 8 月 23 日水库蓄水至正常蓄水位 1880.00m。目前正常挡水安全运行了 7 年。

1.2　锦屏坝址坝型选择简况

雅砻江水系水量丰沛、落差巨大且集中，干支流蕴藏水能资源丰富，具有水力资源富集、调节性能好、淹没损失少、经济指标优越等突出特点，是我国能源发展规划的第三大水电基地。锦屏一级水电站前期勘测设计工作始于 20 世纪 50 年代，1956 年开始资源普查，1962 年完成《雅砻江流域水利资源及其利用》，1979 年完成《雅砻江锦屏水电站开发方案研究报告》。根据地形地质条件，综合考虑流域规划特点和社会经济发展要求，规划了锦屏大河湾"一库二站"的开发方式，确立了锦屏一级建高坝、锦屏二级截弯引水的方案，对提高下游梯级电站枯期出力、改善电网供电质量、促进雅砻江干流梯级水电站开发，具有非常重要的意义。

在坝址选择规划阶段，分别对小金河口、水文站、三滩、解放沟和普斯罗沟等五个坝址开展了勘测设计工作。小金河口坝址地形不完整，以泥质板岩为主，首先放弃。预可行性研究阶段对水文站、三滩、解放沟和普斯罗沟等四个坝址，开展勘察设计工作，并进行比选。经过地质勘探后发现，水文站坝址岩性较软，砂板岩谷坡重力倾倒严重，两岸边坡强风化碎裂岩体水平深度达 100m，土石坝枢纽工程建筑物基础开挖量和处理量较大，坝址上游存在呷爬滑坡、下游存在水文站滑坡，该坝址不适合修建高坝；解放沟坝址左岸砂板岩受构造切割破坏强烈，岩层弯曲，倾倒卸荷严重，水平风化深度大，边坡陡峭，土石坝方案左岸泄洪洞进口开挖工程量大，洞身围岩稳定性差，其工程难度比三滩坝址大，重力拱坝方案同样存在左岸泄洪洞进口开挖工程量大，洞身围岩稳定性差的问题，同时坝体混凝土方量也比普斯罗沟坝址大，建坝条件不如普斯罗沟坝址优越。经综合比较，放弃了地质条件比较差的解放沟坝址和水文站坝址，重点对三滩坝址和普斯罗沟坝址进行技术经济比较，两个坝址分别适合不同的坝型，三滩坝址适合碎石土心墙堆石坝，普斯罗沟坝址适合混凝土双曲拱坝。普斯罗沟拱坝和三滩堆石坝均为 300m 级特高坝，其技术难度均处于世界前列。

可行性研究阶段的工作于 1999 年底开始，考虑到工程的规模和技术复杂性，工作分两个阶段进行：第一阶段是在预可行性研究的基础上进行选坝勘测设计研究，选定坝址和坝型；第二阶段是在坝址坝型选择设计完成后，开展全面的可行性研究设计。

普斯罗沟坝址河道顺直，河谷狭窄，两岸山体雄厚，边坡高陡，地形完整，自然边坡整体稳定，坝基大理岩坚硬，右岸岸坡均为大理岩，岩体完整，左岸高程 1810.00m 以下为大理岩、以下为砂板岩，具备布置坝址的地形地质条件；大理岩岩溶不发育，围岩条件较好，具备布置大型地下洞室群的地质条件。但该坝址左岸有倾向坡外的 f_5、f_8 断层及煌斑岩脉通过，且发育有深部裂缝、低波速岩体和顺坡向构造裂隙，坝肩岩体卸荷强烈；右岸为顺向坡，大理岩中夹有绿片岩透镜体，其力学性质较差，对坝肩抗滑稳定、边坡稳定不利。通过拱坝坝线合理布置基本避开了深部裂缝中的 I 级和 II 级张裂缝；左右岸的变形稳定、抗滑稳定、渗透稳定和高边坡稳定问题，可以通过基础处理措施解决；泄洪流量大部分通过坝身孔口下泄，水垫塘消能可靠，泄洪洞直线布置，流态相对较好。

三滩坝址河谷相对开阔,右岸顺向砂板岩边坡松弛、蠕变严重,坝址区有3处方量较大的蠕滑变形体;左岸砂板岩围岩条件较差;右岸存在较大范围的强透水带和高水头承压水,水文地质条件较复杂。三滩土石坝采用直心墙堆石坝,心墙基础Ⅱ号变形体挖除处理工程量较大;由于河道顺直,左岸泄洪洞、放空洞转弯布置导致洞内流态较差,泄洪水流对两岸边坡冲刷难以避免;心墙堆石坝的防渗土料质量离散性大、运距较远。

综合比较后认为,普斯罗沟坝址,天然河谷狭窄、岸坡陡峭、坝基岩石总体完整坚硬,适宜于布置混凝土双曲拱坝;局部坝基卸荷松弛岩体经采取有效的措施处理后,坝体应力、变位基本满足要求,工程量小;可采用坝身泄洪、坝后水垫塘、岸边泄洪洞组合的窄河谷、大流量泄洪消能的形式,枢纽布置较为顺畅,最终推荐普斯罗沟坝址配套混凝土双曲拱坝坝型。2001年7月,水电水利规划设计总院对锦屏一级水电站选坝报告进行了审查,同意推荐普斯罗沟坝址及混凝土双曲拱坝。

1.3 特高拱坝设计的关键技术

随着拱坝建设技术的发展,拱坝坝高从200m级向300m级迈进,有以下几个方面的显著特点:①水推力巨大,拱坝挡水荷载达1300万~1800万t,是200m级拱坝的2~4倍,是150m级拱坝的4~6倍;②拱坝对坝基要求更高,高山峡谷区域地质条件复杂,遭遇不良地质条件的概率更大,拱坝设计难度增大;③地震作用效应较200m级拱坝成倍增加,抗震安全控制要求高;④在大江大河上修建特高拱坝,坝身泄洪孔口多,结构抗裂设计难度大;⑤坝高库深,温度边界条件复杂,坝体断面大,筑坝材料选择和温控防裂难度大。拱坝高度越高,设计的技术难度越大,《混凝土拱坝设计规范》(DL/T 5346—2006)规定,坝高大于200m或有特殊问题的拱坝,应对有关问题作专门研究论证。

锦屏一级拱坝地质条件被认为在特高坝中是最为复杂的,具有高山峡谷、高拱坝、高边坡、高地应力、高水头及深部卸荷等特点。坝址位于窄V形河谷,呈右岸陡于左岸、下部陡于上部的不对称地形;左岸中上部地基为砂板岩,性状差,变形模量仅1~2GPa,受河谷下切影响倾倒变形突出,同时左岸独特地质条件孕育出的深卸荷深度达200~300m,顺河方向分布长度近千米,裂隙开度达10~20cm,加上多条断层、煌斑岩脉、层间挤压带、卸荷松弛带等地质缺陷的影响,使得中上部地基承载能力和抗变形能力严重不足,造成两岸地质条件极其不对称,存在特高陡边坡复杂地质条件的边坡稳定等一系列问题。复杂地质条件对锦屏一级特高拱坝的安全控制带来巨大的挑战,建坝可行性研究、建基面选择、拱坝体形设计、坝肩抗滑稳定分析、拱坝变形稳定、拱坝防裂研究、坝基加固处理、边坡变形及对拱坝的影响等,是与结构安全控制紧密相关的几个关键技术问题。

(1)建坝可行性研究。锦屏一级工程地质条件特别复杂,不仅有大量规模较大的断层、煌斑岩脉,左岸上部大范围分布卸荷松弛岩体,左岸山体还有深部裂缝。在如此复杂的地质条件下,根据流域规划,建设世界第一的300m级特高拱坝,首先要论证建坝可行性。

左岸天然状态下谷坡是否稳定、深部裂缝的形成机制是什么、复杂坝基条件对建坝主要有哪些不利影响、能否通过工程措施解决制约建坝的关键问题,都是建坝可行性论证的重点。

（2）复杂地质条件的建基面选择。坝址区为典型的深切 V 形峡谷，地形陡峻，相对高差为 1500～1700m。大坝右岸和左岸中下部坝基岩体为大理岩，左岸中上部为砂板岩。左岸坝肩上部存在卸荷松弛岩体，发育煌斑岩脉、f_5 断层等地质缺陷，以 $Ⅳ_2$ 类岩体为主，坝顶高程 $Ⅲ_2$ 类岩体的水平埋深大。大理岩坝基不存在建基面岩体选择的制约因素，建基岩体能满足承载力、抗变形能力以及耐久性的要求，但砂板岩坝基承载能力和抗变形能力不足，坝基开挖过深会带来高边坡稳定等问题。

坝线向上游坝基砂板岩的分布范围增大，向下游深部裂缝的规模越大，需要避让这些不利的地质因素，选择相对最有利的坝线；对大范围分布的卸荷松弛岩体，需要研究在减少开挖避免高边坡的前提下如何合理利用卸荷松弛岩体，研究采取工程措施提高坝基岩体完整性增强基础抗变形能力、降低拱坝推力作用在建基岩体上的应力水平。

（3）拱坝体形设计与强度安全控制。锦屏一级拱坝为 300m 级特高坝，应力水平高，坝基分布有多条规模较大的断层和煌斑岩脉。右岸地形上部缓下部陡峻，左岸考虑垫座置换后总体较平缓，以天然河床的中心线分析，左右岸地形不对称性突出；坝基变形模量呈现出中上部左岸低右岸高、中下部左岸高右岸低的特征。这些复杂的地形地质条件，会带来拱坝扭曲变形、局部应力集中。

拱坝是整体性很强的壳体结构，可进行应力的自行调整，将局部高应力转移到坝体的相邻部位而获得再平衡，若应力水平过高，坝基地质条件过于复杂，发生局部破坏的可能性较大，要考虑坝基地质条件的复杂性，制定适宜的拱坝应力控制水平，在体形布置方面采取调整拱坝形态和结构刚度的措施，并考虑制约拱坝体形设计的多种因素进行体形优化，选择对坝基条件适应性强的优化体形。

（4）特高拱坝拱座抗滑稳定分析评价。拱坝失事绝大部分都是由于拱座的滑动变形引起的。坝基断层破碎带发育，右岸为顺坡岩层，坝肩及抗力体内发育有 f_{13}、f_{14} 断层等特定结构面，同时发育倾向河床的绿片岩透镜体夹层、NWW 向优势裂隙和近 SN 向陡倾裂隙；左岸为反向坡，上部存在卸荷松弛岩体，水平埋深达 200～300m，分布范围大，并发育 f_5、f_8、f_2 断层及煌斑岩脉、深部裂缝等不利结构面。这些复杂地质条件对拱座抗滑稳定产生不利影响。

左岸坝肩主要受变形稳定控制，右岸坝肩主要受倾向河床的绿片岩透镜体夹层的抗滑稳定控制，难以单纯依赖刚体极限平衡法的计算成果衡量拱座抗滑稳定安全度，需要采用多种分析评价方法，正确评判拱座的稳定安全状态，制定合理有效的工程处理措施，确保拱座抗滑稳定。

（5）复杂地质条件坝基变形控制与加固。左岸中上部坝基发育有深部裂缝、卸荷松弛岩体、断层和煌斑岩脉，特别是煌斑岩脉以外的卸荷松弛岩体分布范围大，承载力不足，变形模量低，抗变形能力弱，与左岸下部和右岸坝基的变形模量差异大，使得拱坝变形不协调、不对称，影响拱坝的整体安全性。

工程安全性和经济性是坝基加固处理中的矛盾问题，不同加固方式对改善地基刚度的加固效果差异较大。为了控制坝基变形，改善拱坝的受力状态，需要论证加固处理目标，通过对比分析、敏感性分析综合确定经济合理的组合加固方案，并采用多种方法分析论证加固方案的有效性。

（6）拱坝的防裂研究。拱坝建基面受地形影响在右岸 1829.00m 高程向上突扩；河床部位两岸低高程变形模量不对称，右岸底部出露有 f_{18} 断层，破碎带规模大，左岸变形模量是右岸的 2 倍；在左岸 1670.00m 高程附近发育 f_2 断层及一组挤压带，1810.00m 高程为砂板岩与大理岩分界线，上下高程变形模量相差较大。锦屏一级高拱坝应力水平高，这些区域容易出现不均匀变形，产生局部应力集中，存在开裂风险。

拱坝是整体超静定结构，具有良好自适应调整能力，但局部开裂后，在高水头作用下，会产生劈裂扩展，影响拱坝调整能力，降低拱坝整体安全度，因此，开展拱坝-地基体系的防裂薄弱区的识别分析、防裂措施的研究是必要的。

（7）坝肩边坡变形对拱坝结构的影响。坝址区天然边坡高度超过 1500m，工程开挖边坡高度达 530m，左岸坝肩边坡下部为大理岩、上部为砂板岩，砂板岩卸荷松弛强烈，卸荷松弛岩体范围较大，高高程倾倒变形严重。左岸坝肩边坡经历了开挖支护、大坝浇筑、水库蓄水的建设过程，监测资料显示，开挖支护期坝肩边坡变形相对较大，支护后变形减弱，受水库蓄水影响边坡位移速率略有增加，初期运行期变形速率有所减缓，但仍在持续变形，分析预测边坡变形收敛需要较长的时间。

左岸坝肩边坡的持续变形，会对拱坝的工作性态产生不利影响。边坡长期变形机理、收敛性和稳定性，以及边坡变形对拱坝结构安全的影响等，都是全新的研究课题，也是保证边坡、拱坝长期安全运行需要解决的关键技术问题。

以上是复杂地质条件引起的主要设计难题，锦屏一级特高拱坝设计中，还面临拱坝抗震、碱活性骨料反应和温控防裂等技术难题，对此也开展了深入全面的研究，取得了丰富的研究成果。

拱坝抗震设计方面，系统地开展了大坝场址基于设定地震的场地相关设计反应谱、采用规范方法与非线性有限元法的拱坝抗震和超载分析、动力模型试验等研究。研究表明，锦屏一级大坝在设计地震作用下处于弹性工作状态，校核地震作用下大坝-地基体系保持整体稳定，大坝-地基体系地震超载安全系数为 1.8，动力试验设计地震、校核地震作用下均未观测到拱坝明显损伤，拱坝具有较强的抗震能力。锦屏一级拱坝虽然坝基地质条件复杂，但是河谷狭窄，地震动参数不高，与其他 300m 级特高拱坝相比，防震抗震问题不突出，本书不再详述。

拱坝混凝土材料研究方面，坝址区 50km 范围内混凝土骨料可选的料源为石英砂岩和大理岩，大理岩石粉含量高，砂岩存在潜在碱活性，开展了大量混凝土性能与砂岩骨料抑制碱活性的科学试验研究，最终大坝混凝土采用粗骨料为砂岩、细骨料为大理岩的组合骨料方案，改变了单一大理岩骨料混凝土抗拉强度不高的缺点，使得混凝土用水量较低，混凝土的绝热温升、线膨胀系数、自生体积变形等性能较砂岩骨料混凝土有较大幅度的提高。通过研究，确定了组合骨料混凝土中大理岩细骨料的石粉含量及细度模数控制指标，确立了减少活性骨料（组合骨料）、高掺粉煤灰（掺量为 35％）以及控制总碱含量（不大于 1.8kg/m³）等一套抑制碱活性反应的技术，有效地抑制了大坝混凝土的碱骨料反应，解决了困扰电站大坝混凝土骨料碱活性膨胀的技术难题，本书中不作论述。

混凝土温控防裂方面，大坝混凝土采用大尺寸通仓浇筑，坝身结构复杂，温度边界条件和坝址区的气象条件对温控防裂不利，温控防裂难度比较大。通过加强原材料的控制，采用严格的温控标准和合理的温控措施，对特殊结构部位进行针对性分析和个性化设计，加强混凝土施工质量控制，研发了现场温控信息采集与动态分析系统，对大坝工作性态进行全过程跟踪，拱坝施工中未出现系统性、危害性温度裂缝。大坝混凝土温控防裂的主要成果见《大国重器 中国超级水电工程·锦屏卷 特高拱坝安全监控分析》分册。

第 2 章

工程地质与建坝可行性研究

　　锦屏一级拱坝坝基地质条件特别复杂，坝基岩体以大理岩为主，左岸高高程为砂板岩，坝基发育有规模较大的多条断层、煌斑岩脉，左岸上部大范围分布卸荷松弛岩体，左岸山体还有深部裂缝。在此规划坝高 305m 的世界第一高拱坝，这种复杂的地质条件，是否具备建设 300m 级高拱坝的地基条件，是众多专家学者十分关心、关注的问题，也是成都院持续多年不断研究的问题，应通过扎实的研究、科学的分析来论证。

2.1　工程地质条件

2.1.1　基本地质条件

　　锦屏一级水电站位于雅砻江中游锦屏大河湾西侧。大河湾地区大体上以大河湾西侧雅砻江—小金河一线为界，西北部属青藏高原东南缘侵蚀山原区，东南部属川西南山地区。大河湾地区地形起伏悬殊，沟壑纵横，冲沟深切，孤峰矗立，悬崖峭壁屡见不鲜。河湾地带最高峰罐罐山（高程 4488.00m）与火炉山（高程 4342.00m）一线位于河湾西侧，构成河湾地带分水岭。河湾地带最大切割深度为 3000m，火炉山以南缓慢倾斜逐渐过渡到盐源山间盆地。

　　大河湾地貌形态的另一重要特征是区内广泛发育有三级夷平面，自北西向南东，较明显的有 3500.00～4000.00m 高程、3000.00m 左右高程、1800.00～2300.00m 高程。小金河以上木里一带的山原区夷平面保留较完整，小金河以下的大河湾地区则多表现为峰顶面及谷肩。在高程 2200.00m 的 Ⅲ 级夷平面以下，雅砻江河谷为深切峡谷，形成谷中谷的形态特征，谷坡陡峭，河道狭窄，水流湍急，急滩跌水屡见不鲜。

　　锦屏一级坝址区两岸谷肩山顶高程为 3200.00～3600.00m，谷坡陡峻，坡度 40°～90°，为典型的 V 形高山峡谷地貌。坝基位于三滩紧闭倒转向斜之南东翼（正常翼），三滩向斜主要走向为 N25°～40°E，北起木落脚三坪子南之垭口，向南经棉纱沟口过雅砻江，展布于普斯罗沟坝址、解放沟坝址左岸谷坡中部。到三滩后转向南东被断层所切，长约 15km，为紧密的同倾向斜，核部为杂谷脑组第三段的变质砂岩及条带状砂板岩，西翼为杂谷脑组第二段角砾状大理岩，同倾北西，倾角 30°～40°，北西翼地层倒转。地层走向与河流流向基本一致，倾向左岸，倾角 40°左右，属典型的纵向谷，右岸为顺向坡，左岸为反向坡，坝址区河谷地质结构横剖面如图 2.1-1 所示。

　　坝址区位于普斯罗沟与道班沟间长约 1.50km 的河段上，河流流向 N25°E，枯期江水位 1635.00m 时，水面宽为 80～100m。枢纽区为典型的深切 V 形峡谷，相对高差 1500～1700m。左岸为反向坡，1810.00～1900.00m 高程以下为大理岩，坡度 55°～70°；以上为砂板岩，坡度为 40°～50°，呈山梁与浅沟相间的微地貌特征。右岸为顺向坡，全为大理岩，地貌上呈陡缓相间的台阶状，陡坡段坡度为 70°～90°，缓坡段约 40°。

　　坝址区坝基地层岩性，为三叠系中上统杂谷脑组第三段砂板岩 $T_{2-3}z^3$ 和第二段大理岩 $T_{2-3}z^2$。第三段砂板岩分布于左岸坝基及抗力体、边坡约 1800.00m 高程以上，分为 6 个亚层；第二段大理岩分布于左岸坝基及抗力体、边坡约 1800.00m 高程以下和右岸整个坝

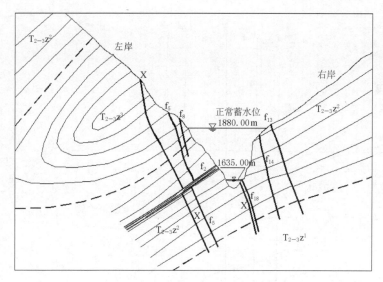

图 2.1-1 坝址区河谷地质结构横剖面图

基及抗力体、边坡，自上而下分为 8 个亚层。

坝址区还出露两条煌斑岩脉。此外，发育的软弱结构面以断层为主，产状以走向 NE—NNE 向、倾向 SE 为主，左岸主要有 f_2、f_5、f_8、f_{38-6}、f_{42-9} 断层，右岸主要有 f_{13}、f_{14}、f_{18} 断层等，如图 2.1-2 所示。

煌斑岩脉呈平直延伸的脉状产出，一般宽为 2~3m，局部脉宽可达 7m，总体产状 N60°~80°E/SE∠70°~80°，延伸长多在 1000m 以上，部分地段可见细小分支、尖灭现象。与 f_{18} 断层伴生的一条从右岸坝基低高程往右岸雾化区边坡山里延伸。左岸一条从上游抗力体延伸至下游，贯穿左岸雾化区边坡、穿过二道坝坝基往右岸猴子坡一带延伸。

f_2 断层总体产状 N10°~40°E/NW∠30°~50°，破碎带宽一般为 0.1~0.8m 不等，组成物质主要为片状岩、碎粒岩、碎粉岩部分炭化。无明显影响带。

f_5 断层总体产状 N35°~55°E/SE∠65°~80°，破碎带宽度为 1~10m 不等，由角砾岩、碎裂岩、片状岩、碎粒岩及泥化碎粉岩等组成，部分炭化，部分弱或强风化。断层下盘影响带宽为 0~4m 不等，上盘与 f_8 断层之间均属于影响带，最宽约 5m，影响带岩体破碎或完整性差。

f_8 断层总体产状 N20°~50°E/SE∠70°~85°，破碎带宽度为 0.5~2m 不等，由褐黄色碎裂岩、角砾岩、碎粒岩及泥化碎粉岩组成，普遍强风化，局部沿断面有后期方解石脉充填。断层上盘影响带宽为 1~3m，下盘与 f_5 之间影响带最宽约 5m，影响带岩体完整性差。

f_{13} 断层总体产状 N50°~60°E/SE∠60°~80°，破碎带宽为 0.4~2.0m 不等，主要由碎裂岩、角砾岩、碎粒岩组成，局部后期胶结，沿上断面有不连续分布的泥化碎粉岩。断层影响带宽为 3~8m 不等，影响带岩体较破碎或完整性差。

f_{14} 断层总体产状 N35°~65°E/SE∠65°~80°，破碎带宽度为 0.1~1m 不等，主要由碎裂岩、角砾岩、碎粒岩组成，沿断面见不连续泥化碎粉岩。断层影响带宽 1~5m 不等，

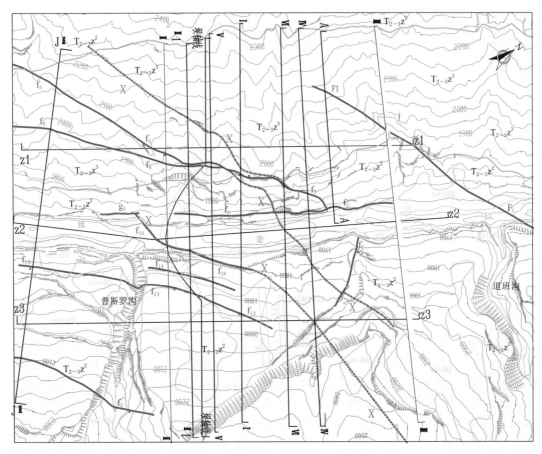

图 2.1-2 枢纽区地质构造平面图

影响带同向裂隙发育，岩体较破碎。

f_{18} 断层产状 N50°～55°E/SE∠75°～80°，破碎带宽一般为 5～50cm 不等，或表现为宽缝，组成物质主要为片状岩、碎裂岩、角砾岩，部分后期胶结，沿断层面为 5～50mm 厚的连续褐黄色或黑色泥化碎粉岩。上盘大理岩中断层影响带不连续，局部最宽约 3m，影响带同向裂隙密集发育，岩体破碎；下盘为煌斑岩脉，弱风化为主，部分微风化—新鲜，少部分强风化。

f_{38-6} 断层总体产状 N30°～50°E/SE∠50°～60°，破碎带宽度为 0.2～1.0m，主要由黄褐色泥夹角砾岩、碎粒岩、碎粉岩组成，普遍强—全风化。下盘影响带宽为 1～1.5m，上盘与 f_5 断层之间均属于影响带，最宽约 28m，影响带岩体破碎。

f_{42-9} 断层总体产状以 N80°E～EW/SE（S）∠40°～60° 为主，破碎带宽度变化较大，一般为 10～30cm，最宽可达 130cm，局部断层破碎带不明显。破碎带主要由角砾岩、岩屑、碎粉岩组成，碎粉岩软化、泥化，局部破碎带较宽部位见碎块碎裂岩。

坝址区揭示有层间挤压错动带，主要分布于第二段第 6-2 层大理岩中，左岸第三段第 3 层粉砂质板岩中及右岸低高程第二段第 3 层大理岩中有少量分布，其中左岸 f_2 断层上下盘有 2～4 条层间挤压错动带集中成带分布。层间挤压错动带走向及倾向上均呈舒缓波状起伏，总体产状 N10°～30°E/NW∠20°～50°，错动带宽度一般小于 10cm，局部最宽约 100cm，主要由片状岩、糜棱岩或风化绿片岩组成，部分炭化，遇水易软、泥化。

坝址区发育 5 组优势裂隙：①N15°～80°E/NW∠25°～45°，层面裂隙，走向随层面起伏变化较大；②N50°～70°E/SE∠50°～80°，左右岸岩体中均发育，一般间距为 0.3～1.0m，延伸长 3～5m，部分大于 10m，平直、粗糙；③近 SN～N30°E/SE∠60°～80°，一般间距为 0.5～1.0m，局部密集成带，带内间距为 5～20cm，延伸长一般为 3～5m，部分大于 10m，面平直稍糙；④N60°W～EW/NE（SW）或 S（N）∠60°～80°，总体上具有发育稀少，间距大，多张开，无充填的特征，该组裂隙是坝区主要导水结构面；⑤N30°～50°W/NE∠60°～80°，延伸长为 1～3m，部分为 3～5m，间距一般为 1～2m，面起伏粗糙、多闭合。

左岸弱风化下限水平埋深，在高高程砂板岩中一般为 50～90m，在中低高程大理岩中一般为 20～40m，以里岩体主要微风化—新鲜；其中 1810.00m 高程以上的砂板岩多为弱风化，f_5、f_8、f_{38-6} 断层及其他小断层的破碎带及影响带弱—强风化，局部绿片岩夹层强风化。右岸弱风化下限水平埋深一般为 10～20m，以里岩体主要微风化—新鲜；其中 f_{13}、f_{14}、f_{18} 断层及其他小断层的破碎带及影响带以弱风化为主，局部强风化，层间挤压错动带主要强风化，局部 NWW 向溶蚀裂隙密集带弱—强风化，少量绿片岩透镜体弱—强风化。

左岸岸坡强卸荷下限水平埋深，在高高程砂板岩中一般为 50～90m，在低高程大理岩中一般为 10～20m；弱卸荷下限水平埋深，在中上部砂板岩中一般为 100～160m，中下部大理岩中一般为 50～70m；深卸荷水平埋深，在中上部砂板岩中一般为 200～300m，中下部大理岩中为 150～200m。右岸岸坡强卸荷下限水平埋深一般为 5～10m，弱卸荷下限水平深度一般为 20～40m。

坝址区实测最大主应力左岸达 40.4MPa、右岸达 35.7MPa，河床钻孔水压致裂法应力测试最大水平主应力值一般为 20.0MPa 以上，最高达 36.0MPa。坝址区内高地应力迹象主要表现为低高程坝基和洞室开挖过程中岩体的轻微片帮现象，无强烈的岩爆现象。两岸及河床坝基开挖过程中，建基面未出现显著的高地应力破坏迹象，只在左岸高程1630.00～1600.00m 段、右岸高程 1640.00～1620.00m 段有轻微片帮现象，且浅表局部沿结构面开挖后明显松弛。

对坝基岩体的变形参数，开展了大量的试验研究，变形模量的取值以割线模量为依据，以数理统计分析为手段，并以每一类岩体的小值平均值至总体平均值作为取值的整理值，在整理范围值的基础上，提出各类岩体变形模量建议值，见表 2.1-1。

表 2.1-1　　　　　　　　　　　坝区岩体变形模量整理值和建议值

岩类	变形模量整理值		变形模量建议值	
	E_0（平行层面）/GPa	E_0（垂直层面）/GPa	E_0（平行层面）/GPa	E_0（垂直层面）/GPa
Ⅱ	21.2～31.5	20.6～30.2	21～32	21～30
Ⅲ₁	9.7～14.1	9.9～13.7	10～14	9～13

续表

岩类	变形模量整理值		变形模量建议值	
	E_0(平行层面)/GPa	E_0(垂直层面)/GPa	E_0(平行层面)/GPa	E_0(垂直层面)/GPa
Ⅲ₂	6.1~10.3	3.4~6.6	6~10	3~7
Ⅳ₁			3~4	2~3
Ⅳ₂	1.2	1.1~1.9	2~3	1~2
Ⅴ₁	0.31~0.63	0.20~0.44	0.3~0.6	0.2~0.4
Ⅴ₂			<0.3	<0.2

2.1.2 影响建坝的主要工程地质问题

1. 左岸山体深部裂缝

枢纽区左岸岩体受特定岩性组合、地质构造和高地应力环境影响，卸荷十分强烈，卸荷深度较大，谷坡中下部大理岩卸荷水平深度达 150~200m，中上部砂板岩卸荷水平深度达 200~300m，顺河方向从坝址左岸上游 Ⅱ 勘探线（图 2.1-2）到下游 A 勘探线长约 1km 范围。卸荷裂隙多沿岩体构造节理面松弛张开，裂隙开度达 10~20cm。这种现象十分少见，被称为深卸荷现象，也是构成两岸地质条件极其不对称的主要因素。

深部裂缝松弛带一般成带出现，在大理岩中最大宽度可达 12m，砂板岩中最大宽度可达 13.5m；平洞内裂缝大都三壁贯通，迹长大于 3m，其中追踪勘探揭露的最大长度为 179m；裂缝张开度一般为 1~10cm，最大累计张开度可达 50~100cm。在全部 89 条（带）深部裂缝中，下错位移的有 14 条，其单条最大下错位移可达 100cm。

依据深部裂缝的张开宽度、充填物特征等，将深部裂缝（带）划为 4 个等级：Ⅰ 级一般为一单条空缝，最大张开宽度 25cm，无充填，或充填少量岩块、角砾，一般在原有小断层基础上发育，多有数十厘米的下错位移，勘探揭露的 Ⅳ 勘探线 1780.00m 高程 PD14 平洞 141m 处深部裂缝 SL₂₄（f）最大下错位移 100cm；Ⅱ 级一般在勘探平洞中多表现为具一定宽度的松弛塌落带，单条最大张开宽度 10~20cm，有数厘米至数十厘米的下错位移；Ⅲ 级一般为数条小裂缝平行发育组成的松弛岩带，累积张开宽度为 3~10cm；Ⅳ 级为裂隙松弛带，裂隙密集发育，岩体松弛，无典型空缝。

左岸发育的深部裂缝和裂隙松弛带在不同岩性、不同部位具有明显的差异。从岩性看，深部裂缝多发育在坚硬的变质砂岩和大理岩中，岩质相对软弱的板岩中少见。从空间分布看，具有从约 1700m 高程向谷坡上部深部裂缝发育水平深度逐渐加大，发育程度从上游向下游由弱变强的趋势。

深部裂缝发育段在地震波、声波波速特征上大多表现为低波速异常，可测平均纵波波速值 $V_p = 1400 ~ 3500m/s$，但宽大裂缝段测不到声波、地震波波速；岩体完整性系数 K_v 仅为 0.08~0.4；变形模量 $E_0 = 0.8 ~ 1.6GPa$。深部裂缝发育段岩体破碎，部分平洞塌顶高达十余米。

深部裂缝延伸方向多与岸坡成 30°左右角度相交，总体发育分布范围与岸坡近于平行，如图 2.1-3 所示。深部裂缝的优势产状为 N40°～70°E/SE∠50°～75°和 N0°～30°E/SE∠50°～65°两组，此外 N70°～85°W/SW（NE）∠60°～85°亦有发育。

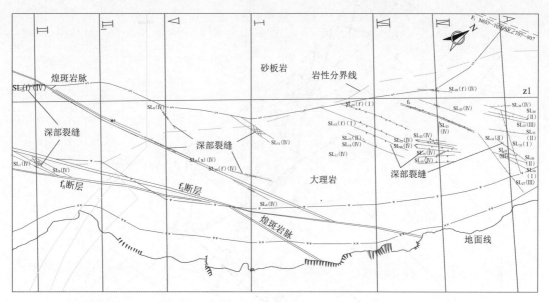

图 2.1-3　左岸深部裂缝与岸坡关系示意图（高程 1790.00m）

2. 断层破碎带

影响坝基条件的断层和岩脉，主要有左岸的 f_5、f_8、f_2 断层和煌斑岩脉，以及右岸的 f_{13}、f_{14} 断层。

f_5、f_8 断层，不仅性状差，而且断层规模较大，f_5 断层和 f_8 断层之间都属于断层影响带，所以考虑破碎带和影响带，其总体宽度大。除产状陡倾坡外，走向与河流方向小角度相交，所以对相当大范围的坝基都有比较大的影响。煌斑岩脉的产状和规模，与 f_5、f_8 断层类似，埋深相对大一些。

f_2 断层的破碎带宽度不大，但平行发育的 4 条层间挤压错动带，总计的宽度也不小。f_2 断层是缓倾山里，可以成为左岸拱座抗滑稳定的底滑面，在上部山体的巨大压力和库水渗透作用下，断层和挤压错动带可能产生较大的竖向压缩变形。

右岸的 f_{13} 和 f_{14} 断层，走向与河流小角度相交，倾向是陡倾山里，加上右岸的大理岩产状是倾向坡外的，所以 f_{13} 和 f_{14} 断层不仅是右岸抗滑稳定的确定性边界，也影响了拱推力向深部岩体的传递，在断层部位可能产生较大的变形。

3. 左岸卸荷松弛岩体

左岸中上部，除了规模较大的 f_5、f_8 断层和煌斑岩脉外，砂板岩倾倒变形现象比较普遍，构造结构面发育，有较多的小断层和层间挤压错动带，沿断层破碎带、层间挤压错动带常形成弱—强风化夹层。这些软弱带处于建基面以里，岩体卸荷松弛、拉裂较强，多呈碎裂、块裂结构，结合较松弛—松弛，属 $Ⅳ_2$～V_1 类岩体。左岸中上部岩体质量分区如图 2.1-4 所示。由表 2.1-1 可见，$Ⅳ_2$～V_1 类岩体的变形模量值很低，与 300m 特高拱坝对变形稳定控制的要求存在很大的差距，是制约拱坝设计的突出地质问题。

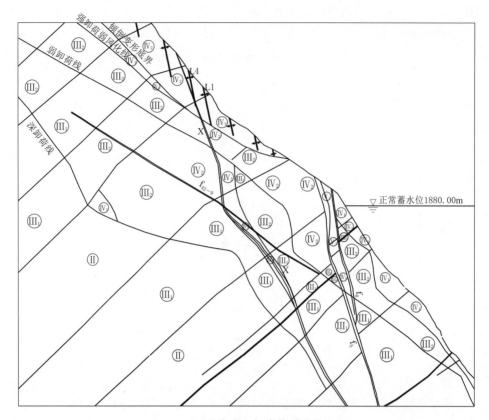

图 2.1-4　左岸中上部岩体质量分区图

2.2　深部裂缝形成机制分析

从地形地貌、地质构造、地应力环境、雅砻江河谷演化背景方面分析，左岸相比右岸有以下三个显著特点：

（1）左岸为反向坡。普斯罗沟坝址河段基本为纵向谷，至两岸 3000.00m 高程左右的剥夷面，谷坡坡高近 1500m，其中左岸为反向坡，坡体下部由坚硬的大理岩组成，自身结构稳定性较好，有利于各种构造和物理地质现象的保存；而右岸为顺向坡，岩层以 30°～40°倾角倾向河床，不利于各种构造和物理地质现象的保存。

（2）顺坡向构造结构面发育。从地质构造上分析，三滩向斜核部第三段砂板岩从左岸高高程穿过坝区，因而，左岸距离向斜核部较右岸更近，在褶皱及构造演化过程中受到的构造作用相对更强烈，其构造断层、节理裂隙发育程度较右岸强，F_1、f_5、f_8 断层等规模较大的断层从左岸坡体内通过，夹持于这几条断层之间的岩体在多期构造活动中受区域应力场和局部应力场的作用影响强烈，岩体完整性较右岸差，其中左岸砂板岩部位又较大理岩部位差。据调查统计资料，小断层在左岸高高程砂板岩中最发育，左岸中低高程大理岩中次之，右岸大理岩中发育较少；NE 向节理裂隙在深部裂缝发育段密集发育，间距一般为 5～20cm。左岸 NNE—NE 向倾 SE 顺坡向裂隙、小断层较发育，这些结构面与谷坡应力场条件下的最大主应力 σ_1 近平行，在应力释放和卸荷过程中有利于松弛拉裂。

（3）左岸为相对的下硬上软的坡体结构。从岩性来看，左岸边坡是下部坚硬的大理岩和上部相对软弱的砂板岩构成的非均质坡体，右岸边坡全是大理岩，宏观上可以看成是均质坡体。

伴随地壳急剧抬升河谷强烈下切的谷坡形成过程中，岸坡高应力的释放、分异、重分布及重力卸荷作用是十分强烈的。高应力的释放和重力卸荷的影响表现为两个方面：①向临空方向的卸荷张开，在早期应力释放拉裂张开、后期的重力卸荷叠加综合作用下，形成了现今的深部裂缝张开现状；②重力下错，近平行于岸坡或与岸坡小角度相交的、中陡倾角的深部裂缝，其上盘岩体经卸荷回弹后又在长期的重力作用下，发生轻微的下错或转动，将裂缝凸点部位充填的钙华轻微压碎。这种压碎、转动均带有上盘岩体的少量正错位移，由于凸点部位石英脉、钙华的压碎现象多属局部现象，而裂缝中大量充填的钙华经显微结构分析，并未发现晶格错位等变形迹象，说明重力下错作用比较轻微。

通过大量平洞勘探和各项专题研究，对深部裂缝的成因机制逐渐形成了基本一致的认识：坝区左岸深部裂缝是在左岸特定的高边坡地形、地质构造、高地应力环境和岩性组合条件下，伴随河谷的快速下切过程，边坡高应力发生强烈释放、分异、重分布，而在原有构造结构面基础上卸荷张裂所形成的一套边坡深卸荷拉裂裂隙体系。

采用离散元数值分析方法，模拟深切河谷的演变过程（图 2.2-1），左岸边坡表层以里的岩体曾经历过最大主应力不断增大、最小主应力不断减小的阶段，如点 B、D、S，反映了河谷下切过程中应力变化的路径，最终在一定围压水平下达到屈服破坏，这种屈服破坏具有典型的高应力破坏特征，破坏发生时伴随强烈的能量释放，出现张性、挤压、剪性等现象。研究认为，河谷下切和谷坡高陡是形成深部裂缝的主导性因素，深部裂缝是河谷下切高应力导致岩体破坏的结果。

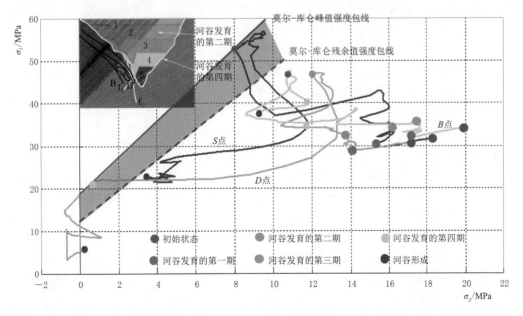

图 2.2-1　河谷下切过程中岸坡岩体中的应力变化特征

17

2.3 复杂地质条件对建坝的影响分析

右岸山体雄厚，整体性较好，不存在制约建坝的控制性因素。左岸的深部裂缝、大范围分布的卸荷松弛岩体和规模较大的断层，是影响坝基条件的突出地质问题，是否满足建坝的要求，这里从整个山体稳定性、拱座抗滑稳定性、坝基变形及承载力、坝基渗控稳定性等方面进行分析。

2.3.1 山体稳定性

由于左岸坡体内发育有深部裂缝，天然状态下谷坡稳定如何，普斯罗沟坝址是否具备建坝地质条件的首要问题，都与深部裂缝的形成机制有关，与左岸岸坡演化现今所处的发展阶段有关。左岸深部裂缝是在原有构造结构面的基础上，高应力条件下，雅砻江快速下切，谷坡应力释放，卸荷回弹拉张所形成的。深部裂缝形成后，由于裂缝倾角 $50° \sim 60°$，在自重应力作用下，部分裂缝出现过上盘微量下错、凸点接触处岩体被压碎的现象，但大量现场勘探、地质调查和十余年来对深部裂缝的简易观测资料均表明，深部裂缝无新的变形迹象。此外，左岸岸坡坡面完整，不具备山体整体变形的地质边界条件和侧向切割条件。综合上述分析认为，坝址左岸山体整体是稳定的，具备建坝的山体稳定条件。

深部裂缝对左岸岸坡稳定性的影响评价可分为 I 勘探线及以上的上游岸坡段、VI 勘探线及以下的下游岸坡段两段进行。

上游岸坡段深部裂缝发育较弱，在深部裂缝外侧还发育有 f_5、f_8 断层和煌斑岩脉等软弱结构面，倾角陡，水平埋深小于深部裂缝水平埋深。左岸上游岸坡段除上述陡倾角软弱结构面发育外，中缓倾河床的结构面不发育，未见不利组合，岸坡整体稳定条件较好。左岸上游岸坡浅表部强卸荷带内局部块体的可能变形失稳模式为：f_5、f_8 断层、煌斑岩脉为后缘切割面，下部剪断岩体。

下游岸坡段存在 IV ~ VI 线山梁变形拉裂岩体，坡体内深部裂缝发育，因此深部裂缝对左岸岸坡下游段山体稳定性的影响就直接体现在对 IV ~ VI 线山梁变形拉裂岩体稳定的影响上。从 IV ~ VI 线山梁地质结构分析，除 f_9 断层（SL_{24}）、SL_{13}、SL_{18}、SL_{29} 深部裂缝发育带总体走向与边坡斜交或平行、中倾—陡倾坡外，空间连通性较好，因此，这些结构面起到了控制边坡深层稳定的后缘切割面作用，对坡体稳定不利。

IV ~ VI 线山梁变形拉裂岩体的深层变形失稳破坏模式有两种：一种是 f_9 断层 $[SL_{24}(f)]$ 作为后缘切割面，底滑面剪断坡脚岩体；另一种是与岸坡近平行的 SL_{13}、SL_{18}、SL_{29} 深部裂缝发育带作为后缘切割面，底滑面剪断坡脚岩体。这两种破坏模式的各种边界组合如图 2.3 - 1 和图 2.3 - 2 所示。

VI ~ IV 线变形拉裂岩体中上部高程的后缘发育有 f_9 断层（SL_{24}）、SL_{13}、SL_{18}、SL_{29} 深部裂缝等切割边界。但是，由于坡脚岩体相对完整，且岩体中缓倾坡外的结构面不发育，无特定的底滑面，此外从 VI ~ A 线，近 SN—NNW 向的结构面不发育，且无变形拉裂迹象，说明上游侧边界亦不完备。在天然状态下要产生深层滑动破坏，需剪断后缘切割

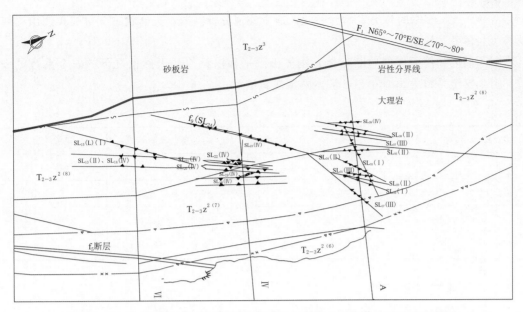

图 2.3-1 Ⅳ~Ⅵ线山梁变形拉裂岩体深层失稳模式示意图（1790.00m 高程）

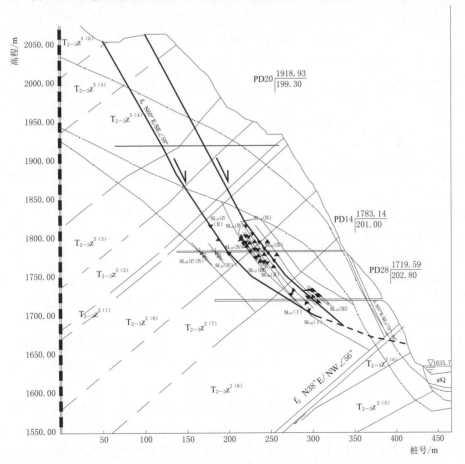

图 2.3-2 Ⅳ~Ⅵ线山梁变形拉裂岩体深层失稳模式示意图（Ⅳ勘探线）

面以外 50～100m 宽的各类岩体。因此，地质宏观分析判断，天然状态下Ⅵ～Ⅳ线山梁变形拉裂岩体整体稳定。

对不同的后缘面底部剪断岩体，刚体极限平衡法计算的天然情况下的安全系数见表 2.3-1，安全系数为 1.2 左右，整体稳定性满足要求。

表 2.3-1 左岸山体整体稳定性计算成果表

岸坡段	序号	后 缘 面	剪断岩体	安全系数
上游段	1	f_5 断层	f_5 断层以外岩体	1.61～2.96
	2	煌斑岩脉	煌斑岩脉以外岩体	1.16～1.28
下游段	3	f_9 断层	f_9 断层以外岩体	1.19～1.39
	4	SL_{13}、SL_{18}、SL_{29} 等深部裂缝	深部裂缝以外岩体	1.17～1.29

2.3.2 拱座抗滑稳定性

左坝肩及抗力体范围内发育有 f_5 断层、f_8 断层、煌斑岩脉、深部裂缝、f_2 断层和顺层挤压带等结构面，这些结构面是影响左岸拱座抗滑稳定条件的主要工程地质问题。

f_5 断层、f_8 断层、煌斑岩脉、深部裂缝构成可能滑动块体的侧滑面。左坝肩及抗力体范围内深部裂缝以规模较小的Ⅲ、Ⅳ级为主，且分布随机，Ⅰ、Ⅱ级裂缝较少。可能构成滑动块体侧滑面的深部裂缝为 SL_9、SL_{10}。此外，左岸抗力体范围内 N50°～70°E 向优势裂隙发育较多，延伸长 10～30m 不等，是自然岸坡浅表部受风化卸荷影响发育而成。这些卸荷裂隙与自然岸坡小角度相交倾坡外、倾角与岸坡坡度基本一致，可构成左岸可能滑动块体的不确定性侧滑面。由于 f_5 断层和 f_8 断层在拱坝轴线下游的产状基本一致、位置相近，部分范围内甚至重合，故在拱座抗滑稳定计算分析中把 f_5 断层和 f_8 断层当作同一个侧滑面来考虑。

控制左岸拱座抗滑稳定的可能底滑面主要有 f_2 断层和第 6 层薄—中厚层大理岩中的层间挤压错动带。其他缓倾山外的结构面主要为短小裂隙，局部可见长大裂隙，但总体不太发育。其中 f_2 断层在Ⅰ勘探线上下游的产状有所区别：Ⅰ勘探线上游为 N25°E/NW∠35°～40°，Ⅰ勘探线下游为 N40°E/NW∠55°。当 f_2 断层或第 6 层内层间挤压带作为滑动块体的底滑面时，由于产状都是倾向 NW 的，即在左岸是倾向山里偏上游，因此构成的滑动块体对稳定是有利的。从不利角度考虑，针对 $T_{2-3}z^{2(6)}$ 层内存在的绿片岩透镜体岩体，有剪断岩体的可能；但考虑到其他层的岩体较好，其他层剪断岩体的可能性较小，因此在考虑非结构面作为滑动块体的底滑面时以不穿层为基本原则，此时可能的底滑面的最大倾角为 SE∠5°。

根据左岸主要结构面的位置及性状，影响左岸拱座抗滑稳定的代表性滑块组合及抗滑稳定安全系数成果见表 2.3-2。从分析成果可知，左岸各可能滑动块体的抗滑稳定安全系数均满足规范要求，左岸坝肩范围内发育的断层、深部裂缝等不利结构面均不制约坝肩抗滑稳定。

表 2.3 - 2　　　　　　　　　　左岸代表性滑块及抗滑稳定安全系数成果

滑块编号	块体型式	侧滑面	底滑面	抗剪安全系数	抗剪断安全系数
L1	一陡一缓	f_5(f_8) 断层	$T_{2-3}z^{2(6)}$ 层内剪断岩体	4.39	5.49
L2	一陡一缓	煌斑岩脉	$T_{2-3}z^{2(6)}$ 层内剪断岩体	3.20	5.77
L3	一陡一缓	深部裂缝	$T_{2-3}z^{2(6)}$ 层内剪断岩体	2.55	2.00
L4	一陡一缓	NE 向优势裂隙	$T_{2-3}z^{2(6)}$ 层内剪断岩体	3.71	6.63
L5	阶梯状	NE 向优势裂隙	$T_{2-3}z^{2(6)}$ 层内剪断岩体	4.39	3.81
		f_5(f_8) 断层	f_2 断层		

2.3.3　坝基变形及承载力

影响左岸坝基变形稳定性的，有深部裂缝、卸荷松弛岩带、断层和煌斑岩脉。深部裂缝，不仅单条裂缝张开度较大，还在坝基较大范围成带分布，累计的裂缝宽度大，对承受拱推力的坝基提供了很大的变形空间，有的专家认为，在计算分析的时候，应该把深部裂缝作为临空面考虑。煌斑岩脉外的卸荷松弛岩体，以Ⅳ₂类为主，不仅变形模量低，而且分布范围大，在拱推力作用下，会产生较大的压缩变形。f_5 断层的破碎带宽度为 1～10m，其下盘影响带宽为 0～4m；f_8 断层破碎带宽度为 0.5～2m，其上盘影响带宽为 1～3m；f_5 断层与 f_8 断层之间均属于影响带，最宽约 5m。煌斑岩脉的宽度一般为 2～3m，局部脉宽可达 7m。断层和煌斑岩脉的变形模量低，累计厚度大，其产状总体陡倾坡外，对坝基的影响范围大，受力后不仅压缩变形量大，还存在是否会沿着断层和岩脉发生剪切错动变形的担忧。

对深部裂缝、卸荷松弛岩带制约拱坝布置的问题，设计上采用了"先避让、后布置、再处理"的思路，进行了坝线的精心比较，选定的坝线远离深部裂缝最发育的部位。对选定坝线及相应布置方案，开展了三维有限元计算，其主要目的是要分析深部裂缝部分是否存在较大变形，以及要分析是否需要进行加固处理。计算成果表明，由于深部裂缝距离建基面较远，拱推力在坝基内应力分散后，没有在深部裂缝部位产生显著的附加应力，没有明显的变形。对Ⅰ、Ⅱ级拉裂缝及其附近Ⅳ₂类岩体，考虑了一定范围的固结灌浆措施进行对比计算分析，与天然地基状态相比，拉裂缝灌浆处理后上、下游面主拉、主压应力的大小和分布规律相同，坝体各向位移量值和分布规律基本未发生变化，坝基各向位移量值和分布规律没有变化。计算分析说明，深部裂缝不直接影响坝基变形稳定性。

卸荷松弛的Ⅳ₂类分布范围大，所以坝基变形模量低，仅 2～3GPa。从已建工程实例看，100m 以上的高坝，少有坝基变形模量低于 10GPa 的，极低的坝基变形模量，与300m 级特高坝的要求极不匹配。以天然地基进行初步分析，计算模型包括了断层和煌斑岩脉，也反映了断层和煌斑岩脉对变形稳定的影响。分析结果显示坝体最大径向位移达19.2cm，超出了窄深河谷拱坝径向位移的正常范围，左岸拱端坝趾的最大位移为 9.3cm，右岸拱端坝趾的最大位移为 1.9cm，左右岸位移极不对称。天然坝基的初步分析说明，卸荷松弛的Ⅳ₂类岩体、断层和煌斑岩脉，对坝基变形稳定性影响很大，是制约拱坝设计的关键因素，需采取有效的加固措施。

2.3.4　坝基渗控稳定性

左岸地下水位总体比较低平，其中建基面以里至水平埋深约 320m 范围内地下水位基本与江水位持平，水平埋深在 320~510m 范围内地下水位缓慢抬升至 1677.00m 高程，平均水力坡降约 4%，水平埋深约 510m 以里无勘探控制。地下水位的情况，充分说明左岸山体岩体透水性强。

左岸坝基岩体受 f_5、f_8、f_2 等断层及深部裂缝影响，呈现微透水带埋深较大、地下水位低平及在弱透水带中分布较多的中等透水带透镜体。左岸建基面以里水平深度在 70~220m 范围内岩体透水性较强，属中等透水岩体，高高程分布较深，此中等透水带下界与深卸荷底界以外 $Ⅳ_2$ 类岩体延伸方向基本一致；中等透水带以里至水平深度 510~540m、1830.00m 高程以上水平深度大于 600m 范围内，岩体透水性以弱偏中等透水为主，夹少量中等透水性透镜体；再往里，岩体完整性较好，微风化—新鲜，嵌合紧密，以微透水性为主，为相对隔水层。

渗流对拱坝安全的影响，最突出的有两个方面：一是高渗压降低拱座抗滑稳定性；二是软弱岩带在高渗压作用下的软化降低了坝基变形稳定性，特别是中等倾角的 f_2 断层及挤压带。根据拱座抗滑稳定性的初步分析，从计算分析的角度，左岸拱座的稳定性是满足规范要求的，但如果渗压不折减，以及考虑渗压下结构面的弱化，会明显降低拱座的抗滑稳定安全系数。软弱岩体、断层在渗压作用下的软化是不可避免的自然现象，由于其在左岸中上部分布范围广，由此会引发更大的坝基变形。

2.4　工程措施的初步研究

根据以上复杂坝基条件对建坝的影响分析，坝基变形控制和坝基渗流控制是影响建坝可行性的关键问题，工程措施初步研究是探讨现有技术条件下，能否通过工程处理达到安全建设 300m 级拱坝的要求。

2.4.1　坝基变模与强度控制

对左岸上部大范围的卸荷松弛岩体和规模较大的断层，可以从挖除和加固处理两个大的方向进行分析。对初选的坝线位置，如果采用开挖的方式，需要挖除煌斑岩脉及以外的卸荷松弛岩体，将拱坝建基面置于煌斑岩脉以里的 $Ⅲ_1$ 类岩体上。煌斑岩脉在坝顶高程左右的水平埋深达 150m，坝顶以上地形陡峻，砂岩倾倒变形发育，坝肩开挖就将在坝顶以上形成数百米的高边坡，不仅工程量巨大，边坡处理的难度也很大，所以要立足于部分开挖、加强加固处理的总体方案。

对于处理的目标，根据已有工程经验横向比较，按处理后坝基综合变形模量不小于 10GPa 来控制，当然还应该结合结构安全分析最终确定。在国内外的拱坝设计和建设中，对坝基缺陷采取工程处理措施是十分普遍的，处理技术也各有特点，比较成熟和效果较好的基础处理方法主要有固结灌浆、混凝土或钢筋混凝土传力结构（如垫座、推力墩、重力墩、传力墙、传力洞等）和预应力锚固。根据工程规模及工程具体地质条件，一般常采用多种方法相结合的综合处理方案。固结灌浆对卸荷松弛岩体来说，其可灌性非常好，如果采取有效的控制措施，能在一定程度上提高岩体的整体性、均匀性和抗变形能力，但是，母岩本身的变形模量较低，其提高变形模量的比例有限，无法将变形模量从 2～3GPa 提高到 10GPa 的目标，所以需要研究传力结构。

传力结构研究了三种，分别是垫座、传力洞、重力墩。垫座方案，对左岸建基面上部 1790.00～1885.00m 高程间的粉砂质板岩中强卸荷—弱卸荷的IV类和III$_2$类岩体，用混凝土垫座进行置换，以增大受力范围，提高地基刚度，减小地基变形，到达增大地基综合变形模量目的。传力洞方案，在左岸建基面上部 1800.00～1885.00m 高程，采用混凝土传力洞穿过粉砂质板岩强卸荷—弱卸荷IV、III$_2$类岩体和煌斑岩脉，达到III$_1$类以上岩体，并利用传力洞对周围岩体进行固结灌浆，让传力洞将部分拱推力传向较好的岩体内部。重力墩方案，对左岸建基面上部 1790.00～1885.00m 高程间的粉砂质板岩IV、III$_2$类岩体部位进行开挖设置混凝土重力墩，使该部位大部分的拱推力，靠重力墩传至大理岩地基上。三个方案在力学上具有显著的区别，垫座是扩大受力范围降低基底应力，传力墙（洞）是将拱推力传递到煌斑岩脉以里的岩体，重力墩是传力到其下的大理岩。

根据计算分析，混凝土传力洞方案对坝体和坝基的位移改变很微弱，位移量值几乎没有变化，处理的效果不理想，未达到提高地基变模的目的。混凝土传力洞，相对于整个坝基来说，其对软弱岩体的置换比例毕竟有限，传力洞要达到煌斑岩脉以里的岩体，断面小深度大，有专家形象地称之为"豆腐里面插根筷子"，加固效果不明显。

混凝土重力墩方案使得坝体应力和位移分布规律略有改善，提高了其对称性和均匀性。通过重力墩的重力作用，将上部的拱推力传到下部大理岩中，减小了砂板岩地基的应力及位移，对改善砂板岩基础的变形稳定条件有较好效果；但也增大了重力墩底部的应力，使 1750.00～1790.00m 高程的坝基岩体所承担的压力增大，增加了该部位坝基处理的难度。重力墩，常用于处理拱坝接近顶部范围的地形突变、地质缺陷，像锦屏一级这样高近 100m 的重力墩，上部 1/3 拱坝范围的推力全部传到重力墩底部，由此又会带来新的技术难题，加之工程量巨大，费效比高。

混凝土垫座方案使坝基综合变形模量明显提高，增加了拱座的刚度，坝基的位移也大大减小，两岸位移的不对称性得到改善，对左岸上部砂板岩的处理效果较为明显。垫座的断面尺寸大，本身结构刚度大，又增大了与地基的接触范围，很好地起到了减小基底应力的作用，可降低垫座地基岩体强度的要求。垫座的加固效果，随垫座的形状和尺寸大小而异。通过敏感性分析，垫座置换的合理深度，以 0.6～0.8 倍拱端厚度为佳；垫座的断面形状为梯形，与拱端接触处的宽度，以等于或大于 1.5 倍拱端厚度较为经济合理；垫座超出拱端厚度部分，宜全部置于拱圈下游。按此原则布置垫座后，地基综合变形模量基本可达到 10GPa 以上。可行性研究阶段，还对天然坝基和采用垫座为主的措施加固后的坝基，采用非线性有限元和地质力学模型试验进行对比分析，成果表明，加固措施显著地提高了整体安全度，起裂安全度可以达到 2.0。这些分析成果说明，可以在合理的结构尺度内和较少的工程投资下，有效地解决坝基变形控制的难题。

2.4.2　坝基防渗控制措施

坝基渗控一般采用"防排结合"。对左岸来说，排泄条件好，辅以排水设施提高排的效果，渗控的难点是防，即防渗系统的整体性。在防渗范围方面，左岸深部卸荷埋深大，帷幕水平延伸范围要比一般工程大得多，帷幕灌浆工程量会比较大。从防渗处理的重点对象分析，主要有 f_5、f_8、f_2 断层和煌斑岩脉，以及深部裂缝。

f_5、f_8 断层和煌斑岩脉，从产状上都是陡倾坡外的，不论是灌浆，或者是采用防渗斜井置换，都有较好的实施条件，防渗处理难度不大。

f_2 断层总体产状 N10°～40°E/NW∠30°～50°，破碎带宽一般为 0.1～0.8m 不等，组成物质主要为片状岩、碎粒岩、泥化碎粉岩，部分炭化，天然状态下挤压紧密，遇水易软化泥化，f_2 断层两侧同向发育 4 条层间挤压错动带。f_2 断层及层间挤压错动带是中等倾角倾向山里，遇水软化后会带来更大的坝基变形，必须进行有效的防渗处理。f_2 断层与多条挤压带平行分布，无法用防渗斜井等方式进行置换，只能通过浅表有限的置换加上深部的灌浆进行处理。考虑到化学灌浆在断层处理上已经有比较多的成功经验，所以 f_2 断层及层间挤压错动带的防渗处理是可以较好地解决的。

防渗帷幕穿过深部裂缝的部位，由于裂缝开度大，裂缝串通性比较好，浆液的扩散范围大，不容易起压，灌浆施工会存在一定困难。虽然此前没有如此大规模的深部裂缝岩体灌浆先例，但在水利水电工程实践中，有大量岩溶地区帷幕灌浆的案例，这些经验对解决深部裂缝的灌浆有很好的借鉴意义，采用合适的灌浆材料、施工方法、施工时序加以控制，是能够保证灌浆质量的。

现场开展了灌浆试验工作，对卸荷松弛岩体，其可灌性很好，在采取周边封闭的措施后，灌后透水率能满足防渗的总体要求；对煌斑岩脉，一般水泥灌浆难以提高其物理力学指标，采用水泥-化学复合灌浆可以显著地提高声波波速和变形模量，灌后均为微透水，透水率均小于 1Lu。

2.5 建坝可行性评价

锦屏一级坝址最突出的工程地质问题，一是左岸的深部裂缝，二是左岸上部大范围的卸荷松弛岩体以及断层。通过复杂坝基条件对建坝影响的分析，可以得到两个肯定的结论——整个左岸山体是稳定的，左岸拱座抗滑稳定是满足要求的；可以得到一个确切的认识——坝基变形稳定性与渗流控制是关键问题。

对坝基变形控制，通过多方案比较后认为，采用大范围的垫座，可以提高地基刚度，有效地解决变形大、变形不对称的问题。对坝基防渗，通过对各重点处理对象的处理方式、处理技术难度分析，通过初步的技术分析论证，可以认为能够有效解决防渗的难题。

综合上述分析，虽然锦屏一级工程地质条件特别复杂，但通过科学分析、有效处理，能够满足 300m 级特高拱坝的建坝要求。

第 3 章

复杂地基特高拱坝建基面选择

锦屏一级拱坝承受的水推力巨大，达 1350 万 t，特高拱坝对地基要求高，应建在与之相适应的坝基上。右岸和左岸中下部坝基岩体为大理岩，左岸中上部为砂板岩；右岸和河床坝基发育 f_{13}、f_{14}、f_{18} 断层，左岸坝肩上部存在卸荷松弛岩体，发育煌斑岩脉、f_5 断层等地质缺陷，左岸坝基较大范围分布有深部裂缝。左岸中上部砂板岩承载能力差、抗变形能力不足，不满足 300m 级特高拱坝的建基要求。

在坝址河段内，左岸上游侧砂板岩的分布范围大，下游侧深部裂缝的规模大。根据这些不利地质条件的分布特点，采用"先避让、后布置、再处理"的思路，减少Ⅰ、Ⅱ级深部裂缝的影响，针对左岸中上部卸荷松弛岩体，研究采用混凝土垫座的置换方式，改善坝基受力和承载条件；拟订拱坝建基面方案，从岩体质量类别、变形模量的控制要求、基岩承载能力、结构安全控制要求等多方面进行分析论证，确定锦屏一级拱坝的建基面。

3.1　建基面选择要求及思路

拱坝建基面选择，首先需要确定对建基岩体的总体要求。拱坝建基面应选择在地形地质条件相对较好、岩性相对均匀的较完整—完整的坚硬岩体上，确保坝基具有足够的强度、刚度，满足拱座抗滑稳定和拱坝整体稳定，以及抗渗性和耐久性的要求。坝基应具有足够的强度、刚度，是建基面选择的核心要求，如何反映这一核心要求，不同的规范有不同的控制方式，也各有侧重。

3.1.1　国内外拱坝建基面选择要求

《混凝土重力坝设计规范》（SDJ 21—78）规定"高坝应开挖到新鲜或微风化下部的基岩，中坝宜挖到微风化或弱风化下部的基岩"。《混凝土拱坝设计规范（试行）》（SD 145—85）规定"一般高坝应尽量开挖至新鲜或微风化的基岩，中坝应尽量开挖至微风化或弱风化中、下部的基岩"。《混凝土拱坝设计规范》（SL 282—2003）规定"结合坝高，选择新鲜、微风化或弱风化中、下部的岩体作为建基面"。

《混凝土拱坝设计规范》（DL/T 5346—2006）规范修编时，对建基面可利用岩体质量进行了专题研究，调研了近 20 座水电站工程后得出结论，我国多座已建高拱坝均未将建基面建于微新岩体，当时已建的最高拱坝二滩拱坝建基面也位于弱风化岩体中部，局部还达到了弱风化岩体上部，李家峡拱坝建基面也位于弱风化岩体下部。考虑到上述实践经验，采用半定量的岩体分类指标来规定对拱坝建基岩体质量的要求，规定"高坝应开挖至Ⅱ类岩体，局部可开挖至Ⅲ类岩体。中低坝可适当放宽"。

美国垦务局《拱坝设计》规定：在地基内的最大容许应力应小于地基材料的抗压强度除以安全系数 4.0、2.7 和 1.3，分别相当于正常、非常和极端荷载组合。

美国陆军工程师兵团《拱坝设计手册》表述为：如果变形模量值低于 500000lb/in^2（3.4GPa），应当采用合理的变形模量值进行充分的应力分析。如果在各种假定条件下，坝的应力都在允许应力范围之内，则设计是可以接受的。

俄罗斯标准未规定坝基岩石开挖的风化标准，相反，要求尽量减少开挖量和利用裂隙岩体，其《混凝土和钢筋混凝土坝设计规范》规定：坝基开挖，应考虑地基加固措施，并在坝的强度和稳定计算论证的基础上使之达到最小。俄罗斯《水工建筑物地基设计规范》规定：设计建筑物岩石地基，如用挖除强风化岩体的方法还不能保证建筑物或岸边支撑结构的稳定、地基强度和变形程度要求时，为减少开挖量，应考虑相应措施，只有这些措施达不到预期效果时，才考虑将建筑物的基础挖深至完整岩石区。

3.1.2　建基岩体选择的实例

分析国内外相关设计标准，对建基岩体选择的要求总体可以分为四类：①以建基岩体的风化程度控制；②以坝基岩体的岩体质量分类控制；③以坝基岩体的变形模量控制；④以坝基岩体的允许承载力控制。

1. 以建基岩体的风化程度控制

国内部分以建基岩体的风化程度为标准确定的建基面实例见表 3.1-1。

表 3.1-1　　　　　　　　　国内部分高拱坝建基面岩体风化程度

序号	工程名称	坝高/m	基　岩	建基面确定标准	建成年份
1	陈村	76.30	志留系砂页岩互层	微风化、弱风化下部	1972
2	石门	88.00	石炭系结晶片岩	弱风化	1973
3	泉水	80.00	斑状花岗岩	微风化、弱风化	1974
4	里石门	74.30	凝灰岩	微风化	1977
5	凤滩	112.50	板溪群砂岩	弱风化下限	1981
6	乌江渡	165.00	三叠系玉龙山灰岩	微风化	1982
7	东江	157.00	花岗岩	新鲜、微风化	1987
8	白山	149.50	前震旦系混合岩	新鲜、微风化	1987
9	紧水滩	102.00	花岗斑岩	新鲜	1988
10	龙羊峡	178.00	花岗闪长岩、变质砂岩	微风化	1990
11	东风	162.00	三叠系永宁灰岩	微风化	1993
12	隔河岩	151.00	寒武系厚层石灰岩	微风化	1993
13	李家峡	165.00	混合岩、片岩	弱风化下限	1998
14	二滩	240.00	二叠系玄武岩、正长岩	弱风化中部	2000
15	拉西瓦	250.00	花岗岩和变质岩	微—新岩体为主	2010
16	九井岗	96.80	二长片麻岩、浅粒岩	微风化	2011
17	大坝口	51.60	二云母石英片岩，元古界狼山群变质岩	弱风化—微风化	2000

从工程实例可见，建基面确定的标准，总体上是以新鲜和微风化岩体为主，随着工程经验的不断积累，有利用弱风化下限岩体的发展趋势，其中二滩工程作为首座坝高超过200m 的特高坝，利用了弱风化中部的岩体。

若以微新岩体作为建基要求，二滩拱坝拱端平均水平嵌深约 70m。通过大量的试验分析论证，二滩拱坝基础最终采用了弱风化中、下段岩体，使拱端平均嵌深仅 37m 左右，较《混凝土拱坝设计规范（试行）》（SD 145—85）规定的建基岩体要求确定的建基面平均外移30m多。在其大坝建基面岩体中，微风化—新鲜的正长岩A级和玄武岩B级岩体占24%，弱风化下段的正长岩C-1级和玄武岩C-2级岩体约占57%，弱风化中段D-1级岩体零星分布约占18%，断层等软弱岩带约占1%。二滩的坝基岩体质量分类：A级、B级为Ⅰ类岩体，C-1、C-2级为Ⅱ类岩体，D-1、D-2级为Ⅲ类岩体，E-1、E-2、E-3级为Ⅳ类岩体，F级为Ⅴ类岩体。大量监测数据表明，在各种工况下大坝均正常运行，大坝及基础变形在设计的控制范围之内，各项性能指标均满足设计要求。随着我国对高混凝土拱坝认识水平的提高和工程实施经验的积累，愈来愈多的高混凝土拱坝利用弱风化下段岩体作为建基面，建基面的确定标准更趋合理。

2. 以坝基岩体的岩体质量分类控制

国内部分以建基岩体的岩类为标准确定建基面的实例见表3.1-2。

表3.1-2　　　　　　　　　国内高拱坝建基面岩类划分实例

序号	工程名称	坝高/m	基　岩	建基面确定标准
1	二滩	240.00	二叠系玄武岩、正长岩	Ⅱ类岩体为主，中上部高程局部利用Ⅲ类岩体
2	构皮滩	232.50	灰岩	Ⅰ、Ⅱ类岩体为主，局部利用Ⅲ类岩体
3	拉西瓦	250.00	花岗岩和变质岩	Ⅱ类岩体为主，上部1/3坝高局部利用Ⅲ$_1$类岩体
4	小湾	294.50	片麻岩、片岩	Ⅰ、Ⅱ类岩体为主，中上部高程局部利用Ⅲ类岩体
5	溪洛渡	285.50	玄武岩	Ⅱ～Ⅲ$_1$类为主，上部1/5坝高局部利用Ⅲ$_2$类岩体
6	大岗山	210.00	花岗岩	Ⅱ～Ⅲ$_1$类为主，中上部高程局部利用Ⅲ$_2$类
7	大丫口	98.20	白云岩、灰质白云岩为主	以Ⅲ$_1$类为主，占83.6%，Ⅲ$_2$类岩体占16.4%

根据表3.1-2可见，国内特高拱坝建基岩体均是以Ⅱ类为主，局部利用了Ⅲ类岩体。

3. 以坝基岩体的变形模量控制

美国陆军工程师兵团《拱坝设计手册》认为，坝基的变形性状会直接影响到坝体的应力。较低的坝基变形模量值，即更易变形的坝基，会减小坝底沿坝基的拉力；相反，具有较高变形模量值的坝基会沿坝底部产生较大的拉应力。因此，很重要的是要在设计最初阶段确定坝基的变形模量，要求变形模量值不低于500000lb/in²（3.4GPa）。表3.1-3为国内外部分高拱坝坝基变形模量。

表3.1-3　　　　　　　　　国内外部分高拱坝坝基变形模量

序号	坝　　名	国　别	坝　　高/m	变形模量/GPa
1	英古里	格鲁吉亚	271.50	10～18
2	黑部第四	日本	186.00	7.14
3	奥本	美国	213.00	12～19
4	莫瓦桑	瑞士	250.50	10～20
5	姆拉丁其	南斯拉夫	220.00	15
6	埃莫森	瑞士	180.00	＞20
7	戈登	澳大利亚	140.21	10.3～13.8

续表

序号	坝　名	国　别	坝　高/m	变形模量/GPa
8	奈川渡	日本	155.00	10
9	契尔盖	格鲁吉亚	233.00	13.8
10	瓦依昂	意大利	265.50	16
11	白山	中国	149.50	14.7～25
12	龙羊峡	中国	178.00	13～20
13	李家峡	中国	165.00	15～20
14	二滩	中国	240.00	25
15	东江	中国	157.00	30～40
16	凤滩	中国	112.50	12～15
17	奥德哈里	葡萄牙	40.00	部分区段 0.6
18	依德里克	摩洛哥	68.00	1.6
19	罗森	瑞士	83.00	1.5
20	龙江	中国	110.00	2.5～7
21	双河	中国	64.56	2～6
22	铜头	中国	75.00	2.9
23	沙滩河	中国	56.00	3～10

　　根据工程实例，大部分高拱坝的坝基岩体变形模量为 10～20GPa，但也有较低的，坝高 186.00m 的日本黑部第四拱坝坝基变形模量为 7.14GPa 左右，最大坝高 110.00m 的中国龙江拱坝坝基变形模量 2.5～7.0GPa。坝高 100.00m 以下的拱坝，国内外都有不少工程的坝基岩体变形模量较低，坝高 40.00m 的葡萄牙奥德哈里拱坝部分地段坝基变形模量为 0.6GPa，坝高 68.00m 的摩洛哥依德里克拱坝坝基变形模量为 1.6GPa，坝高 83.00m 的瑞士罗森拱坝坝基变形模量为 1.5GPa，国内的铜头拱坝、双河拱坝等，坝基综合变形模量均较低。

　　根据工程实例，坝高 150.00m 以上的拱坝，其坝基变形模量基本是大于 10GPa 的，而坝高 100m 以下的变形模量基本上小于 10GPa，总体上坝高越高，坝基变形模量的要求越高，这与总水推力大小和坝体应力水平也是匹配的。

　　4. 以坝基岩体的允许承载力控制

　　拱坝的高度越大，拱坝传递给坝基岩体的荷载越大，要求坝基岩体的允许承载力越高，根据统计分析，坝高 150m 以上的拱坝传递给坝肩岩体的最大压应力可以达到 6～7MPa 以上。表 3.1-4 为国内外高拱坝地基岩石饱和抗压强度与最大压应力的实例。

表 3.1-4　　　　　国内外高拱坝地基岩石饱和抗压强度与最大压应力的实例

序号	国别	坝名	坝高/m	基　岩	饱和抗压强度/MPa	最大压应力/MPa
1	中国	白山	149.50	混合岩	95～125	6.57
2	中国	龙羊峡	178.00	花岗闪长岩	80～120	6.36
3	中国	李家峡	165.00	混合岩、片岩	60～110	7.52

续表

序号	国别	坝名	坝高/m	基　岩	饱和抗压强度/MPa	最大压应力/MPa
4	中国	二滩	240.00	玄武岩、正常岩	100～150	8.82
5	中国	东江	157.00	花岗岩	80～110	6.86
6	中国	拉西瓦	250.00	花岗岩	110	7.32
7	格鲁吉亚	英古里	271.50	灰岩	80～90	9.40
8	日本	黑部第四	186.00	黑云母花岗岩	98～122	9.50
9	美国	格兰峡	216.40	中粗粒—细粒砂岩	43.3	7.03
10	伊朗	德兹	203.50	钙质砾岩	31.5	9.90
11	瑞士	埃莫森	180.00	角页岩	80～100	7.75
12	瑞士	莫瓦桑	250.50	片岩	70～110	10.5

从工程实例可见，总体上坝高越大，最大压应力越大，坝高271.5m英古里拱坝的最大压应力达到了9.4MPa。地基岩石饱和抗压强度，变化范围较大，最低的为31.5MPa，最大的可达150MPa。地基岩石饱和抗压强度与最大压应力的比值，即拱坝地基承载力的安全系数，除美国的格兰峡拱坝及伊朗的德兹拱坝外，其他均可达到8以上，而德兹拱坝为3.2，低于美国垦务局拱坝设计的规定。

3.1.3　锦屏一级建基岩体选择要求

在对国内外设计标准和工程实例的分析基础上，坝基岩体的总体要求是要有足够的强度和刚度，可以从岩体类别、坝基综合变形模量、基岩承载能力、拱坝安全控制等方面进行控制，使得坝基岩体能承受拱坝传递的压应力且有一定的裕度，并控制拱推力作用下的变形量，减小坝基变形引起的拱坝附加应力，使拱坝具有较好的工作性态。

1. 岩体类别

坝基岩体受岩性、风化卸荷程度、岩体结构特征等因素影响，在实际工程中的分布是比较复杂的，需要从对工程影响的角度进行分类，便于分析和使用。坝基岩体的工程地质分类，是综合反映了岩石的坚硬程度、岩体完整性、结构面发育情况等的综合指标，研究坝基岩体的可利用性，要以岩体类别为基础，这也是从二滩等工程逐步积累的宝贵经验。

岩体质量分类遵循了两个基本原则：一是以反映岩体固有的物理力学特性为目标，同一类岩体服务的工程对象虽可不同，但基本条件是不变的，这就为建立统一的岩体质量体系提供了前提条件；二是以控制岩体物理力学特性的主要地质因素作为分类的基本要素，同时又以岩体的力学参数作为分类的工程指数。

岩体质量取决于多种地质因素的耦合作用，各种因素对岩体力学性质的影响程度不仅与具体的岩体工程地质条件有关，而且各种因素之间还要相互影响、相互制约。因此，分类方法原则上采取从单因素级差研究到多因素综合评判，以定性描述和定量指标相结合综合表征，最终建立完整的岩体质量体系。

Ⅱ类岩体，包括微风化—新鲜、无卸荷的大理岩、变质砂岩，岩体完整，以厚层、巨厚层或块状结构为主，嵌合紧密，可以直接作为坝基岩体。Ⅲ类岩体也是微风化—新鲜的大理岩、粉砂质板岩，根据岩体完整性、岩体结构、卸荷程度不同，又分为Ⅲ₁类和Ⅲ₂类。Ⅲ类岩体，从风化程度上满足规范的要求，可以区别对待、分析利用。Ⅳ类、Ⅴ类岩体不仅风化程度较强，其卸荷发育，完整性差，块裂—碎裂结构，部分岩质软弱，不能作为300m级特高拱坝的坝基。

根据锦屏一级河床坝基和两岸坝基地质特点、拱坝受力特点，从建基岩体的类别方面，要求河床部位建基岩体应尽量利用第三层大理岩中较完整的微新无卸荷的Ⅱ类和微新、弱卸荷的Ⅲ₁类岩体，较破碎的弱风化、弱卸荷的Ⅲ₂类岩体不宜作为坝基建基面岩体。两岸建基面，可利用岩体的确定要充分考虑拱坝受力状况，拱坝坝基中下部应全部置于Ⅱ类或Ⅲ₁类岩体，中上部应尽可能置于Ⅲ₁类岩体，上部局部可利用Ⅲ₂类岩体。建基面如遇断层和软弱结构面时，要做好坝基处理。

2. 坝基综合变形模量

坝基综合变形模量是进行拱坝应力和变形分析的重要参数，坝基的抗变形能力通过坝体的应力分析成果得到反映，这也是多个规范要求重视坝基综合变形模量、重视敏感性分析的原因。特高拱坝的坝基综合变形模量，有必要从均匀性、对称性、最低值三个方面进行控制。

坝基综合变形模量的差异大、左右岸不对称，会导致结构的应力和变形分布更加复杂，不利于使拱坝获得较好的工作性态，要适应复杂的边界条件，也会增加结构设计的难度，因此有必要对其均匀性、对称性提出要求。不仅如此，由于锦屏一级拱坝的消落深度达到80m，拱坝承受的水推力，正常蓄水位是死水位情况下的2.05倍，要使拱坝在不同荷载条件下均有较好的应力分布，需要对坝基综合变形模量的均匀性和对称性提出更高的要求。

二滩工程开展的相关研究结论认为，坝基综合变形模量最大值与最小值之比不大于4.0，同一岸相邻高程坝基综合变形模量之比不大于2.0，则可使坝体有较为满意的应力分布条件。考虑到锦屏一级拱坝的最大坝高和消落深度远超过二滩工程，坝基综合变形模量的均匀性的要求还应适当提高，要求坝基综合变形模量最大值与最小值之比不大于2.0，同一岸相邻高程坝基综合变形模量之比不大于2.0，同时要求同一高程左右拱端的坝基综合变形模量之比不大于2.0。

在进行坝基综合变形模量均匀性控制时，需要区分局部的地质缺陷的影响。坝基岩体中存在规模较小的挤压带、错动带等，其综合变形模量很低，但由于规模不大，采用常规的刻槽置换的处理措施，即可保证软弱岩带两侧的受力，这种局部的综合变形模量比值不纳入控制范围。

坝基综合变形模量的最低值要求，仅美国陆军工程师兵团《拱坝设计手册》提出了不小于3.4GPa的基本要求，即便坝基综合变形模量低于该要求值，也可以通过多工况的坝体应力分析论证是否可以接受，国内外工程中也不乏坝基综合变形模量较低的实例，坝基综合变形模量没有比较明确的下限控制要求。由表3.1-3可见，特高拱坝的坝基综合变形模量基本都大于10GPa，可以参考已建工程的经验，要求最低值不小于10GPa。

综上，锦屏一级坝基综合变形模量不低于10GPa，且最大值与最小值之比不大于2.0。

3. 基岩承载能力

岩类是岩性、岩石强度、岩体结构、风化、卸荷、地下水等多因素影响的岩体质量综合体现，满足岩类的要求并不一定能满足承载能力的要求。以《水力发电工程地质勘察规范》（GB 50287—2016）的坝基岩体工程地质分类为例，岩石饱和单轴抗压强度达到 30MPa 的完整中硬岩可定为Ⅱ类岩体，从岩类的标准看适合建高坝和特高坝，但承载能力与特高坝的 8～9MPa 的应力水平不匹配，可能不满足特高坝的建基要求，有必要进行基岩承载能力校核。按照高坝应置于坚硬地基的要求，锦屏一级坝基岩石饱和抗压强度与最大压应力之比按不小于 8.0 控制。

4. 拱坝安全控制

拱坝安全控制可以从坝体强度安全、拱座抗滑稳定安全、整体安全度方面进行分析和评价。坝体强度计算采用拱梁分载法、线弹性有限元法进行，拱座抗滑稳定分析采用刚体极限平衡法进行。随着坝高的增加，拱坝与坝基的相互作用增强，充分考虑拱坝和地基之间的应力传递和变形调整效应，考虑结构系统的整体安全度显得尤为必要。锦屏一级拱坝坝高超过 300m，且坝基地质条件特别复杂，应通过整体稳定分析的方法论证拱坝-地基系统的整体适应性，使设计方案具有与工程规模和特点相当的整体安全度。根据已开展的拱坝整体稳定分析成果，要求锦屏一级拱坝超载作用下起裂安全度不小于 1.5。

3.1.4　锦屏一级建基岩体选择思路

根据锦屏一级工程特点和上述建基岩体选择考虑因素及控制要求，建基岩体选择的思路和主要研究内容如下。

1. 坝线选择

在普斯罗沟坝址河段，地层岩性、软弱岩带、深部裂缝在顺河向的分布特征差异较大，合理的坝线位置可以获得较好建基条件。要确定影响坝线选择的控制性地质因素的分布特征，拟定代表性的坝线，按相同的建基原则进行拱坝布置设计，从体形、应力、坝肩稳定条件、深部裂缝影响、主要工程量等方面进行综合比较，确定合理的坝线。

2. 岩体质量分类

坝基岩体质量分类是可利用岩体选择的基础，锦屏一级拱坝的地质条件复杂，常用的岩体分类标准难以全面反映其影响，比如岩性层位跨度大，岩体内层面、层间挤压错动带、断层及节理裂隙发育，岩体赋存环境地应力高，深切河谷受卸荷作用影响强烈，以及深部卸荷带等特殊地质现象。要抓住影响岩体质量的主要因素，建立反映锦屏一级工程地质特点的质量分类体系，在此基础上通过试验研究提出各类岩体的物理力学参数。

3. 灌浆试验研究

对不能满足建基质量要求的岩体，可采用置换处理或固结灌浆提高其整体性、均一性，并在一定程度上提高其力学性能。坝址区岩体的风化程度不强，但卸荷较强，采用固结灌浆可以显著提高有关参数，使得可利用坝基岩体范围增大。特别是左岸抗力体内受深部裂缝影响的Ⅳ$_2$类岩体，灌浆后能否提高其抗变形能力，达到满足坝基变形控制要求，是研究的重点内容。为获得坝基拟利用岩体灌浆后的相关参数，有必要开展固结灌浆试验研究。

固结灌浆试验场地的选择，应重视代表性。对灌浆区岩体应进行全面测试，灌浆前后，要通过钻孔声波、钻孔变形模量、承压板变形模量、完整性系数和透水率等测试，了解天然情况的岩体特性，掌握灌后岩体的特性，分析灌浆的改善提高幅度，为合理确定利用可利用岩体奠定基础。

4. 可利用岩体的选择

可利用岩体选择的总体原则是以岩类为基础、以安全为准则，合理利用弱风化岩体作为建基岩体，并按拱端推力分高程区段确定其利用程度。根据该设计原则，结合坝址岩体质量评价与分类，以及各级岩体固结灌浆试验成果及其对抗变形能力的改善程度，考虑高拱坝基础受力特点、不同高程区对建基面基础岩体类别的要求，初步拟定特高拱坝可利用建基岩体的类别。Ⅱ类岩体可以直接作为坝基岩体，Ⅲ类岩体可以区别对待、分析利用，Ⅳ类、Ⅴ类岩体不能直接作为坝基。

5. 拟定建基面和相应的处理措施

在确定可利用坝基岩体的基本岩类的基础上，要综合考虑拱坝布置、建基面平顺的要求，拟定建基面方案以及坝基地质缺陷的处理措施，确定的建基面配合处理措施应满足变形模量最低值的控制要求。

6. 建基面的分析评价

对建基面的分析评价，从坝基综合变形模量的均匀性、对称性进行建基岩体选择的符合性分析。对结构安全主要控制因素，要采用多种方法，从坝体的结构应力、坝肩抗滑稳定、建基岩体承载能力、整体安全性等进行分析，综合评判建基面选择的合理性。设置垫座后，垫座对改善坝基刚度的贡献体现在相应的坝基综合变形模量中，而垫座建基面的地质条件较差，要进行承载能力复核。

3.2　坝线选择

3.2.1　坝线选择范围

普斯罗沟坝址上起普斯罗沟沟口，下至道班沟沟口（图 2.1-2），河段长约 1.5km，河道顺直、狭窄，为深切 V 形河谷。从地形条件上，坝址河段较适合进行拱坝布置，并且坝址河段顺河向地形较平顺，地形条件不制约坝线选择。坝址区影响坝线选择的地质条件，右岸为大理岩，岩体完整性较好，发育有 f_{13}、f_{14} 断层，坝线越往下游其对拱坝布置的影响越小，但不制约坝线的选择；左岸坝肩中上部为砂板岩，发育有 f_5、f_8 断层和煌斑岩脉、深部裂缝等不良地质条件，坝线选择时重点研究左岸地层岩性、规模较大的软弱岩带、深部裂缝的影响。坝线与主要地质缺陷的关系如图 3.2-1 所示。

从建基岩体的岩性分析，越向下游越有利。坝址区出露地层可分为三段，第一段为绿片岩，在坝址区地表未出露，深埋于河床 190m 以下及右岸谷坡水平深度 350m 以里，厚度大于 90m；第二段为大理岩，厚度约 600m，按岩石组合、岩性及结构构造特征细分为 8 层；第三段砂板岩，出露于左岸高程 1810.00～2300.00m，厚度约 400m。由于三滩向斜的产状，坝址区左岸砂板岩和大理岩的分界上游侧低、下游侧高，所以坝线越向下游，

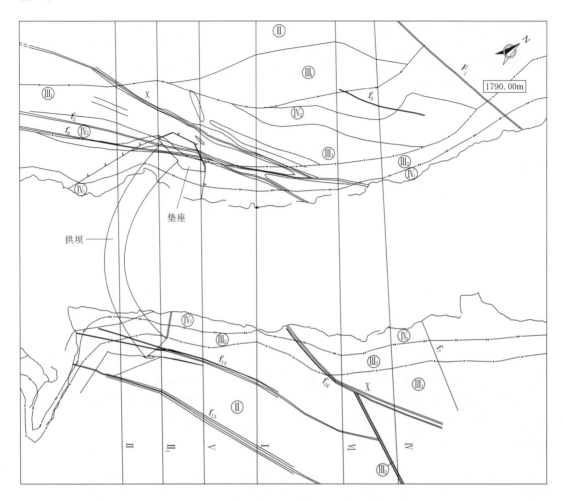

图 3.2 - 1 坝线与主要地质缺陷的关系示意图

砂板岩在建基面出露越少，建基条件越好。

从避让规模较大断层的角度，越向上游越有利。左岸岸坡发育有走向北东，陡倾南东，平面延伸较长的 f_5（f_8）断层，是制约坝线选择的重要地质因素。f_5 断层全长约 1.8km，其破碎带在大理岩中宽约 0.3～1.0m；在砂板岩中普遍较宽，最大宽度达 6m，总体产状为 N37°E/SE∠75°～80°。f_8 断层全长约 1.4km，破碎带宽约为 0.5～1.0m，总体产状为 N35°～45°E/SE∠70°～85°。坝线靠上游布置，则断层在建基面出露的高程越高，对坝基的变形稳定控制越有利。

从避让煌斑岩脉的角度，越向上游越有利。煌斑岩脉的岩石类型为云辉正煌岩-黑云正煌岩，灰色—灰黑色，风化表面呈浅黄褐色--黄褐色，泥质感较明显，性软较疏松。左岸抗力体的煌斑岩脉，从上游以 NEE 方向延伸进入坝址，在Ⅰ、Ⅵ勘探线之间出露地表，岩脉厚一般为 2.0～3.0m，总体产状 N50°～75°E/SE∠60°～75°，在高程 1680.00m 以上普遍弱—强风化，岩体强度低，与大理岩接触带一般都发育有小断层，有较明显的松弛现象，岩脉内及两侧一定宽度范围岩体同向裂隙多松弛、局部微张。

深部裂缝在空间上的发育程度和延伸展布情况，大致可分为 A、B、C 三个区，如图 3.2-2 所示。A 区为深部裂缝发育较微弱区，平面上位于岸坡Ⅵ勘探线以上的上游段高程 1900.00m 以下大理岩区域。该区共见有深部裂缝 27 条，其中Ⅱ、Ⅲ、Ⅳ级裂缝分别有 2 条、10 条、15 条。B 区为深部裂缝发育强烈区，平面上大致在Ⅵ线山梁上游侧至Ⅱ勘探线之间、高程 1900.00m 以上的砂板岩段，共有深部裂缝 25 条，规模一般较大，单条裂缝形成的松弛岩带宽度约 10～20m，其中Ⅰ、Ⅱ、Ⅲ级裂缝分别有 12 条、3 条、10 条。C 区为深部裂缝发育强烈区，平面范围大致在Ⅵ线山梁至Ⅲ勘探线之间，高程 1900.00m 以上变质砂板岩和以下大理岩段，共有深部裂缝 37 条，规模一般都较大，其中Ⅰ、Ⅱ、Ⅲ、Ⅳ级裂缝分别有 5 条、9 条、9 条、14 条。从避让深部裂缝的角度，越向上游越有利。

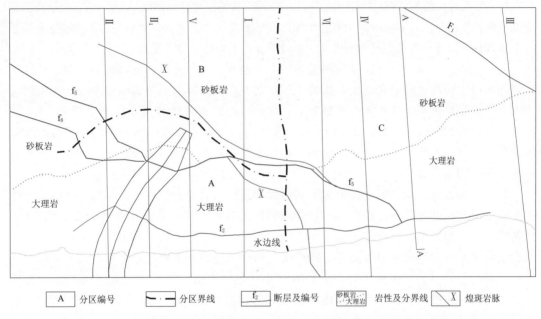

图 3.2-2　左岸深部裂缝发育特征分区示意图（高程 1790.00m）

综合坝址河段的地质条件，主要的不利因素包括砂板岩、断层、煌斑岩脉、深部裂缝，可谓"前有狼后有虎"，坝线选择面临重重困难，其中深部裂缝是控制坝线选择的最主要因素。设计提出了"先避让、后布置、再处理"的指导思想，首先应尽可能避开深部裂缝发育区域。将坝址河段以Ⅰ-Ⅰ勘探线分界分为上、下两段，上段左岸的深部裂缝发育程度比下段要轻微，山体中砂板岩分布的高程较高，距下游的 F_1 断层较远，距道班沟也较远。因此，普斯罗沟坝址可供坝线位置选择的范围主要在上游河段，即从Ⅰ-Ⅰ勘探线至普斯罗沟河段上。

3.2.2　坝线初步选择

为进一步减小坝线布置的范围，在Ⅰ-Ⅰ地勘线到普斯罗沟的河段上进行了上、中、下三条坝线的比较。上坝线的极限位置受右岸深切的普斯罗沟控制，另外越向上游左岸砂板岩出露的范围越大，综合右岸普斯罗沟沟口电站进水口的协调布置要求，将上坝线布置在普斯罗沟下游侧Ⅱ-Ⅱ勘探线。坝线布置范围要布置在Ⅰ-Ⅰ勘探线以上，以拱端不超过Ⅰ-Ⅰ勘探线，使得拱端不触及深部裂缝发育强烈的 C 区，将下坝线布置在Ⅴ-Ⅴ勘探线。中坝线布置在上、下坝线之间的Ⅱ₁-Ⅱ₁勘探线。相邻坝线之间的距离约 100m。对拟定的比选坝线，在相同的建基面原则情况下开展体形设计，从深部裂缝影响、拱座稳定条件、坝基变形控制、体形、应力、主要工程量等方面进行了综合比较。

布置的 3 条坝线距离规模较大的Ⅰ、Ⅱ级深部裂缝较远，左岸高程 1730.00m 以上山体内的深部裂缝，经坝基开挖后距大坝的平均水平深度约为 70～100m，并且随高程下降距离逐渐增大。三维有限元计算分析表明，由于Ⅰ、Ⅱ级深部裂缝距大坝相对较远，拱坝传递的作用力在深部裂缝发育强烈的区域已有很大衰减，已对建坝不产生制约。在此基础上，进一步比较左拱端与深部裂缝发育区的关系可见，上坝线拱端位于深部裂缝发育较微弱的 A 区，中坝线触及深部裂缝发育强烈的 B 区，下坝线拱端则置于深部裂缝发育强烈的 B 区，并且与深部裂缝发育强烈的 C 区较近。从避让深部裂缝的角度，上坝线明显优于中坝线和下坝线。

对拱座稳定的影响，可以从深部裂缝和断层两方面进行分析。深部裂缝参与组合的滑块，上坝线、中坝线的稳定安全系数均大于规范要求的指标，上坝线的安全系数比中坝线稍大；下坝线按抗剪公式计算时满足要求，而按抗剪断公式计算时不能满足要求。$f_5(f_8)$断层参与组合的滑块，3 条坝线的稳定安全系数均满足规范要求，随坝线向上游移动块体越大稳定安全系数越大。右岸各坝线的拱座稳定条件基本一致。综合来看，上坝线方案拱座稳定条件相对较好。

坝基变形控制方面，坝线向上游不利的因素是砂板岩分布范围大，坝线向下游不利的因素是断层在建基面出露高程低、与煌斑岩脉距离近、拱端会置于深部裂缝发育强烈区。综合来看，上坝线虽然也存在坝基变形控制的难题，但避开了较多的不利因素，把受多因素影响的复杂问题，简化为主要考虑卸荷松弛的砂板岩的处理问题，上坝线相对较好。

坝线的位置对拱坝体形布置影响相对较小，各坝线拱坝体形的主要几何特征参数相当，坝面最大主应力量值相当，坝体混凝土和基础开挖工程量相差在 5%～8%之间，差异不大。坝基加固处理方面，中坝线和下坝线，拱端置于深部裂缝发育强烈区，处理难度比 A 区更大；坝线向下移动，$f_5(f_8)$断层出露在建基面更低的高程，煌斑岩脉靠近拱端或在建基面出露，处理的要求相应会提高，处理的规模和难度更大。

通过深部裂缝影响、拱座稳定条件、坝基变形控制、体形、应力、主要工程量等方面综合比较，选择上坝线。

3.2.3　坝线微调优选

坝线初选时，相邻坝线之间的间距约 100m，对一般工程来说已然满足设计深度、精度的要求，锦屏一级普斯罗沟坝址不利地质因素较多，顺河向分布差异大，有必要再进行坝线微调可行性的研究，更精准地将拱端置于相对较优的岩体上。微调坝线从上游、下游两个方向进行研究。

1. 坝线微调下移的可行性

（1）深部裂缝。坝线在Ⅱ线时，坝基下无张开宽度大于 10cm 的Ⅰ、Ⅱ级深裂缝发育，仅有Ⅲ、Ⅳ级深裂缝。拱端与深裂缝 SL_{11} 的距离为 130m，随着坝线下移则该距离几乎线性减小。

（2）f_5 断层。f_5 断层在拱座的建基面上出露，是影响拱坝的主要断层之一。上坝线方案的拱座位于Ⅱ$_1$～Ⅴ线之间，坝线下移后拱座将在Ⅴ线附近，此处为 f_5、f_8 断层交汇的部位，其影响带宽达 20m 左右，宽度大、性状差。再往下移，f_5 断层与煌斑岩脉交会，是影响带宽达 15m 的性状很差的岩带，因此，坝线下移使 f_5 断层对坝基的影响增大。

（3）砂板岩。从上游往下游砂板岩出露高程由低到高，在相同的建基面拟定原则下，坝线下移 20～30m，砂板岩的出露高程提高 5～10m，在可调整的坝线范围内，对减少砂板岩的影响作用不大。

（4）抗滑稳定。前面 3 条坝线的计算分析明确揭示出，左岸的坝肩抗滑稳定由 f_5 断层控制，拱座越往下游，f_5 断层形成的滑块越小，滑块的重量、抗剪面积都越小，坝肩抗滑稳定安全系数减小，断层对拱坝的不利影响增大，因此坝线下移对坝肩抗滑稳定不利。

（5）地形条件。Ⅱ线、Ⅱ$_1$线、Ⅴ线河谷地形都为下陡上缓的典型深切Ⅴ形谷，从微地貌上看左岸略有不同。坝线位于Ⅱ线时，拱肩正好处于槽状负地形，抗力体能充分利用这一突出的山脊，对坝肩抗力体有利，也减小了开挖。坝线下移，坝肩将挖除这一山脊，不仅开挖量大幅增加，而且也对坝肩抗力体不利。

从以上五个方面的分析来看，坝线下移除了能略微减小砂板岩在建基面的出露范围以外，其他包括深部裂缝、f_5 断层、抗滑稳定、地形条件都是不利的，坝线下移得不偿失，所以坝线不具备下移条件。

2. 坝线微调上移的可行性

上移后砂板岩分布范围增大，另外考虑枢纽协调布置，坝线不宜大幅度上移，做了微调上移 10m 的比较方案。

在建基岩体上，左岸拱座利用砂板岩的比例增加，对 1830.00m 高程，Ⅱ坝线方案 2/3 拱座为砂板岩，上移后则全为砂板岩。受局部地形条件影响，上移后拱端平均嵌深增加了 4m，坝基开挖量增加了约 29 万 m^3，拱坝体形特征参数基本一致，最大拉压应力没有显著差别。

总体来看，坝线上移后的地质条件与Ⅱ线差别不大，左岸虽远离Ⅰ线以下的深部裂缝及拉裂松弛岩体，有利于变形及稳定，但砂板岩出露高程降低，坝基砂板岩出露比例增加，使坝基岩体不均匀问题和左岸拱肩槽开挖高边坡稳定性问题更加突出。坝线上移，砂板岩内 f_5 断层构造挤压作用也更加强烈，破碎带宽度增加，性状变差，对坝基影响范围也更大，增加了坝基部位 f_5 断层处理难度和工程量。右岸离普斯罗沟更近，坝肩开挖难度增大，且与进水口的开挖干扰增加，不利于枢纽布置。综合多方面的因素分析，坝线微调上移也没有明显的优势，维持Ⅱ-Ⅱ勘探线为推荐坝线。

3.3　坝基可利用岩体研究

3.3.1　影响岩体质量的因素

坝基岩体质量分类目的是为查明各类岩体的工程特性，达到为工程设计提供定量指标，坝基岩体分类是可利用岩体研究的基础。通过对锦屏一级水电站坝区地质条件的研究认为，与当时已建成的一般水电工程岩体质量分类相似，岩石类型、岩体结构及赋存条件是控制性的基本因素，但是锦屏一级也表现出与一般水电工程不同的特点是，坝区两岸浅表部岩体受卸荷作用影响强烈，特别是左岸存在的深部裂缝构成了影响坝区岩体质量的基本地质要素。因此，影响坝区岩体质量的主要地质因素包括地层岩性及工程地质岩组、岩体结构特征、岩体紧密程度、深部裂缝发育状况。

1. 地层岩性及工程地质岩组

坝区基岩共分为 3 段 15 层，由于各层成因类型、岩性及层厚不同，必然会使各层岩体的工程力学性质不同，因此，坝区不同的地层层位和工程岩组特征构成了控制坝区岩体质量差异的重要因素。根据坝区岩性、岩石强度、岩体宏观结构及整体力学特性等可将坝区岩体划分为 9 个工程地质岩组。

2. 岩体结构特征

锦屏一级水电站坝址区岩石建造类型复杂，层厚变化大；构造改造强烈，岩体内不同类型的构造结构面发育；谷坡形成后由于地应力释放，浅表一定范围内的岩体沿结构面松弛拉裂张开明显，进一步降低了岩体的完整性。根据大量平洞钻孔地质调查资料分析，综合原岩建造及构造和浅表生改造结果，将坝区岩体结构分为厚层—块状结构、中厚层—次块状结构、互层状结构、薄层状结构、块裂—镶嵌结构、块裂—碎裂结构、板裂—碎裂结构和散体结构 8 种类型。

3. 岩体紧密程度

锦屏一级坝址为高地应力区，深部岩体在高围压状态下，结构面多挤压紧密。不同的围压状态表现为岩体紧密程度的变化，而岩体紧密程度可用定性的岩块嵌合程度和风化卸荷状况以及定量的声波纵波速度值的大小来表征。

（1）岩块嵌合程度。根据平洞内节理裂隙松弛张开程度、洞壁地应力现象等宏观地质调查成果，结合洞内地应力测试及钻孔压水试验资料分析，按岩块嵌合程度可分为紧密、较紧密、较松弛、松弛和极松弛五级。

（2）岩体风化。坝址区主要岩组大理岩组、砂板岩组抗风化能力强，岩石风化微弱，风化作用主要使节理裂隙面壁锈染变色，并造成层间挤压错动带、断层破碎带物质进一步分解蚀变成风化夹层。总的来看，风化作用对岩体质量影响不大，按风化类型及风化作用结果，可将坝区岩体分为强风化夹层、弱风化岩体和微新岩体三级。

（3）岩体卸荷。坝区岸坡高陡，天然状态下地应力高，谷坡岩体受卸荷作用强烈，与谷坡近于平行的结构面松弛拉裂明显，导致岩体紧密程度显著降低，岩体完整性变差。特别是左岸，在浅表正常卸荷带以里一定范围内，还可见卸荷作用形成的松弛拉裂岩带。因此，卸荷作用构成了影响坝区岩体质量的主要地质因素之一。按卸荷程度划分为强卸荷、弱卸荷、深卸荷和无卸荷四级。

（4）岩体声波纵波速度分级。坝区进行了大量的平洞洞壁岩体单孔对穿声波测试和洞间地震纵波、横波测试。各种测试显示，岩体声波及地震纵波速值与岩体卸荷程度密切相关，不同声波纵波速值的高低综合反映了岩体质量的优劣。

4. 深部裂缝发育状况

坝区左岸浅表正常卸荷带以里至深卸荷底界之间的岩体，由于深部裂缝的存在，导致岩体结构极不均一。在深部裂缝发育段结构面多松弛张开，岩体呈板裂—碎裂结构，抗变形能力差，透水性强；而深部裂缝之间岩体相对完整，但由于应力释放，岩体紧密程度有所下降。因此，深部裂缝发育状况构成了控制锦屏一级坝基岩体质量特有的地质因素。按深部裂缝发育状况对岩体质量的影响，可划分为无、微、弱—较强和强四级。

3.3.2　坝基岩体质量分类

锦屏一级坝基岩体质量分类的原则，一是反映混凝土高拱坝对地基岩体的要求；二是以控制岩体物理力学特性的主要地质因素作为分类的基本要素，对主要地质因素采用定性与定量指标相结合，以保证评价的客观性和可靠性；三是按不同工程地质因素组合时岩体的力学参数作为分级归类的标准，使其与国内外通行的岩体质量评价体系有较强的对应性和可比性。

锦屏一级水电站坝址区岩性层位多，既有坚硬的大理岩、变质砂岩，又有相对软弱的板岩和绿片岩，岩石组合较复杂；岩体内层面、层间挤压错动带、断层及节理裂隙发育；岩体赋存环境地应力高；两岸浅表部岩体受卸荷作用影响强烈，特别是左岸存在的深部裂缝等构成了影响坝基岩体质量的基本地质要素。因此，在锦屏一级坝基岩体质量分级时，首先以岩体所属地层层位和岩石组合特征为基础，同时考虑岩体结构特征和卸荷作用影响程度，进行基本工程地质单元划分和岩体质量初步分级；然后对初分岩类与岩体力学试验成果进行相关分析，研究主要地质因素与岩体力学参数的相关性和规律性，在此基础上，进行岩类的调整、归纳，并参照水电坝基岩体分类标准形成最终的锦屏一级岩体质量分级体系。

针对锦屏一级坝区地质特点，按上述岩体质量分类方法，对坝区岩体质量分类的主要因素，岩石性质（地层岩性）、岩体结构特征、岩体紧密程度和岩体中深部裂缝发育状况，结合岩体力学试验成果，进行综合判断，将坝区岩体共分 4 个大类 7 个亚类。

Ⅱ类岩体：包括微风化—新鲜、无卸荷的 $T_{2-3}z^2$ 第 3、4、5、7、8 层大理岩岩组和 $T_{2-3}z^3$ 第 2、4、6 层变质砂岩岩组，岩体完整，以厚层、巨厚层或块状结构为主，嵌合紧密，主要分布在右岸弱卸荷带以里及左岸深卸荷底界以里。

Ⅲ₁类岩体：包含三部分，一是微风化—新鲜、无卸荷的 $T_{2-3}z^2$ 第 2、6 层大理岩岩组和 $T_{2-3}z^3$ 第 1、3、5 层粉砂质板岩岩组，岩体总体较完整，中厚层或次块状结构为主，嵌合紧密；二是深部裂缝间微风化—新鲜相对完整的岩体，嵌合较紧密；三是位于河床浅部微风化—新鲜、弱卸荷的 $T_{2-3}z^{3(3)}$ 层大理岩。

Ⅲ₂类岩体：包含四部分，一是两岸微风化—新鲜、弱卸荷岩体，完整性差，块裂—镶嵌结构，卸荷裂隙较发育，且集中松弛张开明显；二是微风化—新鲜，无卸荷的 $T_{2-3}z^{2(1)、(2)}$、$T_{2-3}z^1$ 层大理片岩与绿片岩岩组，岩体完整性差，薄层—互层结构，嵌合紧密；三是位于河床基岩表部弱风化、弱卸荷的 $T_{2-3}z^{2(3)}$ 层大理岩；四是位于左岸 1680.00m 高程以下微风化—新鲜、无卸荷的煌斑岩脉及胶结良好的断层岩。

Ⅳ₁类岩体：两岸弱风化、强卸荷岩体，完整性差，较破碎，块裂—碎裂结构，卸荷裂隙发育，松弛张开显著。

Ⅳ₂ 类岩体：包含三部分，一是左岸弱卸荷至深卸荷之间微风化—新鲜的Ⅲ、Ⅳ级深部裂缝发育段岩体，较破碎，板裂—碎裂结构；二是弱风化的溶蚀裂隙集中带岩体，一般较松弛；三是左岸 1680.00m 高程以上弱—强风化的煌斑岩脉，岩体较破碎，碎裂结构，岩质软弱。

Ⅴ₁ 类岩体：包含两部分，一是无胶结、松散的断层破碎带；二是 $T_{2-3}z^{2(6)}$ 层上部大理岩中的层间挤压错动带，岩体破碎，散体结构。

Ⅴ₂ 类岩体：Ⅰ、Ⅱ级深部裂缝发育段岩体，结构面一般张开 10～20cm。主要分布在左岸抗力体下游侧。

3.3.3　坝基岩体力学参数

可行性研究阶段锦屏一级水电站坝区共完成岩体变形试验 97 组，试验采用直径 50.5cm 的刚性承压板法，岩体法向最大荷载为 10MPa，软弱结构面法向最大荷载为 5.6MPa。其中平行结构面方向变形点为 60 个，垂直结构面方向变形点为 37 个。施工图阶段，除完成了建基面直径 40cm 承压板变形试验外，利用两岸帷幕灌排洞补充完成了 17 个直径 50cm 承压板变形试验。试验点的布置总体上反映了坝区岩体的各种岩性及结构类型特点。

变形模量通常可采用切线模量 E_0、割线模量 E_s、最大荷载模量 E_t 来表征，为合理、客观地选取具有代表性的变形模量值，以求真实地反映岩体的变形特点，对各试点 E_0、E_s、E_t 与单位变形量 Y 进行了相关性分析。分析结果表明，在双对数图中，E_0-Y、E_s-Y、E_t-Y 呈直线或条带相关，其中 E_s-Y 关系规律性最强，试点基本集中在一条直线上，较好地反映了岩体的本构关系。同时坝基Ⅲ₁级以下岩体各级荷载下永久变形大，弹性变形小，割线模量能较好地反映岩体的本构关系。因此，在变形模量选取时，确定以各试点的割线模量为基础进行整理分析。

考虑岩体的不均质性与结构的复杂性，对离散性大的试点进行了取舍分析，然后取点群集中段的小值平均值至平均值的范围值为试验标准值，以试验标准值为基础，提出岩体变形模量建议值，并在此基础上对选取参数做进一步的统计特征分析和概率分析，以评价其代表性和可信性。

岩体抗剪（断）强度试验共完成了 29 组，在比较了点群中心法、最小二乘法、优定斜率法的优缺点后，采用优定斜率法，以保证将岩体抗剪强度水平限制在组成岩体的大多数基本单元能承受的范围内，并对建议指标进行了统计分析及概率分析，提高参数的合理性和可信性。锦屏一级水电站坝区各类岩体变形模量和强度参数建议值见表3.3-1。

表 3.3-1　　　　　　　坝区各类岩体变形模量和强度参数建议值

岩类	岩体变形模量		抗剪断强度		抗剪强度	
	E_0（平行层面）/GPa	E_0（垂直层面）/GPa	f'	c'/MPa	f	c/MPa
Ⅱ	21～32	21～30	1.35	2.00	0.95	0
Ⅲ₁	10～14	9～13	1.07	1.50	0.85	0
Ⅲ₂	6～10（砂板岩取低值）	3～7（砂板岩取低值）	1.02	0.90	0.68	0

续表

岩类	岩 体 变 形 模 量		抗剪断强度		抗剪强度	
	E_0（平行层面）/GPa	E_0（垂直层面）/GPa	f'	c'/MPa	f	c/MPa
IV_1	3～4	2～3	0.70	0.60	0.58	0
IV_2	2～3	1～2	0.60	0.40	0.45	0
V_1	0.3～0.6	0.2～0.4	0.30	0.02	0.25	0
V_2	＜0.3	＜0.2	根据拉张裂缝性状及连通率确定			

3.3.4 坝基岩体灌浆试验

坝基存在对拱坝受力条件不利的地质缺陷，特别是左岸建基面上和建基面以里，存在断层、煌斑岩脉、深部裂缝、波速较低的IV_2类岩体等软弱岩体和岩带，左岸上部高程又是建基于弱卸荷岩体上。为了加大地基刚度，提高地基的抗变形能力，固结灌浆是对这类岩体进行处理的最常用手段。

为了论证灌浆处理的效果，给坝基处理设计、建基面的确定、体形优化及坝体的变形与应力分析提供合理的设计参数，并为施工提出合理的工艺控制参数，2001—2002年开展了坝基岩体固结灌浆试验，其主要目标是：①了解受Ⅲ级或Ⅳ级深部裂缝影响的IV_2类岩体的可灌性，灌后变形模量、声波速度、透水率的改善程度；②了解f_5、f_8断层破碎带灌后变形模量、抗渗性和强度提高程度，以达到部分替代混凝土置换网格的作用，减少对岩体的扰动破坏；③了解受深部拉裂松弛缝（带）影响的弱风化煌斑岩脉灌后变形模量、声波、透水率的改善程度。

1. 试验区选择

试验区选择遵循地质条件应具有代表性、便于施工、便于测试的原则。试区岩体应与坝基基岩主要岩体相同，并且包含有主要的地质构造形态，有条件时应尽可能接近所处理的对象；施工场地布置，水、电、风、材料供应方便，交通和安全条件较好；便于进行灌浆效果检测，包括实施钻挖竖井、平洞等大型检测项目。

根据上述要求，灌浆试验在左岸勘探平洞内实施，共两个试区：一试区布置于左岸PD12号勘探平洞内；二试区布置于左岸PD18号勘探平洞中。灌浆平台地质剖面如图3.3-1所示。

（1）固结灌浆一试区。一试区位于PD12号勘探平洞 0＋81.70～0＋91.70m 之间，平台高程为1775.95m，岩性为灰色条纹状大理岩。f_8断层从试区中部通过，向上、下游延伸，倾向坡外，向低高程逐渐尖灭。洞内发育的Ⅲ、Ⅳ级松弛拉裂缝（带）SL_1、SL_2、SL_3经试区通过。受f_8断层及三组拉裂缝（带）控制，试区岩体破碎，岩体结构主要为碎裂结构，属IV_2类夹部分III_2类岩体。

地下水位埋深大，位于试区灌浆深度以下。灌前测试孔钻孔时不返水，岩体透水性强，透水率q为10～90Lu。

平洞试区段的声波速度值较低，其值为2000～3500m/s，属低波速段。因透水较强，钻孔内声波测试困难，测试资料较少，从仅有的声波测试资料统计，IV_2类岩体声波速度

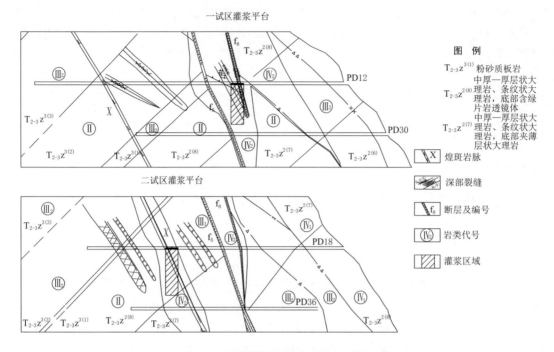

图 3.3-1　勘探平洞中灌浆平台地质剖面图

为 $2050 \sim 3520 m/s$，$Ⅲ_2$ 类岩体声波速度为 $4050 \sim 5650 m/s$，声波曲线波动较大，大值、小值相向分布，低波速段较多，岩体结构极不均匀。

在 PD12 号平洞内试区附近有两处变形试验。其中在桩号 $0+095.00m$ 处平行Ⅳ级拉裂缝的变形模量 E_0 为 $1.36 GPa$；在桩号 $0+100.00m$ 下游支洞 P12xz0+5.00m 处垂直Ⅲ级拉裂缝的变形模量 E_0 为 $0.81 GPa$，声波速度 $V_p = 2300 m/s$。灌前钻孔变形模量变化较大，$Ⅳ_2$ 类岩体 E_0 为 $1.78 \sim 3.68 GPa$，平均值 $2.65 GPa$；$Ⅲ_2$ 类岩体 E_0 为 $8.17 \sim 17.51 GPa$，平均值 $11.77 GPa$。

（2）固结灌浆二试区。二试区位于建基面以里偏下游，距坝轴线 $60 \sim 70m$，高程 $1781.20m$ 的 PD18 号洞内 $0+128.90 \sim 0+138.90m$ 之间，平台高程 $1781.40m$。

该试区岩性为灰色厚层条纹状大理岩、云斜煌斑岩岩脉及钙质绿片岩。煌斑岩脉经试区灌浆孔 $B4 \sim B12$ 一线附近通过，倾向坡外。平洞内发育的Ⅳ级拉裂缝，SL_6（X）、SL_7（f）倾向坡外，在试区中上部通过；平洞内发育的Ⅳ级拉裂缝 SL_8，PD36 内发育的Ⅲ级拉裂缝 SL_{46} 和试区拉裂缝 SL_{44} 倾向坡外经试区底部通过。受拉裂缝的控制，试区岩体结构为块裂～板裂为主，煌斑岩脉两侧 $0.2 \sim 0.5m$ 为碎裂结构，属$Ⅳ_2$ 类岩体为主，中部夹Ⅲ类岩体。

煌斑岩脉呈黄褐色，弱风化，岩性软弱，两侧 $0.2 \sim 0.5m$ 风化较强。沿煌斑岩脉两侧上、下接触带大理岩松弛拉裂，岩体破碎，宽 $0.2 \sim 0.5m$，局部 $1.00m$，裂隙密集发育，间距 $1 \sim 5cm$，优势产状为 $N20° \sim 50°E/SE \angle 60° \sim 70°$。裂面粗糙，多轻微锈染，少量新鲜，多张开。接触带岩溶较发育，可见溶隙及溶孔。

厚层条纹状大理岩，岩体新鲜，受 SL_6（X）、SL_7（f）、SL_8、SL_{46}、SL_{44} 松弛拉裂控制，呈块裂、板裂结构，裂隙不发育，少量陡倾角裂隙，裂面粗糙、新鲜。

钙质绿片岩位于灌浆深度的下部，厚 $3\sim5m$，岩体较完整、新鲜，片理发育，少量陡裂，倾角为 $60°\sim70°$，裂面粗糙、多新鲜，少量轻锈。

灌前试区岩体透水率 q 一般为 $50\sim90Lu$，属中等偏上透水，局部强透水（$q>100Lu$）和弱偏上透水（$q=4.9\sim6.3Lu$），灌前钻孔多不返水，地下水位埋深大。

试区段平洞声波速度值较低，其值为 $1600\sim2400m/s$，属低波速段，声波波幅较大，大者可达 $6410m/s$。由于岩体局部透水性强，钻孔内声波速度无法测试，声波速度测试资料较少，仅测试孔 BP2 孔声波速度曲线较为完善。据统计，大理岩 $Ⅲ_1$ 类岩体的声波速度为 $5400\sim6040m/s$，大理岩 $Ⅳ_2$ 类岩体为 $2520\sim4060m/s$，煌斑岩脉内 $Ⅲ_2$ 类岩体为 $2340\sim3530m/s$，绿片岩 $Ⅲ_2$ 类岩体为 $5290\sim6040m/s$，各岩性的各岩类波速变幅较小，但岩体声波曲线峰值高低相间，拉裂松弛部位波速突变，仅为 $2500\sim4000m/s$，表明该试区岩体结构不均匀。

在 PD18 号平洞内试区附近有两处变形试验，其中桩号 $0+126.50m$ 处平行层面而垂直节理面的变形模量 E_{0H} 为 $3.66GPa$；桩号 $0+142.00m$ 处平行层面而垂直拉裂缝的变形模量 E_{0V} 为 $2.75GPa$。大理岩 $Ⅲ_1$ 类岩体的钻孔变形模量为 $10.25\sim19.94GPa$，大理岩 $Ⅳ_2$ 类岩体为 $1.17\sim5.70GPa$，煌斑岩脉为 $0.80\sim1.90GPa$，绿片岩 $Ⅲ_2$ 类岩体为 $11.86\sim17.95GPa$。

2. 试区岩体的代表性

一试区的岩性为大理岩，岩体破碎，透水性强，岩体结构主要为碎裂结构，属 $Ⅳ_2$ 类夹部分 $Ⅲ_2$ 类岩体，并有 f_8 断层和 Ⅲ、Ⅳ 级松弛拉裂缝 SL_1、SL_2、SL_3 经试区通过。

二试区的岩性为大理岩及煌斑岩脉，底部为绿片岩。大理岩岩体新鲜，呈块裂—板裂结构，裂隙不发育，少量陡倾角裂隙；煌斑岩脉两侧 $0.5\sim2.0m$ 为碎裂结构，属 $Ⅳ_2$ 级岩体，并沿煌斑岩脉两侧松弛拉裂，上、下接触带的大理岩岩体破碎，裂隙发育；绿片岩岩体较完整，少量陡裂。该试区透水性强，并有 Ⅳ 级松弛拉裂缝 SL_6（X）、SL_7（f）和 Ⅲ 级松弛拉裂缝 SL_{46}、SL_{44} 经试区通过。

两个试区均具有各自的特征，从岩性、岩体结构、岩体质量分类和深部裂缝等方面，都有较好的代表性，是需要实施的灌浆对象，符合试验目的。

3. 现场固结灌浆试验

每一试区开挖尺寸为 $10m\times10m$。一、二试区分别布置了 2 个和 3 个灌前测试孔、13 个灌浆孔和 5 个灌后检查孔。通过测试孔、灌浆孔和检查孔钻孔取芯、压水试验、声波测试和钻孔孔内变形模量测试，进一步探明了各试区被灌岩体的基本地质特征。灌浆孔布置遵循分序逐渐加密的原则，采用方格式布置。灌浆孔距：一试区终孔孔距 $2.83m$；二试区终孔孔距 $2.47m$。孔向为铅直向。

试验采用四川金沙水泥股份有限公司生产的"攀枝花牌" 42.5R 级普通硅酸盐水泥、葛洲坝水泥厂生产的"三峡牌" 52.5 级干磨细水泥、天津市雍阳混凝土外加剂厂生产的 UNF-5 型减水剂。

钻孔采用 XY-2 型回转钻机金刚石钻头清水钻进。由于灌浆试验区的岩石破碎，且存在松弛拉裂缝，因而吸浆量将较大，两个试区均采用孔口封闭灌浆法。水灰比采用 2∶1、1∶1、0.7∶1、0.5∶1 四级。为尽量采用较高灌浆压力，同时避免地面抬动，增强灌浆效果，确定起始灌浆深度为孔口以下 3.0m，其下第 1 灌浆段为 2.0m，第 2 段为 3.0m，第 3 段及其以下段为 5.0m。各段灌浆压力见表 3.3-2。

表 3.3-2　　　　　　　　　　　　　试 验 灌 浆 压 力

灌 浆 段 次		第 1 段	第 2 段	第 3 段	第 4 段	第 5 段及以下各段
段长/m		2.0	3.0	5.0	5.0	5.0
一试区灌浆压力/MPa	$c>500kg/m$	1.0	2.0	3.5	4.0	4.0
	$c<500kg/m$	1.0	2.0	3.5	5.0	5.0
二试区灌浆压力/MPa		1.0	2.0	3.5	6.0	6.0

注　表中 c 指前期单位注入水泥量。

4. 灌浆试验成果

两个试区岩体的力学指标的改善情况综合列于表 3.3-3 和表 3.3-4，渗透性能改善情况见表 3.3-5。

表 3.3-3　　　　　　　　　　　一试区岩体力学指标改善情况

项目	序次	Ⅲ₂类大理岩	Ⅳ₂类大理岩	f₈断层破碎带（Ⅳ₂）碎粒岩、碎粉岩为主	f₈断层破碎带（Ⅳ₂）碎裂岩为主
完整性系数 K_v	灌前	0.44	0.23	—	—
	灌后	0.75	0.35	0.10~0.23	0.29~0.52
	提高比例/%	70.5	52.2	—	—
钻孔声波/(m/s)	灌前	5180	2750	—	—
	灌后	5820	3830	2100~3100	3500~4700
	提高比例/%	12.0	39.0	—	—
孔内变形模量/GPa	灌前	11.77	2.65	1.85	
	灌后	13.50	4.96	—	6.30
	提高比例/%	14.7	87.2	—	—
现场承压板法变形模量/GPa	灌前		0.81（垂直）	—	—
			1.36（平行）	—	—
	灌后	15.3（垂直）	5.66（垂直）	—	5.66
			15.3（平行）	—	
	提高比例/%		598.8（垂直）	—	—
			1025.0（平行）	—	—

灌浆试验结果表明，两试区岩体可灌性均好，裂隙中水泥结石充填率高，且充填较密实—密实；水泥结石的主体呈青灰色，微密、坚硬。

灌浆处理后，各类岩体的完整性系数、声波波速值、变形模量值均有不同程度的提高，低波速段分布呈明显减少趋势，岩体的均一性、整体性得到显著提高。Ⅲ₁类、Ⅲ₂类

表 3.3 - 4 二试区岩体力学指标改善情况表

项目	序次	各类大理岩	Ⅲ₁类大理岩	Ⅳ₂类大理岩	Ⅲ₂类绿片岩	Ⅳ₂类绿片岩	Ⅳ₂类煌斑岩
完整性系数	灌前	0.69	0.81	0.27	0.75	0.50	0.27
	灌后	0.74	0.84	0.38	0.76	0.61	0.38
	提高比例/%	7.2	3.7	40.7	1.3	22.0	40.7
钻孔声波/(m/s)	灌前	5400	5820	3300	5628	4618	3160
	灌后	5576	5990	4300	5664	5074	3700
	提高比例/%	3.3	3.0	30.0	0.6	9.9	17.0
孔内变形模量/GPa	灌前	8.37	13.62	3.04	14.47	5.38	1.17
	灌后	14.40	15.28	6.22	15.42	7.34	2.19
	提高比例/%	72.0	12.2	104.6	6.6	36.4	87.2
现场承压板法变形模量/GPa	灌前	—	—	3.21（垂直）	—	—	—
	灌后		35.45（平行）	8.98（垂直）			4.16（垂直）
	提高比例/%	—	—	179.8	—	—	—

表 3.3 - 5 试区渗透性指标改善情况统计表

试区	序次	平均值/Lu	≤1Lu	1～3Lu	3～10Lu	10～50Lu	50～100Lu	>100Lu
一试区	灌前	46.66	0	0	0	67%	33%	0
	灌后	1.12	50%	50%	0	0	0	0
二试区	灌前	64.16	0	0	11%	28%	50%	11%
	灌后	0.66	88%	12%	0	0	0	0

岩体灌后承压板变形模量达到 15GPa 以上，满足坝基变形模量不小于 10GPa 的最低要求。

灌浆后两试区常规压水试验的平均透水率分别降低到 1.12Lu 和 0.66Lu，灌后疲劳压水试验岩体在 1.5 倍的设计水头即 4.00MPa 下的透水率稳定在 0.05Lu，破坏压水试验的劈裂压力所对应的透水率为 1.93Lu，表明灌后岩体具有在长时间和高水头条件下较好的渗透稳定性和耐久性。

3.3.5 坝基可利用岩体选择

坝基可利用岩体选择，要考虑岩体的完整性和透水性、深部裂缝发育情况、地应力水平等因素，结合灌浆试验成果，根据拱坝各部位受力特点要求，分部位、分高程区段确定可利用岩体。

1. 可利用岩体选择影响因素

（1）岩体完整性。由于河床坝基浅表部和两岸中上部的弱风化、弱卸荷的Ⅲ₂类岩体完整性较差、透水率中等，不能利用作坝基建基面岩体，需开挖。

河床浅部微风化、弱卸荷的Ⅲ₁类岩体较破碎—较完整、透水率中等，经固结灌浆等工程处理后可利用作坝基建基面岩体。两岸浅表部弱卸荷以里的紧密岩带Ⅲ$_1$类岩体较完整、透水率微弱，可利用作坝基建基面岩体。河床坝基深部、两岸深卸荷以里微新、无卸荷的Ⅱ类岩体为良好地基，可直接利用作坝基建基面岩体。

（2）弱卸荷中等透水带岩体。河床坝基弱卸荷的中等透水带岩体厚度较大，建基面若全部开挖，其开挖深度大，相应开挖工程量太大，鉴于该中等透水带岩体具有较好的可灌性，经过固结灌浆处理后作建基岩体是可行的。两岸弱卸荷较浅，中等透水带岩体厚度不大，建基面全部开挖的工程量不大，可以全部挖除。

（3）深部裂缝。左岸坝基和垫座部位深部裂缝发育范围水平深度一般为 100～200m，深部裂缝外（顶）界最浅仅 50 余 m，内（底）界最深达 300 余 m，对拱坝嵌深的选择影响较小。深部裂缝发育较微弱的 A 区，位于拱坝推力作用范围内，普遍有张开、岩体松弛破碎的Ⅳ$_2$类岩体为主，工程地质性状差，对拱坝变形稳定有不利影响，应做好处理，提高坝基和抗力体岩体的均一性和完整性。

（4）地应力。锦屏一级水电站实测最大主应力左岸达 40.4MPa、右岸达 35.7MPa，河床钻孔水压致裂法应力测试最大水平主应力值一般为 20.0MPa 以上，最高达 36.0MPa，说明谷底、两岸坡脚出现了明显的应力集中，对河床和两岸低高程坝基的开挖有不利影响，应力集中程度越高，不利影响越大，因此河床坝基建基面和两岸嵌深应尽量选择远离上述应力集中部位。

2. 可利用岩体选择原则

通过大量的分析研究工作，针对河床坝基和两岸坝基地质特点、拱坝受力特点，分别确定了可利用岩体选择中应遵循的原则。

（1）河床坝基建基面：第一，建基岩体应尽量利用第三层大理岩中较完整的微新无卸荷的Ⅱ类和微新、弱卸荷的Ⅲ$_1$类岩体，较破碎的弱风化、弱卸荷的Ⅲ$_2$类岩体不宜作为坝基建基面岩体；第二，鉴于河床应力集中较高，建基面应尽量远离高程1550m以下河床谷底应力集中带，减小高应力对河床坝基开挖的影响。

（2）两岸建基面：建基面可利用岩体的确定应充分考虑拱坝受力状况，拱坝坝基中下部应全部置于Ⅱ类或Ⅲ$_1$类岩体之中，中上部应尽可能置于Ⅲ$_1$类岩体，上部局部可利用Ⅲ$_2$类岩体。

3.4 建基面确定及分析评价

3.4.1 拱坝建基面方案拟定

河床建基高程的选择，根据河床坝基地质特点，从影响岩体质量的地质因素中选择对河床建基高程确定影响较大的主要地质因素进行深入研究，再对拟定建基高程的主要因素地质条件进行逐一的比较，最后完成建基高程的确定。对拟定的河床 1590.00m、1585.00m、1580.00m、1575.00m、1570.00m 五个高程，开展了河床建基面的比较选择研究。通过对岩性、地质构造、岩体完整性、岩体透水率、岩体风化卸荷与地应力、岩体质量等方面深入比较分析，选定河床建基面高程为 1580.00m。该高程以下已不存在弱风化弱卸荷的Ⅲ₂类岩体；河床建基岩体以微新弱卸荷不夹泥的Ⅲ₁类岩体为主，部分微新Ⅱ类岩体，建基岩体质量良好；建基面距河谷下部应力集中带尚有20m的距离，保证了河床坝基开挖不会产生高地应力释放岩体破损的问题。

左岸坝基上部深部卸荷形成的松弛岩带分布深度大，在左岸1730.00m高程以上采用大体积混凝土垫座进行置换处理；高程1730.00m以下岩体条件较好，拱座可置于弱卸荷下限至新鲜的岩体上。右岸岩体相对完整，风化及卸荷深度属于正常，一般不超过50m，以里微新岩体多为可利用的Ⅱ类、Ⅲ₁类岩体，因此右岸坝肩开挖范围以风化卸荷带为限。在加强坝基处理的基础上，应减少开挖深度，并对f_2、f_5、f_8、f_{42-9}、f_{13}、f_{14}断层以及左岸上部砂板岩、坝基内部Ⅳ₂类岩体，采取必要的处理措施，以满足建基要求。考虑坝基岩体选择的主要控制因素，根据建基面拟定原则，在推荐坝线Ⅱ线初拟了七个建基面方案。不同的拱坝建基面方案，拱坝体形及拱坝中心线亦需进行相应调整。在建基面方案选择过程中，都要考虑弱卸荷下限岩体的利用范围和部位，以及它们对坝体应力、稳定的影响；结合对断层、煌斑岩脉、低波速Ⅳ类软弱岩带等地质缺陷的处理，在左岸上部高程设置传力洞（墙）、重力墩、混凝土垫座等设施，在右岸上部高程设置推力墩等设施，以改善坝体的应力、变形和稳定条件。

方案EX-1：拱坝中心线方位为N28°E。左岸高程1885.00～1750.00m拱座局部利用弱卸荷下限岩体，高程1750.00m以下拱座置于弱卸荷下限至新鲜岩体上；右岸拱座全部置于弱卸荷下限至新鲜岩体上；为确保拱坝建基面平顺，左岸高程1710.00～1600.00m、右岸高程1870.00～1710.00m拱座嵌入较深。

方案EX-2：拱坝中心线方位为N28°E。左岸弱卸荷下限岩体利用与方案EX-1相同；右岸高程1885.00～1830.00m及1670.00～1580.00m拱座局部利用弱卸荷下限岩体，高程1830.00～1690.00m拱座置于弱卸荷下限至新鲜岩体上。

方案EX-3：拱坝中心线方位为N33°E。左岸弱卸荷下限岩体利用与方案EX-1相同；右岸弱卸荷下限岩体利用与方案EX-2相同。

方案EX-4：拱坝中心线方位为N33°E。左岸高程1885.00～1690.00m拱座局部利用弱卸荷下限岩体，高程1690.00m以下拱座置于弱卸荷下限至新鲜岩体上；右岸高程1885.00～1850.00m及1700.00～1580.00m拱座局部利用弱卸荷下限岩体，高程1850.00～1700.00m拱座置于弱卸荷下限至新鲜岩体。

方案EX-5：拱坝中心线方位为N28°E。左岸拱座弱卸荷下限至新鲜岩体及弱卸荷下限岩体利用部位与方案EX-1相同；右岸高程1830.00m以下拱座置于弱卸荷下限至新鲜岩体上，高程1830.00m以上拟建推力墩，以确保拱坝建基面平顺。

方案EX-6：拱坝中心线方位为N28°E。左岸高程1885.00～1750.00m拱座设置重力墩，高程1750.00m以下拱座置于弱卸荷下限至新鲜岩体上；右岸高程1885.00～1850.00m及1700.00～1580.00m拱座局部利用弱卸荷下限岩体，高程1850.00～1700.00m拱座置于弱卸荷下限至新鲜岩体上。

方案EX-7：拱坝中心线方位为N28°E。左岸高程1885.00～1710.00m拱座局部利用弱卸荷下限岩体，高程1710.00m以下拱座置于弱卸荷下限至新鲜岩体上；右岸高程1885.00～1850.00m及1700.00～1580.00m拱座局部利用弱卸荷下限岩体，高程

1850.00～1700.00m 拱座置于弱卸荷下限至新鲜岩体上。

坝址左岸岩体水平卸荷深度较大，在上述各方案中，左岸建基面上部高程不可避免都要利用弱卸荷下限岩体，各方案间的主要差异，表现在对右岸弱卸荷下限岩体利用程度上，可归纳为四种类型：

（1）方案 EX-1 是除左岸上部高程砂板岩地区外，其余部位完全建基于弱卸荷下限至新鲜岩体上，可作为拱端深嵌的代表方案。

（2）方案 EX-2 是在右岸上部高程和下部高程，局部利用弱卸荷下限岩体的代表性方案。方案 EX-5 和 EX-6 只是在方案 EX2 基础上，分别在左、右岸设置推力墩和重力墩，以探讨其对拱坝体形和拱端嵌深的影响，由于坝基处理是每个方案都必须解决的问题，因此，方案 EX-2 可作为拱端浅嵌的代表性方案。

（3）方案 EX-3 与方案 EX-4 亦是在调整拱坝中心线的基础上，局部利用弱卸荷下限岩体的另一种代表性方案。方案 EX-4 是方案 EX-3 的初步优化，因此，方案 EX-4 是作为考虑拱轴线调整的拱端浅嵌代表性方案。

（4）方案 EX-7 同样是局部利用弱卸荷下限岩体作为建基面，但它代表在拱坝体形进一步优化后的拱端浅嵌代表性方案。

重点对 EX-1、EX-2、EX-4、EX-7 这 4 个代表性方案进行比较，拱坝建基面代表方案示意图如图 3.4-1 所示。

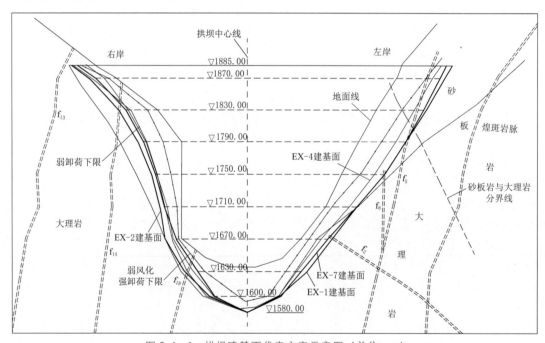

图 3.4-1 拱坝建基面代表方案示意图（单位：m）

3.4.2 拱坝建基面方案比选

对拟定的各建基面方案，开展了对应的拱坝体形设计、拱坝应力位移计算、拱座抗滑稳定分析、坝基处理设计，各建基面方案主要技术指标对比见表 3.4-1。

表 3.4－1　　　　　　　　　　　各建基面方案主要技术指标对比

类　别	项　目	方案 EX－1	方案 EX－2	方案 EX－4	方案 EX－7
拱端嵌深	左岸平均嵌深/m	60.81	60.9	40.33	51.43
	右岸平均嵌深/m	47.57	33.74	29.35	29.49
体形参数	坝顶厚度/m	14.00	14.00	14.00	13.00
	坝底厚度/m	71.00	72.00	71.00	60.00
	顶拱中心线弧长/m	584.99	579.82	534.69	556.71
	最大中心角/(°)	93.12	94.74	91.97	92.87
	厚高比	0.233	0.236	0.233	0.197
	弧高比	1.918	1.901	1.753	1.825
	坝体混凝土方量/万 m³	526	527	486	428
	坝基开挖量/万 m³	546	510	406	398
应力位移	上游坝面最大主压应力/MPa	6.23	5.84	5.83	6.83
	下游坝面最大主压应力/MPa	8.10	8.05	7.75	8.59
	上游坝面最大主拉应力/MPa	−1.18	−1.18	−1.18	−1.19
	下游坝面最大主拉应力/MPa	−0.82	−0.4	−1.06	−0.89
	坝体最大径向位移/cm	8.56	7.8	7.48	8.67
	基础最大径向位移/cm	2.56	2.55	2.60	2.31
	左岸基础最大切向位移/cm	2.13	2.13	1.95	2.14
	右岸基础最大切向位移/cm	1.91	1.19	2.04	1.93
拱座稳定	左岸滑块最小安全系数	4.06	4.33	3.96	4.03
	右岸滑块最小安全系数	4.20	4.22	3.98	4.04
边坡开挖	左岸最大开挖高度/m	183.53	189.04	152.79	157.48
	右岸最大开挖高度/m	260.85	261.92	242.50	238.73
坝基处理	石方明挖/万 m³	10.80	11.21	12.39	12.07
	石方洞挖/万 m³	26.64	27.58	28.77	28.24
	混凝土/万 m³	26.50	30.21	28.76	20.71
	固结灌浆/万 m	49.03	51.70	55.80	54.80
	帷幕灌浆/万 m	36.72	38.08	43.59	42.17
	排水孔/万 m	32.76	33.01	35.15	34.44

　　从岩体质量类别、坝基综合变形模量的控制要求、基岩承载能力、结构安全控制要求方面，均满足建基岩体选择的基本要求。由于坝址区工程地质条件的特殊性，各建基面方案均需采取必要的和有效的坝基处理措施，各方案所采取的工程处理措施基本相同，在施工难度、处理工程量以及由此而引起的施工工期、工程造价上，没有显著差异。拱端嵌深、拱坝应力、拱坝位移、坝肩稳定各方案差异不大，方案 EX－7 在坝基开挖量、坝体混凝土方量、坝肩边坡开挖高度方面较优，综合比较推荐建基面方案 EX－7。

在招标和施工图设计阶段，根据补充勘探揭示的地质条件，结合拱坝体形优化，对建基面方案 EX-7 进行了微调，各设计阶段控制高程拱座水平嵌深见表 3.4-2。锦屏一级拱坝开挖后建基面工程地质图如图 3.4-2 所示，分部位的建基面岩体质量比例见表 3.4-3。

表 3.4-2 各设计阶段控制高程拱座水平嵌深 单位：m

控制高程		1885.00	1870.00	1830.00	1790.00	1750.00	1710.00	1670.00	平均
可行性研究阶段	左岸嵌深	57.09	54.47	60.34	58.86	54.94	40.12	34.18	51.43
	右岸嵌深	25.29	27.22	41.10	50.25	33.40	22.17	7.00	29.49
招标阶段	左岸嵌深	52.25	49.95	58.95	58.80	58.90	45.00	42.17	52.29
	右岸嵌深	26.67	22.81	48.31	55.63	42.33	24.29	11.76	33.11
施工图设计阶段	左岸嵌深	52.43	49.94	57.60	60.30	56.80	39.80	38.13	50.71
	右岸嵌深	26.63	22.66	47.58	55.92	40.99	24.16	11.55	32.78

表 3.4-3 建基面分部位岩体质量比例 %

区 域	II	III$_1$	III$_2$	IV	V
右岸建基面	74.7	14.8	5.9	2.9	1.7
河床建基面	39.3	60.4	—	—	0.3
左岸高程 1730.00m 以下建基面	59.4	39.8	—	—	0.8
左岸高程 1730.00m 以上垫座建基面	—	46.6	23.8	21.0	8.6

3.4.3 垫座建基面确定

1. 垫座建基面拟定原则

坝址左岸岩体水平卸荷深度较大，上部砂板岩强卸荷水平深度为 50～70m，最大可达 95m；弱卸荷最深达 200 余 m。岩体中卸荷裂隙发育，完整性差，岩体变形模量偏低，承载能力和抗变形能力弱。根据固结灌浆试验成果，左岸上部高程在拱坝建基面出露的或拱端附近的 IV～V 类岩体，无法通过固结灌浆使其满足设计承载力及防渗的要求，应进行必要的置换回填处理。为提高左岸建基面上部岩体的承载能力和抗变形能力，结合对建基面出露的 f$_5$、f$_8$ 断层的局部置换，针对左岸 1885.00～1810.00m 高程间受断层和卸荷裂隙切割的砂板岩和 1810.00～1730.00m 高程间受断层影响的大理岩采取混凝土垫座进行置换处理。垫座建基面置换深度拟定的原则为：

（1）确保拱坝基础具有一定的刚度。

（2）置换近坝区域内的 f$_5$、f$_8$ 断层及其影响带和近坝区的 IV$_2$ 类岩体。

（3）避免过度深挖带来的高边坡问题。

2. 垫座建基面方案确定

左岸混凝土垫座建基面在高程 1800.00m 以上为第三段砂板岩，出露 f$_8$、f$_5$、f$_{38-2}$、f$_{38-6}$ 等规模较大的断层和 f$_{LC1}$～f$_{LC2}$、f$_{LC4}$～f$_{LC7}$ 等规模较小的断层，以及层间挤压错动带 g$_{LC1}$，这些破碎带及影响带宽度大、性状差，坝基岩体质量分类属 IV$_2$、V$_1$ 类岩体；高程 1800.00m 以下为第二段大理岩组成，出露 f$_8$、f$_5$ 等规模较大的断层和 f$_{LC8}$～f$_{LC11}$ 等规模较小的断层，以及层间挤压错动带 g$_{LC2}$～g$_{LC6}$，总体以 III$_1$ 类岩体为主，IV$_2$、V$_1$ 类岩体沿断

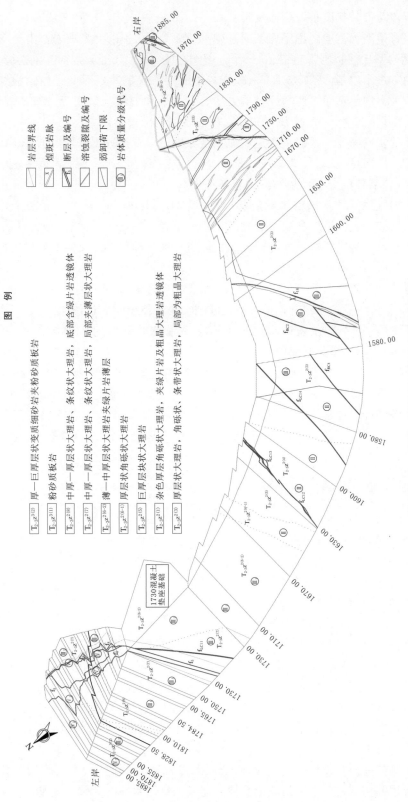

图 3.4－2　锦屏一级拱坝建基面工程地质图

层和层间挤压错动带带状展布,延伸较长。

(1) 垫座置换高程范围。左岸建基面基础 1730.00m 高程以上大理岩,由于受 f_8、f_5、f_{38-2}、f_{38-6} 等断层和层间挤压错动带 g_{LC1}～g_{LC6} 影响,V_1、IV_2、III_2 类岩体出露面积较大,开挖后统计约占垫座建基面的 53.4%,这些岩体地质性状极差,即使经固结灌浆处理后仍不能直接作为大坝建基面岩体,经过重力墩、传力墙和混凝土垫座等方案的综合比较,最终确定在左岸拱端 1885.00～1730.00m 高程建基面范围设置混凝土垫座。

(2) 垫座的置换深度。根据垫座建基面拟定原则,以置换近坝区域内的 f_5、f_8 断层及其影响带和近坝区的 IV_2 类岩体为原则,确定垫座建基面的置换深度。根据 f_5、f_8 断层及其影响带和 IV_2 类岩体的分布,垫座最大置换深度约为 50m。

(3) 垫座的置换宽度(拱端接触边长度)。以 1750.00m 和 1830.00m 两个特征高程为研究对象,模拟 f_5、f_8 断层和煌斑岩脉等主要地质界面,进行平面有限元分析,以拱端变位为分析指标,对垫座置换宽度进行敏感性分析,最终确定垫座沿拱端厚度方向平均宽度约 61m。

(4) 垫座建基面岩体及缺陷处理。左岸混凝土垫座建基面开挖后,建基面 III_1 类岩体出露面积约 8900m^2,占垫座建基面的 46.6%;III_2 类岩体出露面积约 4520m^2,占垫座建基面的 23.8%;IV_2 类岩体出露面积约 4030m^2,占垫座建基面的 21.0%;V_1 类岩体出露面积约 1650m^2,占垫座建基面的 8.6%。

1800.00m 高程以上砂板岩段边坡稳定性及性状极差,采取了严格控制梯段开挖高度,支护及时跟进等措施,对断层破碎带采取了 80cm 厚的钢筋混凝土面板支护,并在面板上进行了系统锚杆和锚索支护。对 1800.00m～1730.00 高程段大理岩边坡进行喷混凝土封闭和系统锚杆加固处理。对垫座 1730.00m 高程建基面出露的断层及 IV_2 类岩体进行了刻槽置换处理。

3.4.4 拱坝建基面缺陷处理措施

1. 河床坝基

河床高程 1580.00m 建基面岩体为第二段第 3 层厚层状大理岩、条纹状大理岩,主要由 II、III_1 类岩体组成,仅沿 f_{LC14}、f_{RC4} 断层破碎带为 V_1 类岩体。

对 f_{LC14}、f_{RC4} 断层破碎带的 V_1 类岩体进行刻槽置换、加强固结灌浆,对溶蚀裂隙密集带加强清基和固结灌浆处理。

2. 左岸高程 1730.00m 以下坝基

左岸坝基高程 1730.00～1580.00m 梯段由大理岩组成。坝基发育 f_2、f_{LC12}、f_{LC13}、f_{LC14} 断层及 g_{LC2}、g_{LC3}、g_{LC5}～g_{LC10}、g_{LD7}、g_{LD9} 共 10 条层间挤压错动带。

对于规模较小断层及挤压带等地质缺陷,在坝基清基过程中进行局部刻槽、顺倾向带掏挖和高压水冲洗清除破碎岩体及软弱填充物、两侧松动岩块清撬等一般常规处理,处理深度按断层出露宽度的 2 倍且不小于 50cm 进行控制,并结合建基面固结灌浆,加密灌浆孔距或孔深进行处理。

对左岸拱坝建基面规模较大的 f_2 断层及层间挤压错动带、f_{LC13} 断层采用专门处理措施。f_2 断层及层间挤压错动带采用刻槽置换、建基面高压水冲洗灌浆、建基面常规固结灌浆综合处理。对大坝建基面出露的 f_{Lc13} 断层按清基技术要求进行挖除，并回填混凝土、高压冲洗及水泥-化学复合灌浆处理。

3. 右岸坝基

右岸坝基均由大理岩组成。发育规模较大的 f_{13}、f_{14}、f_{18} 断层和规模较小的 f_{18-1}、f_{RC1}、f_{RC2}、f_{RC3}、f_{RC4} 断层共 8 条，层间挤压错动带 g_{RC1}、g_{RC2}、g_{RC3}、g_{RC4} 共 4 条。

对层间挤压错动带破碎带及影响带类 IV_1 类、V_1 类岩体进行刻槽置换、加强固结灌浆，对弱—强风化绿片岩类 IV_1 类、V_1 类岩体和溶蚀裂隙密集带加强清基和固结灌浆处理。对 $f_{RC1} \sim f_{RC4}$ 断层及影响带类 IV_1 类、V_1 类岩体进行刻槽置换、加强固结灌浆。对建基面出露的 f_{13} 断层进行建基面开挖置换处理。对 1820.00～1720.00m 高程出露的 f_{14} 断层进行建基面开挖置换处理，置换深度在坝趾处约为 3 倍断层影响带厚度，在坝踵处约为 2.5 倍断层影响带厚度。断层影响带外侧的 III_2 类岩石处理结合断层置换槽的处理进行部分挖除。同时，对 f_{14} 断层深部进行了网格置换及固结灌浆处理，以将拱坝推力传至工作岩体深部。

对右岸坝基出露的 f_{18} 断层及煌斑岩脉进行了坝基刻槽、水泥加密固结灌浆、磨细水泥-化学复合灌浆和混凝土回填等专门处理。

3.4.5 建基面分析评价

对确定的建基面、建基面地质缺陷处理措施和对应的拱坝体形，采用拱梁分载法、线弹性有限元法进行应力分析和强度安全评价，用刚体极限平衡法进行拱座抗滑稳定分析，对建基岩体的承载能力进行分析，并通过整体稳定分析的方法论证拱坝-地基系统的整体适应性，综合进行建基面方案合理性的分析评价。

1. 坝基综合变形模量分析评价

在考虑基础处理措施后，计算得到锦屏一级拱坝坝基综合变形模量见表 3.4-4。

表 3.4-4　　　　　　　　　控制高程坝基综合变形模量设计值

高程/m	1885.00	1870.00	1830.00	1790.00	1750.00	1710.00	1670.00	1630.00	1600.00	1580.00
左岸变形模量/GPa	12.12	11.61	12.65	13.99	14.14	13.33	17.59	22.03	22.08	21.53
右岸变形模量/GPa	12.65	19.67	20.97	20.50	19.35	17.09	15.93	15.12	13.85	11.91
两岸同高程变形模量比值	1.04	1.69	1.66	1.47	1.37	1.28	1.10	1.46	1.59	1.81

由表 3.4-4 可见，坝基综合变形模量的最大值为 22.08GPa，最小值为 11.61GPa，最小值满足大于 10GPa 的控制要求；最大值与最小值之比为 1.90，相邻高程综合变形模量差异最大的是右岸顶拱部位，变形模量之比为 1.55，左右拱端综合变形模量的比值在 1.04～1.81 范围内，均满足不大于 2.0 的控制要求。选定的建基面和配套的坝基处理方案，满足了坝基综合变形模量最低值、均匀性、对称性三个方面的控制要求。

2. 拱梁分载法分析评价

拱梁分载法计算程序为成都院 ADSC-CK，计算网格采用 11 拱 21 梁的网格布置，按《混凝土拱坝设计规范》（DL/T 5346）的主要荷载组合工况进行了拱梁分载法计算，位移和应力分析成果见表 3.4-5。

表 3.4-5　　　　　　　　　　拱梁分载法位移和应力分析成果

项目	部位	基本组合Ⅰ	基本组合Ⅱ	基本组合Ⅲ	基本组合Ⅳ	偶然组合Ⅰ
最大主压应力/MPa	上游坝面	7.12	7.61	7.06	7.55	7.05
	下游坝面	7.77	5.12	7.92	5.32	8.04
最大主拉应力/MPa	上游坝面	-0.83	-1.02	-0.94	-1.14	-0.98
	下游坝面	-1.13	-1.04	-0.96	-0.94	-0.98
最大径向位移/cm	坝体	8.51	3.76	8.29	3.72	8.50
	坝基	2.65	1.73	2.63	1.72	2.57
最大切向位移/cm	坝体	2.42	1.21	2.42	1.22	2.45
	坝基	2.23	1.20	2.24	1.22	2.27

注　拱梁分载法成果中，拉应力为负，压应力为正；径向位移向下游为正；切向位移向两岸为正。

拱梁分载法计算结果表明，坝体位移、应力分布规律合理，结构受力状态良好，仅在拱座部位局部产生拉应力，坝体应力均满足控制标准要求。

3. 线弹性有限元法分析评价

线弹性有限元法计算时，模拟对象包括 f_5、f_8、f_{13}、f_{14}、f_8 断层和煌斑岩脉等软弱地质结构，坝区分布的各种岩层和相应的岩类，各种坝基处理措施，包括左岸混凝土垫座，抗剪传力洞，f_5、f_8、f_{14} 的混凝土置换网格。荷载组合采用主要起控制作用的持久状况基本荷载组合Ⅰ，坝体自重加载未考虑坝体实际施工过程，采取整体一次加载的方式，应力计算结果进行了等效处理。

分析表明，拱坝上游坝面总体处于受压状态，高压应力区位于 1710.00～1790.00m 高程的拱冠梁左侧附近，最大压应力为 6.25MPa。上游坝面的拉应力主要分布在建基面附近，高拉应力位于 1710.00～1830.00m 高程两岸坝踵部位附近，最大拉应力 1.14MPa 出现在 1810.00m 高程右坝踵。

下游面基本受压，大于 9MPa 的高压应力区出现在 1630.00～1670.00m 高程坝趾附近，最大压应力 11.3MPa 位于 1670.00m 高程右拱端。下游坝面主拉应力较小，局部分布于中下部高程右坝趾，最大拉应力 0.33MPa 出现在 1580.00m 高程左拱端。

坝体顺河向位移从拱端至坝面中部逐渐增大，最大值出现在 1885.00m 高程左侧 1/3 拱附近，量值为 9.23cm。坝体横河向位移，左右拱圈的位移较大区域均出现在 1830.00m 高程左右 1/4 拱附近，左岸最大值为 1.28cm，右岸为 1.22cm，方向均指向拱冠。

坝基顺河向位移较大的区域位于中部高程的两岸坝趾附近，左岸最大位移为 1.98cm，位于 1750.00m 高程坝趾附近；右岸最大值为 1.88cm，位于 1750.00m 高程坝趾附近。坝基横河向位移较大的区域位于中高部高程的坝趾附近，左岸最大值为 1.25cm，位于 1790.00m 高程坝趾；右岸为 1.26cm，位于 1830.00m 高程坝趾，方向均指向山里。

根据计算成果，各部位应力均满足有限元法应力控制标准，拱坝强度安全满足相应设计要求。横向比较坝体最大顺河向位移较小，坝体和坝基位移不对称，位移分布符合锦屏一级河谷宽高比小、左右岸地质条件不对称的特点。

4. 拱座抗滑稳定分析与评价

刚体极限平衡法计算成果表明，由于锦屏一级拱坝左岸抗力体主要是变形控制问题，抗滑稳定性不起控制作用，左岸坝肩抗滑稳定整体上优于右岸；左岸所有可能滑动块体组合的抗滑稳定安全系数，满足抗滑稳定要求；右岸由特定结构面 f_{13}、f_{14} 断层及近 SN 向和近 NWW 向陡倾裂隙与随机分布顺层发育的中缓倾角绿片岩透镜体及剪断岩体后形成的块体，受顺坡中缓倾角绿片岩透镜体的影响，岩体自重在稳定分析中起主要的作用，综合刚体弹簧元法、非线性有限元整体稳定分析等多种分析成果，坝肩抗滑稳定是有保证的，具体分析见第5章。

5. 建基岩体承载力评价

表3.4-6为锦屏一级拱梁分载法计算的拱坝上下游拱端处的压应力沿高程的分布。

锦屏一级坝区工程岩体主要由大理岩、角砾状大理岩组成，其次为变质砂岩、粉砂质板岩，少量绿片岩及煌斑岩脉。根据试验成果，大理岩、角砾状大理岩湿抗压强度平均值为 66～75MPa，属坚硬岩；粉砂质板岩、绿泥石石英片岩湿抗压强度在 47～64MPa 之间，属中硬偏坚硬岩，且各向异性明显；方解石绿泥石片岩湿抗压强度在 33～43MPa 之间，属中硬偏软岩，且各向异性明显。

表 3.4-6 拱坝上下游拱端处压应力分布

高程/m	1885.00	1870.00	1830.00	1790.00	1750.00	1710.00	1670.00	1630.00	1600.00	1580.00
左岸上游压应力/MPa	1.13	0.75	1.61	2.59	3.15	3.55	3.84	4.61	5.51	4.23
左岸下游压应力/MPa	4.62	4.66	5.62	6.21	6.34	5.87	7.06	7.20	5.84	6.56
右岸上游压应力/MPa	2.00	2.18	1.44	2.28	3.17	4.10	5.18	6.00	7.12	5.56
右岸下游压应力/MPa	1.87	2.84	5.42	7.12	7.77	7.30	6.47	5.42	3.77	4.78

拱坝最大压应力7.77MPa，出现在右岸1750.00m高程处，该部位建基面基本体形范围内为Ⅱ类岩体，地基承载力安全系数可达到8.5。同时基本体形范围内的建基面Ⅱ类、Ⅲ₁类岩体地基承载力安全系数均可达到8.5～9.7。Ⅲ₂类岩体在坝基高高程局部出露，以及在右岸1710.00～1620.00m高程坝趾区及下游扩挖区出露，按上述部位Ⅲ₂类岩石湿抗压强度低限60MPa复核，地基承载力安全系数也可达到8.2以上，坝基岩体满足承载能力要求。

6. 垫座建基面分析评价

左岸拱端高程1885.00～1730.00m范围设置混凝土垫座，垫座建基面开挖最大水平深度约为90～110m，垫座建基面不同岩类总体分布情况见表3.4-7，由表可见，Ⅲ₂类及以下的岩类占比较大。根据《水力发电工程地质勘察规范》（GB 50287—2006）规定的方法，以岩石饱和单轴抗压强度为基础，结合岩体结构、裂隙发育程度和岩体完整性，确定各类岩体的允许承载力，见表3.4-7。

表 3.4-7 左岸垫座建基面岩体质量分类分区及允许承载力

岩　类	Ⅲ₁	Ⅲ₂	Ⅳ₂	Ⅴ₁
出露面积/m²	8900	4520	4030	1650
比例/%	46.6	23.8	21.0	8.6
允许承载力/MPa	5.0～7.0	3.0～5.0	0.8～1.0	0.3～0.4

对选定的垫座建基面和垫座体形，采用有限元方法进行计算，得到垫座控制高程拱端及基础面的最大压应力，见表3.4-8。计算结果表明，垫座由于具有较好的分散传力的特性，有效降低了基地应力。

表 3.4-8 垫座拱端及基础最大压应力分布

高程/m	1885.00	1870.00	1830.00	1790.00	1750.00	1730.00
拱端应力/MPa	4.62	4.66	5.62	6.21	6.34	6.23
垫座基础面应力/MPa	0.19	0.25	0.96	1.49	1.99	2.00

按照允许承载能力评价，垫座基础的最大压应力，除垫座低高程部位的 V_1 类岩体不满足以外，其余部位均满足要求。垫座底部的 V_1 类岩体，主要是 f_5 断层及其影响带，从承载力和变形控制的方面考虑，加大了置换处理范围，采用抽槽开挖的方式，置换深度达到 10m。垫座后坡出露的 f_5、f_8、f_{38-6} 断层，采用了刻槽一定深度置换并加混凝土垫板的方式进行了处理。

7. 整体稳定分析及评价

考虑基础处理措施后，锦屏一级拱坝超载法地质力学模型试验表明，大坝上游起裂载荷约为 $2.5P_0$，下游面起裂载荷约为 $3P_0$，大坝非线性变形荷载为 $3.5P_0 \sim 4P_0$，极限载荷约为 $7.5P_0$。综合法地质力学模型试验表明，综合法试验安全度为 K_C 为降强系数 K_S 和超载倍数 K_P 的乘积，即 $K_C = K_S K_P = 1.3 \times (4.0 \sim 4.6) = 5.2 \sim 6.0$。三维非线性有限元法计算表明，超载工况下，拱坝基础处理后，上游坝踵在 $2P_0$ 以上开裂，其非线性超载倍数 $K_2 \geq 3.5$，极限超载倍数 $K_3 \geq 7$。横向比较，锦屏一级拱坝的整体安全度与国内已建和在建的工程相比较处于中上水平。

综合坝基综合变形模量、拱梁分载法、线弹性有限元法、拱座抗滑稳定、拱坝建基岩体承载能力、整体稳定、垫座建基面承载力等方面的分析，建基面选择达到预期的设计目标，选定的建基面是合适的。

第 4 章

拱坝体形设计与优化

体形设计是拱坝设计的重点内容，要根据坝址河谷形状、地质条件、地震参数、枢纽泄量等基本条件，综合考虑结构应力、拱座稳定、工程投资、施工条件等因素开展体形设计。体形设计一般采用拱梁分载法计算坝体应力，以应力控制和应力分布规律的合理性为判据，通过多种拱圈线型及拱冠梁曲线型式的比选，选择合理的拱坝体形。在初步确定拱坝基本体形后，以有限元方法进行校验，最终确定拱坝体形。

锦屏一级坝址地质条件复杂程度超过同类工程，地形不对称，坝基分布有规模较大的多条断层和煌斑岩脉，坝基变形模量呈现出中上部左岸低右岸高、中下部左岸高右岸低的特征。拱坝体形设计除了满足常规的要求外，还要改善应力变位的对称性、避免不利应力分布状态、适应复杂的坝基条件。为改善拱坝的受力状态，坝基加固和体形布置是改善结构形态对称性的主要措施，坝基加固和拱圈厚度的调整是改善结构受力对称性的主要措施。

锦屏一级拱坝建基面，受山体左岸深部裂缝和卸荷松弛的砂板岩限制，在顺河向没有较大的调整余地，体形优化时应保证建基条件不发生较大的变化，拱坝体形的描述方法需要据此作出调整。体形优化考虑的因素多，需要对不同的优化方案做出科学合理的评判，建立体形合理性评价体系显得尤为重要。

4.1 拱坝体形设计的条件

锦屏一级拱坝推荐坝址为普斯罗沟坝址，坝址区两岸地形陡峻、地形不对称、岩性不对称、地质条件复杂，坝址区左岸存在 f_5 和 f_8 断层、煌斑岩脉、深部裂缝以及低波速拉裂松弛岩体等不良地质条件，在拱坝建基面选择及拱坝体形设计方面均面临巨大的挑战。从体形设计的角度分析，不利条件可以概括为坝基地质条件和地形条件不对称两个突出问题。

1. 坝基地质条件不对称

右岸坝基全为大理岩，弱卸荷带水平深度为 20～40m，工程地质条件较好，坝基岩体以 Ⅱ～Ⅲ₁ 类为主。左岸上部 1810.00m 高程以上砂板岩的强卸荷带为 Ⅳ₁ 类岩体，水平深度为 50～90m，卸荷裂隙发育，松弛张开显著，部分充填泥膜、碎屑，岩体完整性差。弱卸荷带 Ⅲ₂ 类岩体的水平深度为 100～160m。左岸下部高程 1810.00m 以下为大理岩，其中高程 1680.00m 以上弱卸荷带的 Ⅲ₂ 类岩体水平深度为 50～80m，高程 1680.00m 以下弱卸荷带水平深度为 40～50m。因此，两岸的岩性和岩类不对称性明显，可研设计阶段建基面天然坝基条件下的综合变形模量见表 4.1－1。

表 4.1－1　　　　　天然坝基条件下的综合变形模量

高程/m	1885.00	1870.00	1830.00	1790.00	1750.00	1710.00	1670.00	1630.00	1600.00	1580.00
左岸综合变形模量/GPa	1.25	1.33	1.85	5.40	5.00	10.48	12.45	21.50	21.50	21.50
右岸综合变形模量/GPa	13.00	16.00	19.00	19.00	19.00	17.00	13.00	13.00	13.00	13.00
左右岸变形模量倍数	10.40	12.08	10.27	3.52	3.80	1.62	1.04	1.65	1.65	1.65

由于不利的地形地质条件影响，按常规方法设计的拱坝体形，在变形模量浮动时坝体拉压应力变化幅度较大，即对变形模量的变化比较敏感，在一定浮动变形模量条件下最大

拉应力超过应力控制标准。

2. 地形条件不对称

坝址区左岸岩层为反向坡，1810.00～1850.00m 高程以下的大理岩出露段，地形陡立，坡度为 50°～65°；1810.00～1850.00m 高程以上的砂板岩段，地形坡度变缓至 45°左右。右岸为大理岩斜顺向坡，1810.00m 高程以下谷坡陡峭，坡度 70°以上，局部为倒坡，1810.00m 高程以上坡度较缓，自然坡度为 40°～50°。因此，总体上，坝区呈右岸陡于左岸、下部陡于上部的地形。

受地形条件控制，大致以高程 1670.00m 为界，右岸下部弦长大，左岸上部弦长大，拱坝体形有较大的不对称性。可研设计阶段的拱坝体形，左右岸半拱的弦长、弧长和矢高对比见表 4.1-2。由表可见，左右岸半拱的弦长之比为 0.89～1.50，左右拱半弧长之比为 0.88～1.45，矢高之比为 0.80～1.56，拱坝结构的不对称性比较突出。

表 4.1-2 左右岸半拱的弦长、弧长和矢高对比

高程/m	1885.00	1870.00	1830.00	1790.00	1750.00	1710.00	1670.00	1630.00	1600.00
左岸弦长/右岸弦长	1.16	1.24	1.42	1.50	1.45	1.30	1.10	0.89	0.93
左岸弧长/右岸弧长	1.15	1.23	1.41	1.45	1.39	1.23	1.05	0.88	0.94
左岸矢高/右岸矢高	1.14	1.26	1.51	1.56	1.47	1.25	1.03	0.8	0.94

半拱的弦长反映了顺河向水推力的大小，矢高反映了横河向水推力的大小，弧长反映了总水推力的大小。结构不对称性导致左半拱承受的水压力大于右半拱；左、右半拱横向水压力差异较大，导致坝体受力状态不对称。

在坝线选择、建基面方案论证时，开展了对应坝线和建基面方案的体形设计，选定了以 Ⅱ-Ⅱ 勘探线为推荐坝线，确定了采用混凝土垫座对左岸上部的卸荷松弛砂板岩进行置换，从根本上改造了建坝条件，通过多个建基面方案综合比选确定了方案 EX-7 为推荐建基面。鉴于锦屏一级工程的复杂性，在基本确定地基处理方案和建基面的基础上，有必要进一步推敲拱坝体形设计的边界条件，从体形布置方面改善拱坝受力的对称性，优选拱圈线型，以及开展体形优化设计。

4.2 非对称条件的体形设计

4.2.1 体形设计的方法和思路

为使锦屏一级拱坝具有较好的应力分布，采用通过结构刚度的不对称分布适应坝基条件的不对称，主要从以下几个方面进行拱坝体形设计研究。

（1）拱坝中心线布置。调整拱坝中心线位置，尽可能使半弧长在拱坝中心线上的投影长度大致接近，调整后拱坝中心线不再与河道中心线重合，从而对坝身孔口布置有一定影响，但对拱坝体形的对称性改善作用很大。

（2）上部拱圈布置。左岸上部地形较缓，顶部拱圈弦长较大，主要解决措施是在不增加开挖深度的前提下，加大左岸砂板岩部位混凝土垫座的置换厚度，减小左半拱圈的跨

度，使拱坝上部的对称性得到一定改善。

（3）下部拱圈布置。适当减小右岸下部拱圈嵌深，以改善下部高程拱圈的对称性。为减小右岸下部拱圈嵌深，拱端下游局部置于Ⅲ₂类岩体，应进行针对性的处理。

（4）结构刚度调整。在平面布置调整的基础上，调整拱圈及拱端厚度，达到改善坝体受力状态不对称问题的目的。另外，针对左岸砂板岩部位变形模量偏低的问题，通过加大混凝土垫座的置换厚度，以增加地基刚度，使基础刚度与结构刚度相匹配。

4.2.2 应力控制标准研究

1. 可行性研究阶段的应力控制标准与坝体混凝土

可研设计按照《混凝土拱坝设计规范（试行）》（SD 145—85）的规定，拱坝应力分析以拱梁分载法的计算成果作为衡量强度安全的主要依据，大坝混凝土采用 R360 混凝土，经工程类比后，确定相应的控制标准，见表 4.2-1。

表 4.2-1　　　　　　　　　　可研阶段拱坝应力控制标准　　　　　　　　　单位：MPa

荷 载 组 合		容许压应力	容 许 拉 应 力	
			上游坝面	下游坝面
基本组合		9.0	1.2	1.5
特殊组合	无地震	10.0	1.5	1.5
	有地震	按《水工建筑物抗震设计规范》（DL 5073—2000）规定，用分项系数控制		

2. 地质条件复杂性的量化评价

坝基地形地质条件的复杂性，没有可借鉴的量化评价方法。如果能建立坝基条件的量化评价方法，在此基础上通过工程类比分析对坝基条件估计可能的偏差，对采用与坝基条件相适应的设计策略、确定适宜的处理方案，都具有重要指导作用。

拱坝的结构边界，可以分为几何边界和力学边界。几何边界主要是河谷形态与建基面形状，力学边界是沿建基面的地基抗变形能力。拱坝结构边界的复杂性，可以分解为几何边界和力学边界的不对称性及差异性，也就是地形条件和地质条件的不对称性和沿建基面的差异性。

拱圈的两端地形差异较大，则两个半拱相应承受的水荷载的差异较大，拱推力除了传递到地基外，还在拱坝内部产生横河向的推力，使拱圈的变形相对拱坝中心线产生偏转，从而在拱圈内形成不对称的应力分布。

拱圈为超静定结构，拱座变位会在拱圈内产生附加应力。拱端变位越大，则附加应力越大。拱端的变位主要受拱座的综合变形模量影响，变形模量越小则变位越大。左右拱座变形模量差异越大，应力分布越不利。对整个拱坝而言，不同拱圈特别是相邻拱圈的拱端变形模量差异，在变形模量突变的部位往往存在不利的应力分布，容易发生开裂，实践中不乏这样的工程实例。

几何边界的不对称性，一般来说差异不是很大，而坝基综合变形模量受地质条件的影响可能达到数倍的差异，坝基综合变形模量的分布情况，可以客观反映地质条件的不均匀性。拱坝地质条件复杂性指标，既要能反映左右岸的综合变形模量差异，又要能反映沿高度方向的差异情况。通过统计分析认为，各控制高程的坝基综合变形模量的离散系数，能反映这样的规律。对 40 多座已建拱坝的坝基综合变形模量进行了统计分析，离散系数最小的为 0.055，最大的为 0.361，平均值为 0.189。离散系数比较大的工程，设计时是否采用了加强处理的措施，运行阶段是否有异常现象，这里对相关工程简要分析如下。

双河拱坝坝肩大部分为砂岩，其间有部分泥页岩夹层，并且有三个爆破松动带，坝基综合变形模量为 2~6GPa，离散系数为 0.361，拱坝建成后在运行初期即产生了大量的裂缝。

二滩拱坝左岸中下部和右岸中上部高程建基面出露有弱风化中段 D 级岩体，岩体完整性、均一性较差，呈碎裂—镶嵌结构，局部存在受构造和热液蚀变作用而形成的绿泥石-阳起石化玄武岩 E-1 级和裂面绿泥石化玄武岩 E-2 级岩体，中部高程的综合变形模量为 10~16GPa，上部高程左右岸综合变形模量差异大，坝基综合变形模量为 10~28GPa，对称性和均匀性不佳，离散系数为 0.356，运行初期右岸中部高程下游坝面出现了较密集的裂缝。

石门拱坝的坝基综合变形模量为 3~16GPa，离散系数为 0.341，其右坝肩有石门倒转倾伏背斜轴通过，岩体破碎，且单薄，该部位的综合变形模量仅为 3~5GPa，在蓄水初期出现坝踵开裂的现象。

李家峡拱坝左岸发育以 f_{20} 为代表的 NW 向层间挤压断层组和 f_{26} 为代表的 NEE 向顺河断层组，左岸中上部综合变形模量为 4~9.7GPa，整个坝基综合变形模量为 4~16GPa，离散系数为 0.342。对 f_{20} 断层布置了 5 层 10 个混凝土抗剪传力洞塞；对 f_{26} 断层，除地表浅层置换墙以外，布置了 3 层平洞、4 条竖井的网格状深层置换系统；在左岸重力墩和左岸坝基下游贴脚增加了垂向的预应力锚索。通过有效的坝基处理措施，保证了大坝安全，运行状态良好。

通过以上工程实例分析，初步分析认为，坝基综合变形模量的离散系数，能够反映坝基地质条件的复杂程度，可以量化评价拱坝地质条件的复杂性。当离散系数较大时，要给予足够的重视，加强薄弱部位的处理。对锦屏一级拱坝的天然坝基情况下的综合变形模量进行计算，其离散系数达到 0.528，远远超过统计分析的已建工程，除了要加强坝基处理，还需要从结构设计方面来分析，现有的设计方法能否保证工程安全。

3. 考虑地质条件复杂性的强度控制

地形地质条件的复杂性，在设计时应关注其影响，在规范体系中也有相关的考虑，结构系数 γ_d 就包含了地质条件的因素。结构系数包含了以下因素：一是作用效应计算模式的不定性 γ_S，包括作用的变异性、计算程序的精度、基础条件估计误差等；二是材料抗力的不定性 γ_R，包括材料性能分项系数未能包含的影响、施工质量影响等；三是其他未能表达的各种不定性 γ_{SD}。根据《混凝土拱坝设计规范》（DL/T 5346—2006）中结构系数的各分项，γ_d 可表示为

$$\gamma_d = \gamma_S \gamma_R \gamma_{SD} \tag{4.2-1}$$

作用效应计算模式的不定性 γ_S，包括作用变异性影响 γ_{SL}、应力分析方法仿真程度 γ_{SM}、基础条件估计误差 γ_{SB}、设计状况组合随机性误差 γ_{SC}、其他未估计误差 γ_{SO}，可表达为

$$\gamma_S = \gamma_{SL} \gamma_{SM} \gamma_{SB} \gamma_{SC} \gamma_{SO} \tag{4.2-2}$$

作用变异性影响 γ_{SL}，根据对主要作用的权重和变异情况的分析，主要是泥沙压力、温度荷载的变异。通过统计分析得到作用变异影响系数为 $1.04\sim1.05$，取 1.05。

对拱梁分载法，应力分析方法仿真程度 γ_{SM}，主要是调整向数及网格剖分的精度影响 ζ_1、基础节点荷载分配假定的影响 ζ_2、Vogt 地基模型误差影响 ζ_3、其他影响 ζ_4，可表达为

$$\gamma_{SM} = \zeta_1 \zeta_2 \zeta_3 \zeta_4 \tag{4.2-3}$$

采用拱梁分载法计算时，拱坝的位移、应力与计算时所取拱圈的层数有关，对于坝高超过 200m 的特高拱坝，拱圈数为 9 层、10 层时计算的最大主压应力值已十分接近，划分成 9 层已能满足要求；100m 以上的高拱坝，以 7 层、8 层较宜；而 100m 以下的，$5\sim10$ 层计算的应力均较接近，划分为 6 层、7 层即可。根据"七五"攻关成果，如以四向调整为准，拱梁剖分不少于 9 拱时，计算成果是比较稳定的，所以调整向数及网格剖分的精度影响 ζ_1 可定为 1.0。

拱梁网格剖分间隔较适当时，基础结点不同的分载处理对主应力成果影响很小，可忽略不计，基础节点荷载分配假定的影响 ζ_2 可以取为 1.0。

与有限元等效应力相比，Vogt 地基模型的下游面控制压应力偏小，偏小程度随坝体体形及河谷条件而异，按最不利条件控制，约偏小 20%，Vogt 地基模型误差影响 ζ_3 可取 1.2，一般情况可以涵盖由此带来的误差，但对特别复杂的地形地质条件，采用 Vogt 地基模型的仿真性值得商榷。在复杂的边界条件下，拱梁分载法计算也很难反映这种影响，会导致计算应力的偏低，设计上是不安全的。

其他因素除拱梁分载法计算模型所存在的缺陷影响外，坝内设置的孔口、闸墩等附属设施亦无法考虑，不同程序计算的最大压应力也有差异，这些综合因素影响，可参照前述主要因素修正给出一定富裕值，定为 $\zeta_4 = 1.05$。根据上述分析，分析计算模型不定性影响 γ_{SM} 为 1.26。

基础条件估计误差 γ_{SB}，主要指地基变形模量影响，它对坝体应力影响的变化很复杂，规范中要求对地基和坝体变形模量作适当的浮动敏感性分析，在变形模量浮动变化范围内，强度安全均应满足要求，故取基础条件估计误差 γ_{SB} 为 1.0，但对变形模量浮动的区域和范围，规范中没有做出规定。对已建工程实例的敏感性分析成果表明，具有较好适应性的拱坝体形，坝基变形模量变化 30% 而坝体应力的变化幅度不超过 10%，但也有部分工程坝体应力变化的幅度与变形模量变化幅度基本相当。从保证设计方案稳妥可靠的角度，应该把地基参数按比较不利的方向考虑，对锦屏一级这样地形地质复杂性指标达到 0.528 的拱坝，应把地质条件可能的变化估计得更充分些，将基础条件估计误差 γ_{SB} 取为 1.1。

设计状况组合随机性误差 γ_{SC} 已在系数 ψ 中计入，因此取 $\gamma_{SC} = 1.0$。其他未能表达的各种不定性 γ_{SO}，取为 1.0。综上，作用效应计算模式的不定性 $\gamma_S = 1.455$。

材料性能分项系数 γ_m 包括比尺效应 γ_{ms} 和比例极限折减 γ_{me} 两项，应为 3.072，规范中将材料性能分项系数 γ_m 取为 2.0，所以结构系数中还包括抗力不定性 $\gamma_R = 1.536$。

其他不定性 γ_{SD}，取为 1.0。

按式（4.2-1）计算，考虑地质条件复杂性，提高了基础条件估计误差 γ_{SB}。结构系

数 γ_d 取为 2.25，相比规范规定值提高了 10%。

　　4. 施工图阶段的压应力控制

　　锦屏一级招标及施工图阶段按照《混凝土拱坝设计规范》（DL/T 5346—2006）设计，坝体混凝土最高强度从 R360 改为 $C_{180}40$。考虑坝基条件的复杂性，结构系数从 2.00 提高到 2.25，相应的各分区的应力控制标准见表 4.2-2。

表 4.2-2　　　　　　　　　　　锦屏一级拱坝设计应力控制标准

大坝混凝土分区	A 区	B 区	C 区
混凝土设计龄期/d	180	180	180
抗压强度标准值/MPa	40.00	35.00	30.00
应力控制标准/MPa	8.08	7.07	6.06

　　锦屏一级工程规模巨大，条件复杂，可行性研究审查意见认为应在应力上留有一定的裕度，应用上述研究成果，在可研阶段混凝土采用 9MPa 设计，招标及施工图阶段按最大不超过 8MPa 进行坝体实际应力控制，与审查意见也是吻合的。

4.2.3　拱坝体形设计

　　1. 拱坝线型选择

　　拱坝线型选择是体形设计的重要环节，直接影响到工程的施工、投资及运行安全，在可行性研究阶段成都院联合中国水利水电科学研究院结构材料研究所（简称中国水科院）和浙江大学共同开展了拱坝线型选择的研究工作，分别开展了多种拱圈线型的拱坝体形设计，研究拱坝安全与坝体混凝土方量、坝体应力、坝基变形及整体稳定的关系，确定适合于锦屏一级拱坝的拱圈线型。

　　中国水科院开展了抛物线、椭圆、统一二次曲线、对数螺旋线和多心圆的体形设计研究，采用拱梁分载法程序进行拱坝坝体应力计算。各种线型的拱坝，拉压应力均满足控制标准，且拉压应力的水平相当，从强度安全控制的角度，均是可行的。坝体混凝土方量，最大的为多心圆 430.58 万 m^3，最小的为统一二次曲线 375.74 万 m^3。综合坝体应力和坝体方量分析，统一二次曲线最优。

　　浙江大学开展了抛物线、混合线型、统一二次曲线、对数螺旋线和多心圆的体形设计研究，采用拱梁分载法程序进行拱坝坝体应力计算。各种线型的拱坝，拉压应力均满足控制标准，且拉压应力的水平总体相当，从强度安全控制的角度，均是可行的。坝体混凝土方量最大的为抛物线 465.13 万 m^3，最小的为多心圆 428.63 万 m^3。综合坝体应力和坝体方量来看，多心圆最优。

　　中国水科院和浙江大学设计的各种曲线线型的双曲拱坝坝体位移、应力的分布规律基本相同，坝体应力均能满足应力控制标准，在拉压应力控制上有较大的差别，中国水科院设计的各种线型拱坝基本上为满应力设计，浙江大学设计的各种线型拱坝下游坝面最大主拉应力留有一定的富余。另外，在拱坝的平面布置上，拱端与选定建基面位置有一定差异。

　　由于锦屏一级工程地质条件的特殊性，拱端位置不具备大的调整余地，在拱坝坝线位置相同的情况下，成都院设计的抛物线双曲拱坝拱圈平面位置的布置经过了各种方案比较，并配合各种坝基处理措施进行体形优化设计，其坝体混凝土方量适中，拱圈平面位置的布置合理。在双曲拱坝中，抛物线也是采用得最多的线型，设计参数少，体形描述能力较强，具有丰富的工程实践经验。综合锦屏一级工程的地质、设计、施工等多种因素，通过比较，确定满足应力控制标准、坝体混凝土方量适中、平面拱圈布置合理的成都院抛物线方案作为推荐拱坝体形。各单位设计的抛物线拱坝体形主要参数见表 4.2 - 3。

表 4.2 - 3 各单位设计的抛物线拱坝体形主要参数对比

项　目	成都院	浙江大学	中国水科院
坝顶厚度/m	13.00	23.09	13.04
拱冠最大厚度/m	58.00	54.70	52.38
顶拱中心线弧长/m	568.62	596.00	575.30
最大中心角/(°)	95.71	101.69	98.51
厚高比	0.190	0.179	0.172
弧高比	1.864	1.954	1.886
坝体体积/万 m³	435.59	465.16	429.00
上游面最大主压应力/MPa	7.15	7.07	9.00
下游面最大主压应力/MPa	8.40	8.88	8.84
上游面最大主拉应力/MPa	1.02	1.15	1.14
下游面最大主拉应力/MPa	1.18	1.20	1.40

2. 施工图招标阶段的体形设计

配套拱坝体形设计，开展了坝基处理设计。可行性研究阶段的坝基处理方案，坝基综合变形模量为 10～19GPa，离散系数为 0.267。施工图设计阶段的坝基处理方案，坝基综合变形模量为 11.61～22.08GPa，离散系数为 0.207。通过加强坝基处理，提高了坝基的均匀性、对称性，从根本上改造了建基条件，创造了较好的拱坝结构边界。

锦屏一级坝址地形，下部右岸较左岸宽，上部左岸较右岸宽，存在比较严重的荷载不对称，形成较差的变形和应力分布。为改善这种不对称性，进行了拱坝中心线的调整，即拱坝中心线较可研设计向左岸平移了 8m。

调整拱坝中心线后，高程 1670.00m 以上，左半拱圈的弦长占拱跨的比例减小，一定程度上改善了拱坝体形本身的对称性。高程 1670.00m 以下，由于拱坝中心线向左岸调整，加上嵌深局部增加以减小坝趾部位Ⅲ类岩体出露范围，右岸弦长略有增加，由于坝基条件好，拱圈厚度大，总的弦长不大，所以对右岸坝体位移和应力分布没有产生明显的影响。拱坝布置调整后，左、右岸半拱的弦长、弧长和矢高对比见表 4.2 - 4。

左、右岸半拱的弦长之比为 0.75～1.25，较可研体形 0.89～1.50 减小；半弧长之比为 0.75～1.27，较可研体形 0.88～1.45 减小；矢高之比为 0.73～1.31，较可研体形 0.80～1.56 减小，拱坝结构的不对称性得到较大程度改善。

表 4.2-4 左、右岸半拱的弦长、弧长和矢高对比

高程/m	半 弦 长			半 弧 长			半 弧 矢 高		
	左岸/m	右岸/m	左岸/右岸	左岸/m	右岸/m	左岸/右岸	左岸/m	右岸/m	左岸/右岸
1885.00	247.40	235.41	1.05	281.30	271.13	1.04	118.63	119.44	0.99
1870.00	241.75	218.55	1.11	276.24	250.91	1.10	118.54	109.39	1.08
1830.00	226.31	186.60	1.21	261.92	214.48	1.22	117.18	93.86	1.25
1790.00	208.83	166.41	1.25	243.88	192.15	1.27	112.09	85.35	1.31
1750.00	185.17	153.86	1.20	216.56	178.62	1.21	99.95	80.67	1.24
1710.00	153.95	142.18	1.08	178.67	164.88	1.08	80.61	74.21	1.09
1670.00	119.2	130.36	0.91	136.61	150.02	0.91	59.21	65.92	0.90
1630.00	85.88	104.36	0.82	96.05	116.70	0.82	38.01	46.14	0.82
1600.00	59.13	78.97	0.75	63.60	85.31	0.75	20.56	28.34	0.73

4.3 拱坝体形优化设计方法

拱坝作为壳体结构，承受的荷载大，受力和工作性态比较复杂，需开展拱坝体形的优化设计，其目的不仅是减小坝体方量获得更好的经济性，还应使拱坝具有更好的应力和变位的分布，更能适应地形、地质、结构布置等工程条件和要求，进一步提高拱坝安全性。

拱坝的设计，从规划阶段到施工图阶段，大致会经历坝址选择、坝型选择、坝线选择、建基面选择、线型选择、体形选择等一系列逐步深入和细化的设计过程，体现了分层优化的思想。在拱坝体形优化中，也应采用分层优化的策略，使得优化结果是有效的、可实施的成果。拱坝体形优化，包括合理描述拱坝体形以选取适宜的优化参数，确定优化的约束条件，建立拱坝优化的数学模型，选择适宜的优化算法，并开展优化设计。

4.3.1 拱坝体形描述

1. 拱坝体形的参数描述

拱坝的体形，可以从拱冠梁和水平拱圈两个方向进行描述，刻画壳体结构的形态特点。

拱冠梁体形是由上游面形状和厚度决定的。上游面形状有直线型、折线型、曲线型，曲线包括圆弧、三次多项式。拱冠梁的厚度，沿高程方向的变化，也有直线型、折线型和多项式曲线型之分。为采用尽量少的参数去描述体形，并且保证体形的平顺性，锦屏一级拱坝的上游面及拱厚均按三次多项式表示。

拱冠梁上游坝面曲线为

$$Y_u(z) = a_1 z + a_2 z^2 + a_3 z^3 \qquad (4.3-1)$$

式中：z 为从顶拱算起的坝高；a_1、a_2、a_3 为待定系数。

拱冠梁厚度确定为

$$T_c(z) = T_{c0} + b_1 z + b_2 z^2 + b_3 z^3 \qquad (4.3-2)$$

式中：T_{c0} 为拱冠剖面的坝顶厚度；b_1、b_2、b_3 为待定系数。

拱冠梁下游坝面曲线为

$$Y_d(z)=Y_u(z)-T_c(z)=-T_{c0}+(a_1-b_1)z+(a_2-b_2)z^2+(a_3-b_3)z^3 \quad (4.3-3)$$

拱冠梁剖面确定后，任一高程水平拱圈上、下游曲线和拱轴线的顶点也随之确定。

由式（4.3-1）～式（4.3-3）可见，描述拱冠梁的形态，在采用三次多项式表达的曲线时，在固定拱坝上游顶点为局部坐标系的原点时，需要 7 个参数。

水平拱圈的体形，由拱轴线的线型、拱冠厚度、拱端厚度、拱冠到拱端厚度变化等决定，其中拱冠厚度已由拱冠梁体形确定。

变厚拱圈中任意截面的厚度 T 可由式（4.3-4）中之一确定：

$$\begin{cases} T=T_c+(T_a-T_c)(S/S_a)^\gamma \\ T=T_c+(T_a-T_c)(\tan\varphi/\tan\varphi_a)^\gamma \\ T=T_c+(T_a-T_c)(\varphi/\varphi_a)^\gamma \\ T=T_c+(T_a-T_c)(1-\cos\varphi/\cos\varphi_a)^\gamma \end{cases} \quad (4.3-4)$$

式中：T_c、T_a 分别为拱冠与拱端处截面的厚度；S 为所求厚度截面处到拱冠的拱轴线弧长；S_a 为拱端到拱冠的拱轴线弧长；φ_a 为拱端处的中心角；φ 为所求厚度截面处的中心角；γ 为厚度变化指数。

对任一拱圈，在已确定拱冠厚度的情况下，需要 2 个参数描述其厚度，分别为拱端厚度 T_a 和厚度变化指数 γ，拱厚变化函数中的其他参数（如弧长、中心角）可以通过其他体形参数推求。

拱圈线型很多，如单心圆、多心圆、抛物线、椭圆、统一二次曲线、对数螺旋线和混合曲线等。统一二次曲线拱圈拱轴线方程为

$$x^2+Ay^2+By=0 \quad (4.3-5)$$

式中：A 为线型系数；B 为与拱冠处曲率半径倍数有关的参数。

当 $A=0$ 时，退化为抛物线型式；当 $A=1$ 时，退化为圆；当 $A>0$ 且 $A\neq1$ 时，退化为椭圆；当 $A<0$ 时，退化为双曲线。抛物线、圆（单心圆、双心圆）、椭圆、双曲线拱坝均是统一二次曲线拱坝的子集，见表 4.3-1。

表 4.3-1　　　　　　　　　　统一二次曲线的方程与参数

序号	A	线型	方程	参数	参数个数
1	0	抛物线	$y+x^2/2R=0$	R，x	2
2	1	圆	$x^2+y^2=R^2$	R，x	2
3	$A>0$ 且 $A\neq1$	椭圆	$x^2/R_x^2+y^2/R_y^2=0$	R_x，R_y，x	3
4	$A<0$	双曲线	$x^2/a^2-y^2/b^2=0$	a，b，x	3

承受均布荷载，比较合理的拱轴线是拱冠曲率半径小、拱端曲率半径大，对数螺旋线也称渐开线，能很好地符合这种要求，其极坐标方程为

$$\rho=\rho_0 e^{c\tan\beta \cdot \theta} \quad (4.3-6)$$

式中：β 为对数螺旋线的极切角；ρ_0 为拱冠处的极半径；ρ、θ 为极坐标系中的坐标极半径和极角。采用对数螺旋线描述则需要用到 ρ_0、β、θ 等 3 个参数。

多心圆的拱轴线，用曲率半径不同的多段圆弧相连，使得拱冠曲率半径小、拱端曲率半径大，但圆弧段数每增加 1 段，相应的参数个数会增加 2 个，即半径和中心角。

现以划分为 10 层拱圈的双曲拱坝为研究对象，采用不同的拱圈线型时，在各拱圈厚度变化指数 γ 均取为相同值时，体形设计需要的参数个数见表 4.3-2。

表 4.3-2   不同线型双曲拱坝的参数对比

序号	线型	拱冠梁参数个数	拱圈厚度参数个数	拱圈轴线参数个数	参数总数
1	单圆心	7	20	30	57
2	三圆心	7	20	70	97
3	五圆心	7	20	110	137
4	抛物线	7	20	40	67
5	椭圆	7	20	60	87
6	双曲线	7	20	60	87
7	对数螺旋线	7	20	60	87

各种拱圈线型的参数个数不同，参数最少的是抛物线和单心圆，但是单心圆的几何描述能力差，虽然可以采用多心圆方式一定程度上加以弥补，但参数个数会急剧增加。椭圆、双曲线、对数螺旋线，都有很好的拱圈几何描述能力，但参数相比抛物线多，体形设计时参数调整的难度相对较大。抛物线是具有较强的几何描述能力，且参数最少的线型，设计人员更加容易掌握和使用，这是得到广泛应用的重要原因。另外，根据结构力学分析，三铰拱在水平均布荷载的作用下，抛物线是合理拱轴线，所以大量的拱坝选择抛物线线型，具有相应的理论依据。

2. 用于优化设计的拱坝体形描述

在进行设计优化时，随着优化参数的增加，计算量呈指数倍增长，应尽可能地减少优化参数的个数，以提高计算效率并容易搜索到全局最优解。

拱坝的体形优化，应在拟定拱坝建基面方案上进行，用于确定左右拱端位置的半中心角、弦长等参数已经确定，相应的描述拱坝体形的参数即优化参数会减少，同样以 10 个拱圈为例，单圆心、三圆心、五圆心、抛物线、椭圆、双曲线、对数螺旋线的优化参数分别为 37 个、77 个、117 个、47 个、67 个、67 个、67 个。由此可见，在确定建基面的情况下，驱动体形设计的控制参数仍然比较多。

河海大学提出的拱坝几何形状优化描述模型，大大减少了优化参数的数量，以抛物线拱坝为例，优化参数减少到 23 个，相比前面的 47 个参数减少一半以上。拱冠梁上游面曲线为 3 次曲线，通过控制曲线在坝顶处的斜率、坝底处的斜率、最大凸点位置 3 个参数，实现对上游面曲线的控制；拱冠梁厚度曲线为 3 次曲线，通过坝底厚度、1/3 坝高、2/3 坝高和顶拱的拱冠梁厚度 4 个参数控制；左右拱端厚度为 3 次曲线，均通过坝底、1/3 坝高、2/3 坝高和顶拱的拱端厚度控制，左右岸共 8 个参数；各层拱冠处左右曲率半径沿坝高的变化，各由 4 个参数控制。

3. 拱坝优化设计的体形逆向描述

拱坝布置及体形设计的正常流程是：确定拱坝轴线位置，确定拱坝中心线位置，确定拱端嵌深，进行体形布置设计。在此流程下，拱坝轴线和中心线起到了拱坝体形骨架和定位控制点的作用，但该流程不适用于选定建基面以后的体形优化设计。对地质条件较复杂的工程，其可利用岩体范围较小，合理建基面一经论证确定，很少有较大幅度调整的余地。采用常规的设计流程，拱坝体形优化必然改变拱圈曲率，而改变拱圈曲率后，拱端位置与选定建基面可能存在较大的差异，拱端的建基条件发生了变化，这种变化很可能在设计上是不可接受的。

要避免传统设计方式的弊端，需要改变体形的描述方式，即固定拱端位置，调整拱冠梁的位置和形态，从而驱动整个体形。抛物线方程 $y+x^2/2R=0$ 是以拱冠位于 x 轴上表述的，在选定拱坝建基面后，拱轴线的端点 $(x，y)$ 相应的固定，但拱冠点可以沿 y 轴方向移动，令拱冠点到坐标原点 O 点的距离为 L，则抛物线的曲率半径 $R=-x^2/2(y-L)$。对左右拱圈分别描述，即

$$R_L=-\frac{x_L^2}{2(y_L-L)} \tag{4.3-7}$$

$$R_R=-\frac{x_R^2}{2(y_R-L)} \tag{4.3-8}$$

式中：R_L 和 R_R 分别为左、右拱圈在拱冠处的曲率半径；x_L、y_L 为左拱圈轴线端点的局部坐标；x_R、y_R 为右拱圈轴线端点的局部坐标。

具体的体形描述分述如下：

(1) 确定拱坝局部坐标系下的拱端点。根据确定的拱坝建基面位置，以及建立的拱坝坐标系，确定左右岸拱端的中心坐标。各特征高程左拱端的坐标点表示为 $(X_{Li}，Y_{Li}，Z_i)$，右拱端的坐标点表示为 $(X_{Ri}，Y_{Ri}，Z_i)$。

(2) 确定控制高程。选择 4 个控制高程，一般应包括顶拱和底拱，另外选择 2 个拱圈为控制高程。第 i 个特征高程与坝顶高程之差为 h_i，坝的最大高度为 H，$\delta_i=h_i/H$。

(3) 确定拱冠梁中心线。拱冠梁上拱轴线的位置，可以 4 个控制高程的拱冠点到原点的水平距离 L_1、L_2、L_3、L_4 来控制，用 3 次曲线拟合，得到 3 次曲线的 4 个参数 a_0、a_1、a_2、a_3，即可算出各特征高程拱冠拱冠点到原点的水平距离 L_i，则

$$L_i=a_0+a_1\delta_i+a_2\delta_i^2+a_3\delta_i^3 \tag{4.3-9}$$

(4) 计算左右拱圈拱冠处的曲率半径：

$$R_{Li}=-\frac{x_{Li}^2}{2(y_{Li}-L_i)} \tag{4.3-10}$$

$$R_{Ri}=-\frac{x_{Ri}^2}{2(y_{Ri}-L_i)} \tag{4.3-11}$$

(5) 计算拱冠梁厚度。拟定 4 个控制高程的拱冠处的拱圈厚度 Tc_1、Tc_2、Tc_3、Tc_4，用 3 次曲线拟合，得到 3 次曲线的 4 个参数 b_0、b_1、b_2、b_3，即可算出各特征高程拱冠处的拱圈厚度 T_i。

$$Tc_i=b_0+b_1\delta_i+b_2\delta_i^2+b_3\delta_i^3 \tag{4.3-12}$$

（6）计算左右拱端厚度。分别拟定 4 个控制高程的左右拱端拱圈厚度 T_{L1}、T_{L2}、T_{L3}、T_{L4}，和 T_{R1}、T_{R2}、T_{R3}、T_{R4}，分别用 3 次曲线拟合，得到 3 次曲线的参数 c_0、c_1、c_2、c_3、d_0、d_1、d_2、d_3，即可算出各特征高程左右拱端厚度 T_{Li}、T_{Ri}。

$$T_{Li} = c_0 + c_1 \delta_i + c_2 \delta_i^2 + c_3 \delta_i^3 \qquad (4.3-13)$$

$$T_{Ri} = d_0 + d_1 \delta_i + d_2 \delta_i^2 + d_3 \delta_i^3 \qquad (4.3-14)$$

根据以上分析，在固定拱坝左右岸拱端位置后，可以通过 16 个参数对拱坝的体形进行控制性描述，16 个参数即优化参数。以优化控制高程的体形参数为优化参数，拟合为 3 次曲线，再计算其他控制高程的相关体形参数，比用 3 次曲线方程的系数作为优化参数，更容易保证体形的平顺性，提高优化效率。

4.3.2 拱坝体形合理性评价

影响拱坝体形设计的因素较多，如最大坝高、坝址河谷形态、工程地质条件、坝体结构布置等。坝体高度越大，承受的水推力越大，要求坝体厚度相应增加。坝址河谷形态，包括河谷形状、河谷宽高比、河谷的对称性，都影响拱坝体形设计。河谷宽高比越大，拱坝水推力越大；相同宽高比情况下，U 形河谷比 V 形河谷的水推力大。复式断面的河谷形状以及不对称的河谷形状，体形设计的难度较大。坝基地质条件复杂，坝肩抗滑稳定条件较差的，以及坝身布置大规模孔口群的，都会给体形设计带来更大的困难。

1. 拱坝体形合理性评价指标体系

拱坝是高次超静定结构，结构受力性态的计算分析过程复杂，计算成果丰富，包括拱坝的几何形态、应力和变位的分布等。在成果的分析评价上，除拉、压应力的最大值有规范要求的控制标准外，应力分布、变位的最大值及分布形态、拱推力的方向等，都没有明确的控制指标。

混凝土拱坝设计规范对体形设计的要求，可以概括为四个方面，即应力、稳定、几何形态、对参数变化的适应性。在应力方面，要满足应力控制标准，应力变位分布满足一般规律，分布形态较好；在稳定方面，拱推力方向有利于坝肩稳定；在几何形态方面，要求坝面曲线光滑，且倒悬度满足运行和施工期应力控制标准及坝身泄水孔口布置要求；在对参数变化的适应性方面，要求进行坝基综合变形模量、温度作用敏感性分析，对可能的参数变化范围，拱坝有较好的适应性。除了以上四个方面，拱坝的方量是设计方案经济性的重要体现，也是分析评价设计成果的重要因素。

（1）应力控制。运行期拉、压应力以及施工期应力，应满足规范的应力控制标准，并考虑特殊的地质条件、高地震烈度等因素，在应力控制上适当留有余地。应力及变位的分布应符合一般规律。

大岗山拱坝坝高 210m，考虑坝址区 100 年超越概率 2% 的地震水平加速度为 557.5cm/s²，地震动参数较高，拱坝压应力需兼顾大坝承受动力的作用，静应力控制标准需适当留有余地，容许主压应力为 8.0MPa。拱坝体形设计时适当增加坝体厚度，将拱坝压应力控制在 7MPa 以内。

拉西瓦工程，坝体混凝土强度最高为 $C_{180}35$，按规范计算其容许强度为 7.95MPa，而实际拱梁分载法计算的持久状况基本组合最大压应力为 6.80MPa，留有约 1MPa 的裕度。

按照设计标准，锦屏一级拱坝容许主压应力可按 9.0MPa 控制。考虑到拱坝坝高超过 300m，左右岸地形、地质条件不对称使得拱坝结构不对称、坝体受力状态不对称。拱坝的安全度需留有余地，适当降低坝体的应力水平，根据 4.2 节的分析，拱坝体形设计时容许压应力按 8.0MPa 控制。

拱坝应力及变位具有较好的分布，可以从总体分布的对称性和均匀性、最大值出现部位是否符合一般规律、高拉压应力区的分布范围等方面进行分析评价。

对称性方面，主要分析结构内力、应力、变位的分布相对于拱冠梁的对称性。以最大径向位移为例，可以寻找各设计高程的最大径向位移，将各高程最大径向位移相连则为径向变位的中心线，用以反映拱坝最大径向变位的总体偏转情况。

拱坝是承压结构，压应力的分布是重点分析对象。高压应力区连续没有突变，应力变化平缓均匀，是较好的应力分布状态。应力分布的均匀性，可以用应力的梯度来反映，应力梯度越小则应力越均匀。可以将应力成果转换为等值线，再进一步求得各节点处的最大应力梯度。拱梁分载法的应力是按平截面假定通过内力计算的应力，加上网格节点比较均匀，应力梯度也可以用简化计算的方式处理，即以相连节点间应力差和距离之比，作为该点在两点连线间的应力梯度，以节点各方向的最大应力梯度作为该点的应力梯度。

拱坝拉应力过大产生结构性裂缝，会减小结构受压断面，上游坝面产生的裂缝，还会成为库水入渗通道，改变压应力分布，进而改变拱坝受力条件，所以要重视对拉应力的控制。拱坝的拉应力分布与计算工况相关，一般而言，正常蓄水位加温降工况上游坝面的拉应力常出现在靠近拱端部位和河床坝踵部位；死水位加温升工况上游坝面上部近顶拱范围常出现拉应力，其他区域出现的拉应力，要尽可能减小或消除。除了拉应力出现的部位、极值外，设计时还应考虑拉应力分布范围。上游坝面与库水相接，拉应力控制一般较下游面更严格。

拱冠通常是最大径向变位的位置，拱冠梁的扰度曲线，是反映拱坝变位的最大值和发生的部位，以及沿坝高方向的变化情况。水荷载是三角形分布，上部虽然拱跨大但承受的荷载小，往往不是径向位移最大的部位，上部拱圈的承载能力在承受相应部位的水荷载后还有较大的富裕度，对拱梁网格体系中的梁的上部具有支撑和约束的作用，所以拱坝中的"梁"不能简单的看作是"悬臂梁"。

（2）稳定控制。拱推力对坝肩抗滑稳定的影响，体现在拱推力沿坝高方向的分布，以及拱推力的方向，其中拱推力的方向是比较敏感的因素，也是设计上可以调整控制的。拱座稳定安全系数不足时，可通过体形调整，改变拱推力方向，从而改善拱座的稳定状态。

（3）几何形态控制。坝体自重是抵消拱坝坝踵拉应力的主要因素，增加坝体上游面底部的倒悬度对减小坝踵拉应力作用很大。拱坝施工中，横缝封拱灌浆要求坝段混凝土具有足够的龄期以及控温要求，不可避免要出现高悬臂坝块。如果坝体纵向曲率过大，坝面会因自重产生较大拉应力，容易在坝面产生水平裂缝。通常控制自重拉应力不宜超过 0.5MPa，相应的要求合理设置断面曲率，以改善大坝施工与运行过程中的应力状态，一般坝面倒悬度不宜超过 0.3，以利于施工及泄洪设施布置。

（4）对参数变化的适应性。拱坝设计是在一定的假定边界条件下进行的，实际的荷载、材料参数等与设计假定可能存在一定的差异，为保证拱坝长期安全运行，拱坝应该具有较强的适应边界条件变化的能力。

混凝土的弹性模量可以通过试验得到，在拱坝应力分析中应该采用坝体混凝土弹性模量，按以往国内设计习惯，通常取 $0.7\sim0.8$ 倍混凝土试件的弹性模量。另外，混凝土的徐变特性、横缝灌浆的饱满程度和水泥结石的力学特性，也对坝体混凝土总的变形特性有影响，所以坝体混凝土弹性模量是根据试验资料计入徐变、横缝灌浆等因素后折减后得到的，常取混凝土试件弹性模量的 $0.6\sim0.7$ 倍。锦屏一级拱坝设计的坝体混凝土弹性模量，根据室内试验成果并考虑上述因素，确定为 24GPa。初期蓄水期间反馈分析得到的坝体混凝土弹性模量为 $36.6\sim38.2$GPa。现场实际浇筑混凝土与室内试验成果的差异，实际承受水荷载时的龄期与室内试验龄期的差异，坝体横缝灌浆质量较好，使得反演的坝体混凝土弹性模量高于设计参数的取值。

坝基综合变形模量设计取值与实际模量可能存在较大的差异。综合变形模量是根据坝基岩体的变形模量和相应的坝基处理措施确定。设计阶段的岩体变形模量，一般根据大平板试验成果，取平板试验的 σ-ε 曲线外包线切线斜率，再通过地质条件判断与修正作为地基变形模量的设计采用值。坝基处理措施对变形模量的影响大小，与基岩固结灌浆后力学参数提高的幅度、接触灌浆的密实度等有关，在设计阶段也很难准确地估计。锦屏一级初期蓄水期间反馈分析得到的坝基综合变形模量，高于设计参数。

在拱坝坝体位移、应力分析中，变温是仅次于水压的基本作用因子。在设计阶段，主要是依据气温、地温和天然河水温度的统计资料，推求水库水温和坝体温度场，以此确定坝体断面的平均温度和等效线性温差。受计算模型精度的影响，由气温资料按规范规定推求的水库水温和坝体温度，对高坝大库情况，往往与实际相差较远。图 4.3-1 为二滩拱坝设计与实测温度荷载沿高程的对比。

对参数变化的适应性，也就是设计的健壮性，在自动控制领域，用"鲁棒性"描述，

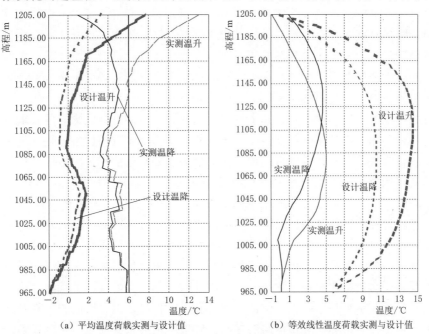

（a）平均温度荷载实测与设计值　　　（b）等效线性温度荷载实测与设计值

图 4.3-1　二滩拱坝设计与实测温度荷载沿高程的对比

即控制系统在一定的参数摄动下，维持其他某些性能的特性；在经济分析领域，用敏感性系数反映各不明确因素变动率与评价指标变动率之间的比例。通过分析，采用敏感性系数来反映坝体弹性模量、坝基变形模量、温度荷载的变化情况下拱坝最大拉、压应力的变化情况。

根据上述分析，可以构建拱坝体形合理性评价的指标体系，见表 4.3-3，可以根据工程特点和优化重点筛选或补充。

表 4.3-3   拱坝体形合理性评价指标体系

一级指标	二级指标	指 标 描 述	约束条件
经济性	坝体混凝土量	以拱坝体形设计程序计算的坝体基本方量	
应力变形	最大压应力	各工况最大压应力	压应力控制指标
	最大拉应力	各工况最大拉应力	拉应力控制指标
	拉应力范围	以出现拉应力的拱梁网格节点数计	
	最大径向变形	拱冠梁计算的最大径向位移	
	拱端变形的对称性	拱梁分载法计算的左右拱端变形的比值	
	拱坝变形的对称性	概化的最大变形中心线的与铅垂线的夹角	
坝肩稳定	拱推力方向	拱推力的合力方向与拱坝中心的夹角	
几何形态	倒悬度	全坝上下游坝面的最大倒悬度	0.3
健壮性	温度敏感度	最大拉、压应力随温度荷载浮动的变化比例	
	坝体弹性模量敏感度	最大拉、压应力随坝体弹性模量浮动的变化比例	
	坝基变形模量敏感度	最大拉、压应力随坝基变形模量浮动的变化比例	

2. 优化目标函数的构建

通过拱坝体形合理性评价的因素分析可见，拱坝体形优化是复杂的多目标优化问题，以应力控制为例，既是优化的控制条件即约束条件，又是优化的目标之一。多目标优化是一个向量函数的优化，比较向量函数值的大小，要比比较标量值大小复杂。在单目标优化问题中，任何两个解都可以比较其优劣，因此是完全有序的，但对于多目标优化问题，任何两个解都不一定可以比出其优劣，只能是半有序的。

多目标优化的求解方法很多，其中最主要的方法是将多目标优化问题在求解时做适当的处理：一种处理方法是将多目标优化问题重新构造一个函数即评价函数，从而将多目标优化问题转变为求评价函数的单目标优化问题，如主要目标法和统一目标法；另一种是将多目标优化问题转化为一系列单目标优化问题来求解，如分层序列法。考虑拱坝体形优化，在不同的工程有不同的侧重点和目标要求，采用统一目标法相对更灵活。统一目标法，又称综合目标法，将原多目标优化问题，通过一定方法转化为统一目标函数或综合目标函数作为该多目标优化问题的评价函数，然后用单目标函数优化方法求解。

统一目标函数的构造，采用了加权组合法。对各项评价指标，在量纲和量级上的差异很大，需要进行无量纲化和归一化处理。不同的拱坝工程，均有其独特性，每个优化设计的侧重点和目标要求均不一样，必须加入设计者对工程的认识、判断和工程经验，所以引入加权因子，平衡各指标及分目标间的相对重要性，更为重要的是，将优化理论与工程实际有机地结合起来，使优化成果符合工程实际和设计预期。统一目标函数为

$$f = \sum_{i=1}^{n} k_i(1 - \mu_i) = \min \qquad (4.3-15)$$

式中：n 为评价指标的个数；k_i 为单项评价指标的权重；μ_i 为单项指标的评价函数值。

统一目标函数的构造还包含了柔性建模的理念。柔性优化建模方法的关键是在模型程序中，用准设计变量代替传统建模方法中的设计变量，用设计函数代替传统建模中的约束函数和目标函数，在优化过程中通过交互手段划分准设计变量为待优化的设计变量、相关变量和固定量，区分设计函数为目标函数、约束函数或者既作为目标又作为一定约束，也可以予以忽略，这样在优化过程中可以进行单目标优化或多目标优化，同时约束的类型、限制范围、目标函数类型及其评价函数等都可以根据需要交互地确定，使优化模型的三大要素不会完全被编程固定，仅仅由编程提供变量、目标和约束的基本要素，在设计中通过交互手段建立具有不同含义的优化模型，从而实现建模的柔性化，也就在工程实践中具有更强的适应性。

4.3.3 优化算法选择

拱坝体形优化涉及的参数多，采用柔性化建模方法，也需要通用性和全局寻优能力强的算法作为支撑，通过比较，锦屏一级拱坝的体形优化选择遗传算法作为优化算法。遗传算法是模拟达尔文生物进化论的自然选择和遗传学机理的生物进化过程的计算模型，它是一种通过模拟自然进化过程搜索最优解的方法。其主要特点是：直接对结构对象进行操作，不存在求导和函数连续性的限定，具有内在的隐蔽性和全局寻优的能力。采用概率化的寻优方法，能自动获取和指导优化的搜索空间，自适应地调整搜索方向，不需要确定规则。

遗传算法的基本运算过程如下：

（1）初始化：设置进化代数，随机生成 M 个个体作为初始群体。

（2）个体评价：计算群体中各个个体的适应度。

（3）选择运算：将选择算子作用于群体，把优化的个体直接遗传到下一代或通过配对交叉产生新的个体再遗传到下一代，其操作是建立在群体中个体的适应度评估的基础上。

（4）交叉运算：将交叉算子作用于群体，此操作为遗传算法中的核心步骤。

（5）变异运算：将变异算子作用于群体，对群体中个体的某些基因座上的基因值作变动，之后得到下一代群体。

（6）终止判断：若达到之前设置的最大遗传代数，将进化过程中所得到的具有最大适应度个体作为最优解输出，然后终止计算。

遗传算法优化流程如图 4.3-2 所示。MAT-LAB 的优化工具箱（Optimization Toolbox）包

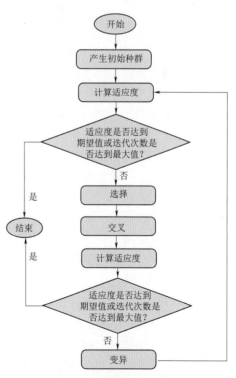

图 4.3-2　遗传算法优化流程图

括了遗传算法，可以直接调用，能节省算法部分的代码编写和调试工作。

4.4 锦屏一级拱坝体形优化

4.4.1 拱坝体形优化关键指标

根据锦屏一级拱坝体形设计的特点，对优化需要解决的主要问题和关键指标分析如下：

（1）坝体混凝土量。坝体混凝土方量是设计方案经济性的重要体现，应控制在合理的范围。根据大量工程统计数据，结合锦屏一级地形条件分析，坝体混凝土方量宜控制在334 万～598 万 m^3。坝体混凝土方量应作为主要评价指标，不作为约束条件。

（2）最大压应力。考虑锦屏一级地形地质条件的复杂性后，坝体混凝土按 9.0MPa 设计，体形设计时按不超过 8.0MPa 控制。最大压应力越小，安全储备越大，但经济性也越差，要在设计安全控制范围内，充分发挥材料性能，最大压应力同时作为约束条件和主要评价指标，在 8.0MPa 以内越大越好。

（3）最大拉应力。拉应力控制是拱坝体形设计中需要重点考虑的内容，按照规范拉应力应按不大于 1.2MPa 控制，在此条件下，拉应力越小越好，所以最大拉应力同时作为约束条件和主要评价指标。

（4）拉应力范围。拱坝是压力拱结构，承受的荷载通过压应力流传递到坝基，拉应力的范围过大，坝体开裂的风险加大，也说明拱坝整体的受力性态不佳。拉应力控制没有明确的控制标准，可以作为主要评价指标。

（5）最大径向变形。锦屏一级拱坝高度大，但地形相对狭窄，总水推力约 1350 万 t，在控制了最大压应力的条件下，坝体的刚度有所增加，最大径向变位可以不作控制。

（6）拱端变形的对称性。拱端变形的对称性，与左右岸坝基的综合变形模量差异性直接相关，在坝基处理措施一定的条件下，通过调整拱端厚度，对减小左右岸差异的贡献度不大，可以不作为评价指标。

（7）拱坝变形的对称性。坝址不对称条件和拱坝的扭曲不对称变形，是锦屏一级拱坝的突出特点，为使拱坝有较好的应力和变形分布，具有较好的受力属性，拱坝变形对称性应作为主要评价指标。

（8）拱推力方向。锦屏一级左岸拱座抗滑稳定条件较好，各种可能的滑移模式、各种工况条件下可能滑移块体的安全系数均满足规范要求，且有较大的安全裕度；右岸受不利地质条件影响，部分滑块抗滑稳定不满足规范要求，经单项荷载作用下的分析，其拱推力是对拱座稳定有利的。体形优化时，拱推力方向不作为评价指标，但鉴于拱座抗滑稳定的重要性，以优化方案的拱座抗滑稳定安全系数不低于初始方案来决定方案的取舍。

（9）倒悬度。锦屏一级拱坝高达 305m，施工条件复杂，施工周期长。过大倒悬度会带来坝身孔口闸墩和门槽等结构布置困难，同时考虑施工难度以及施工期的结构安全控制需要，有必要将作为约束条件，在体形参数中可以直接约束，不作为评价指标使用。

（10）敏感度系数。根据锦屏一级高坝大库的工程特点，以及设计参数取值与实际情况可能存在偏差的现实情况，为保证拱坝体形的适应性，有必要进行温度荷载、坝体弹性模量、坝基变形模量的敏感性分析。

如果优化的目标要求过多，不仅单项的权重减小，不能突出需要解决的主要问题，在优化过程中计算量很大，目标之间还可能出现不协调甚至对立的情况。比如坝体混凝土量和敏感度系数，就是矛盾的要求，如果要求拱坝对荷载和变形模量参数不敏感，就要求其应力水平较低，在安全上有较大的裕度，这就意味着坝体混凝土量的增加。锦屏一级拱坝的温度边界条件采用包络式的方法设计，封拱温度的选择已经考虑了温度边界条件的可能变化范围，所以在体形优化时可不作为评价指标使用。坝体混凝土弹性模量和坝基综合变形模量的敏感性分析，需要对每一个优化方案的各个工况进行计算，这样在优化过程中会增加数十倍计算量，降低优化效率。锦屏一级优化时，没有将坝体混凝土弹性模量和坝基综合变形模量的敏感度系数纳入指标体系，对优化体形方案，采用变形模量浮动的方式进行敏感性分析，评价优化体形的适应性，这种处理方式优化时收敛速度更快。

4.4.2 体形优化关键指标的评价

在各指标的评价中，采用隶属函数与罚函数相结合的方法，把约束条件连接到目标函数上，从而将有约束的最优化问题转化为无约束条件的问题，锦屏一级拱坝体形合理性评价函数见表 4.4-1。

表 4.4-1　　　　　　　　　　　锦屏一级拱坝体形合理性评价函数

指标	评价函数	评价函数图像	主要参数
坝体混凝土量 V	$\mu_1 = \begin{cases} 1 & V \leqslant V_{min} \\ 1 - \dfrac{V - V_{min}}{V_{max} - V_{min}} & V > V_{min} \end{cases}$		$V_{max} = 598 \times 10^4\, m^3$ $V_{min} = 334 \times 10^4\, m^3$
最大压应力 σ_1	$\mu_2 = \begin{cases} 0 & \sigma_1 \leqslant \sigma_{1min} \\ \dfrac{\sigma_1 - \sigma_{1min}}{[\sigma_1] - \sigma_{1min}} & \sigma_{1min} < \sigma_1 < [\sigma_1] \\ -1 & \sigma_1 \geqslant [\sigma_1] \end{cases}$		$[\sigma_1] = 8.0\,MPa$ $\sigma_{1min} = 6.0\,MPa$
最大拉应力 σ_3	$\mu_3 = \begin{cases} 1 & \sigma_3 \leqslant \sigma_{3min} \\ 1 - \left(\dfrac{\sigma_3 - \sigma_{3min}}{[\sigma_3] - \sigma_{3min}} \right)^k & \sigma_{3min} < \sigma_3 < [\sigma_3] \\ -1 & \sigma_3 \geqslant [\sigma_3] \end{cases}$		$[\sigma_3] = 1.2\,MPa$ $\sigma_{3min} = 0.8\,MPa$

续表

指标	评 价 函 数	评价函数图像	主要参数
拉应力 范围 S	$\mu_4=\begin{cases}1 & S\leqslant S_{\min}\\ 1-\dfrac{S-S_{\min}}{S_{\max}-S_{\min}} & S>S_{\min}\end{cases}$		$S_{\max}=0.10$ $S_{\min}=0.05$
坝体变形 中心线 夹角 γ	$\mu_5=\dfrac{1}{1+b\gamma^a}$		$a=2$ $b=2$

4.4.3 施工阶段拱坝体形优化成果

对以上关键指标,通过专家测评分别赋以指标权重构建目标函数,采用遗传算法进行计算,优化过程如图 4.4-1 所示。初始体形的适应度函数值为 0.568,由图 4.4-1 可见,在 3 代以后,适应度函数的最小值迅速降低并收敛,最优解的目标函数值为 0.324。根据优化体形的拱推力,对左右岸拱座抗滑稳定的控制性块体进行了复核对比,计算表明,优化体形对应的抗滑稳定安全系数与初始体形基本一致,优化体形在拱座稳定方面是可接受的。初始体形与优化体形的拱冠梁对比如图 4.4-2 所示。

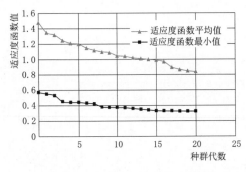
图 4.4-1 遗传算法优化过程图

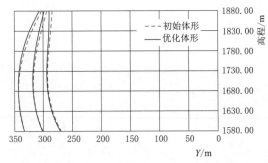
图 4.4-2 初始体形与优化体形的拱冠梁对比

初始体形与优化体形的优化指标对比见表 4.4-2。从表中数据看,优化体形与初始体形相差不大,各项优化指标的改善不是很明显;从图 4.4-1 中也可以看出,初始体形的适应度函数值为 0.568,接近初始种群中最小值。抛物线线型具有较好的体形描述能力,通过深入的分析工程特点,发挥成都院在体形设计上丰富的实践经验,不断的手动优化调整,初始体形已经是较优的体形。在较优的初始体形上,通过大范围的搜索计算,仍然对各项指标有一定程度的改善，说明优化方法是合理可行和行之有效的。各阶段的抛物线双曲拱坝体形参数特征值见表4.4-3，锦屏一级最终实施的优化体形如图4.4-3所示。

表 4.4-2　　　　　　　　初始体形与优化体形的优化指标对比

指　　标	初始体形	优化体形	指　　标	初始体形	优化体形
坝体混凝土量 V/万 m^3	479.32	476.47	拉应力范围 S/%	12.00	10.00
最大压应力 σ_1/MPa	7.98	7.77	坝体变形中心线夹角 γ/(°)	21.68	18.74
最大拉应力 σ_3/MPa	−1.16	−1.14	适应度函数值 f	0.568	0.324

表 4.4-3　　　　　　锦屏一级水电站抛物线双曲拱坝体形参数特征值

项　　目	可行性研究阶段方案	招标阶段方案	施工图阶段方案
坝高/m	305.00	305.00	305.00
拱冠顶厚/m	13.00	16.00	16.00
拱冠底厚/m	58.00	63.00	63.00
拱端最大厚度/m	62.00	66.00	68.50
顶拱中心线弧长/m	568.62	552.23	552.43
最大中心角/(°)	95.71	93.12	93.55
厚高比	0.190	0.207	0.207
弧高比	1.864	1.811	1.811
柔度系数	9.326	8.498	7.99
坝体混凝土方量/万 m^3	435.59	479.32	476.47

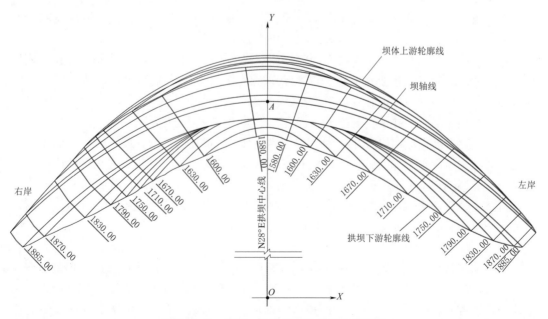

图 4.4-3　锦屏一级最终实施的优化体形图

4.4.4 优化效果分析评价

针对选定的拱坝体形，分别对坝体混凝土弹性模量、坝基综合变形模量采用拱梁分载法进行适应性分析，评价拱坝体形的合理性。

1. 坝体混凝土弹性模量敏感性分析

体形设计时坝体混凝土弹性模量取值为 24.0GPa，敏感性分析时浮动范围为 21～28GPa，计算荷载采用基本组合 I，分析拱坝对坝体混凝土弹性模量浮动的适应性，计算结果见表 4.4-4。

表 4.4-4 坝体混凝土弹性模量浮动计算成果

项 目	下浮工况	设计工况	上浮工况
坝体混凝土弹性模量/GPa	21.0	24.0	28.0
上游坝面最大主压应力/MPa	7.10	7.13	7.18
下游坝面最大主压应力/MPa	7.79	7.77	7.76
上游坝面最大主拉应力/MPa	−1.11	−0.98	−0.84
下游坝面最大主拉应力/MPa	−0.91	−1.14	−1.18
坝体径向位移/cm	9.92	9.08	8.27
坝基径向位移/cm	2.83	2.81	2.79
坝体切向位移/cm	2.83	2.77	2.70
坝基切向位移/cm	2.74	2.73	2.72

坝体混凝土弹性模量在 21～28GPa 范围内变化时，坝体应力、位移计算结果表明：

（1）与设计取值的计算结果相比，坝体位移、应力分布规律相同，坝体及坝基的位移、坝面主应力量级相当，坝面最大主拉、压应力值均满足设计控制标准。

（2）坝体和坝基的径、切向位移均随坝体混凝土弹性模量的增加而减小，与设计取值相比，坝体最大径向位移变化幅度为 9.3% 左右，最大切向位移变化幅度为 2.6% 左右。坝基部位的最大径、切向位移变化很微小。

（3）在坝体混凝土弹性模量浮动范围内，最大主压应力变化不大。

（4）上游坝面最大主拉应力随坝体混凝土弹性模量的增加而减少，最大值为−1.11MPa；下游坝面随坝体混凝土弹性模量的增加而增加，最大值为−1.18MPa。与设计取值的计算成果−0.98MPa 和−1.14MPa 相比，分别增加 0.13MPa 和 0.04MPa。

由上述分析表明，坝体混凝土弹性模量在 21～28GPa 范围内变化时，对拱坝位移、应力有一定的影响，但变化幅度均在合理的范围内。

2. 拱坝对坝基的适应性分析

根据地质提供的坝基各类岩体及结构面变形模量变化范围，在设计采用的坝基综合变形模量取值基础上，采用荷载基本组合 I 工况，考虑左、右岸坝基综合变形模量浮动一定范围，计算各变形模量浮动条件下拱坝坝体的应力及变形情况，分析拱坝对基础的适应性，计算结果见表 4.4-5。

表 4.4-5　　　　　　　　　　　　坝基综合变形模量浮动坝体应力

工况	浮动方案	上游面最大主压应力/MPa	下游面最大主压应力/MPa	上游面最大主拉应力/MPa	下游面最大主拉应力/MPa
设计工况	综合变形模量取设计值	7.05	7.77	−0.98	−1.14
浮动工况 1	左右岸整体上浮 15%	6.89	7.94	−1.14	−0.97
浮动工况 2	左右岸整体下浮 10%	7.19	7.70	−0.85	−1.38
浮动工况 3	左岸整体下浮 15%	7.07	7.88	−1.02	−1.13
浮动工况 4	右岸整体上浮 15%	6.94	8.02	−1.16	−0.91

在拟定的基础综合变形模量浮动范围内，拱坝应力计算结果表明：与坝基设计综合变形模量计算结果相比，坝体位移、应力分布规律相同，坝体及坝基的位移、坝面主应力量级相当，坝面最大主拉、压应力值均满足设计控制标准。在坝基综合变形模量浮动范围内，坝面主压应力变化不大，变形模量浮动对主拉应力略有影响。在各种工况中，坝面主压应力最大值为 8.02MPa，与设计变形模量计算结果 7.77MPa 相比，增幅为 3% 左右，主拉应力最大值上游坝面为 −1.16MPa，下游坝面为 −1.38MPa，与设计变形模量计算结果 −0.98MPa 和 −1.14MPa 相比，分别增加 0.18MPa 和 0.24MPa。坝基综合变形模量浮动计算结果表明，拱坝对坝基综合变形模量具有一定的适应能力。

3. 体形适应性评价

（1）通过对坝体混凝土弹性模量敏感分析表明，坝体弹性模量在 21～28GPa 范围内变化时，对拱坝位移、应力有一定的影响，但变化幅度均在应力的控制范围内。因此，坝体混凝土弹性模量取 24GPa 是合适的，拱坝体形适应性较强。

（2）坝基综合变形模量敏感分析表明，与坝基设计综合变形模量计算结果相比，坝体位移、应力分布规律相同，坝体和坝基的位移、坝面主应力量级相当，坝面最大主拉、压应力值均满足设计控制标准。拱坝对坝基综合变形模量具有一定的适应能力，左岸的适应能力略强于右岸。

第 5 章

拱座抗滑稳定分析与评价

拱坝的拱座抗滑稳定分析是拱坝设计中十分重要的问题。近代拱坝建设实践表明，拱坝潜在的危险主要在于两岸拱座的稳定性。据相关统计资料，在世界已建的拱坝中，发生损坏或其他重大安全事故共 45 起，其中因坝身开裂、漏水、剥蚀或碱骨料反应引起的损坏共 17 起，占 38%；因拱座稳定问题产生的事故为 28 起，占 62%。由此可见，拱坝的重大事故，很多都与拱座稳定有关，拱座稳定问题成为拱坝安全控制的关键，一直受到工程师的高度重视。

锦屏一级水电站工程拱坝高度 305m，远超出当时的拱坝设计规范的适用范围，拱座抗滑稳定更是关系到本拱坝工程成败的关键技术问题之一，具有极端重要性。而且左、右岸拱座稳定表现出不同的性质，左岸更多的是变形稳定问题，右岸更多的是抗滑稳定问题，因此不能简单采用刚体极限平衡法计算成果来论证拱座安全度。另一方面，影响锦屏一级拱座抗滑稳定的地质条件极其复杂，尤其是右岸拱座，其范围内发育有 f_{13}、f_{14} 断层等特定结构面，同时发育顺坡绿片岩透镜体夹层、NWW 向优势裂隙和近 SN 向陡倾裂隙。右岸绿片岩透镜体夹层的倾角较大且倾向河床，当其作为底滑面参与滑块组合时，对拱座抗滑稳定非常不利。由于常用的刚体极限平衡法自身的局限性，采用该方法计算的右岸拱座抗滑稳定成果不满足规范的要求，该方法也不能真实地反映本工程拱座的抗滑稳定安全度，因此有必要采取多种方法综合论证拱座的抗滑稳定性。

为解决本工程拱座抗滑稳定分析中遇到的难题，设计过程中采用了刚体极限平衡法、基于刚体弹簧元的变形体极限分析法、基于非线性有限元的变形体极限分析法等多种计算分析手段相结合的拱座稳定综合评价方法，并辅之以整体稳定分析成果，从宏观上正确评判了拱座岩体的稳定安全状态，并制定了合理有效的工程处理措施，确保了锦屏一级工程拱座抗滑稳定安全。

5.1 拱座抗滑稳定分析方法及控制标准

目前国内外广为运用的拱座抗滑稳定分析评价手段，主要分为两大类：

（1）刚体极限平衡法。这是大多数国家通用的规范设计分析方法，也是我国现行能源及水利行业规范推荐的方法。该方法虽然较为粗糙，但使用简单、概念明确，有长期的实践经验，并且按经验建立起了一套判别准则与其相配套。国内外多年的实践经验证明，这种分析方法对抗滑稳定分析是基本可靠和偏安全的。

（2）变形体极限分析法。该方法实质上是利用刚体弹簧元法、有限元法、离散元法等场问题的应力成果进行稳定性极限分析的统称。

随着我国西南地区一系列高拱坝建设发展，高拱坝设计理论方法也在不断地发展丰富，刚体极限平衡法在高拱坝拱座稳定分析中的局限性显得更加突出，各设计、科研单位也在积极探索寻找更为丰富与多元的抗滑稳定的分析手段与方法，以期从不同的角度综合论证高坝的抗滑稳定安全度。基于刚体弹簧元法的抗滑稳定分析方法与基于非线性有限元法的抗滑稳定分析方法是近年来应用相对较多的两类变形体极限分析方法。

5.1.1 刚体极限平衡法

拱座抗滑稳定分析中常用的刚体极限平衡法，是考虑一块山体，被若干个软弱面切割成一个可能滑动的块体，滑块上承受设计荷载作用，各结构面上的抗剪强度指标 C、f 值经地质勘察及岩体物理力学试验得到，确定一个安全系数 K，使所有的 C、f 值除以 K 后，滑块在外力和自重作用下，刚好达到极限平衡状态，即滑移面上的抗剪力正好等于作用在该面上剪力，则该滑块的抗滑稳定安全系数为 K。刚体极限平衡法通常假定拱座岩体为刚体，受力后不变形，也不发生内部破坏；对于同一个滑移面或错移面，不考虑可能的强度不均匀性，不考虑地应力的影响。

刚体极限平衡法是一种基于对岩石力学粗略模拟的概化方法，并按经验建立了一套判别准则与其相配套，国内外多年的实践考验证明这种分析方法对抗滑稳定分析是基本可靠和偏安全的，使用简单、概念明确，并有长期的实践经验，是各国设计人员习惯采用的分析方法，也是目前现行行业规范推荐的主要分析方法。

根据《混凝土拱坝设计规范》（DL/T 5346—2006）的要求，采用刚体极限平衡法分析拱座稳定时，应满足承载能力极限状态表达式（5.1-1）、式（5.1-2）的要求。

$$\gamma_0 \psi \sum T \leqslant \frac{1}{\gamma_{d_1}} \left(\frac{\sum f_1 N}{\gamma_{m_1 f}} + \frac{\sum C_1 A}{\gamma_{m_1 c}} \right) \tag{5.1-1}$$

$$\gamma_0 \psi \sum T \leqslant \frac{1}{\gamma_{d_2}} \frac{\sum f_2 N}{\gamma_{m_2 f}} \tag{5.1-2}$$

通过转换可得

$$SF_1 = \frac{\dfrac{\sum f_1 N}{\gamma_{d_1} \gamma_0 \psi \gamma_{m_1 f}} + \dfrac{\sum C_1 A}{\gamma_{d_1} \gamma_0 \psi \gamma_{m_1 c}}}{\sum T} \geqslant 1.0$$

$$SF_2 = \frac{\dfrac{\sum f_2 N}{\gamma_{d_2} \gamma_0 \psi \gamma_{m_2 f}}}{\sum T} \geqslant 1.0$$

式中：SF_1 为抗剪断计算式（5.1-1）中抗力项与作用项的比值，SF_2 为抗剪计算式（5.1-2）中抗力项与作用项的比值，二者都是按分项系数形式计算分析拱座抗滑稳定的抗力作用比系数，该系数大于或等于 1.0 即满足现行规范要求；γ_0 为结构重要性系数；ψ 为设计状况系数；T 为沿滑动方向的滑动力；N 为垂直于滑动方向的法向力；f_1 为抗剪断摩擦系数；C_1 为抗剪断黏聚力；A 为滑裂面的面积；f_2 为抗剪摩擦系数；γ_{d_1}、γ_{d_2} 分别为两种计算情况的结构系数；$\gamma_{m_1 f}$、$\gamma_{m_1 c}$、$\gamma_{m_2 f}$ 分别为两种表达式的材料性能分项系数。

除了分项系数表达方式外，拱座抗滑稳定安全还可以用单一安全系数表示。在《混凝土拱坝设计规范（试行）》（SD 145—85）中及《混凝土拱坝设计规范》（SL 282—2018）中，式（5.1-3）、式（5.1-4）分别为抗剪断和抗剪公式计算的拱座抗滑稳定安全系数。

$$K_C = \frac{\sum(Nf_1 + C_1 A)}{\sum T} \qquad (5.1-3)$$

$$K_f = \frac{\sum Nf_2}{\sum T} \qquad (5.1-4)$$

式中：K_C 为抗剪断公式抗滑稳定安全系数，对于 1、2 级拱坝及高拱坝基本组合下应不低于 3.5，特殊组合下应不低于 3.0；K_f 为抗剪公式抗滑稳定安全系数，适用于 3 级及以下拱坝，基本组合下应不低于 1.3，特殊组合下应不低于 1.1；N 为垂直于滑裂面的作用力；T 为沿滑裂面的作用力；A 为计算滑裂面的面积；f_1 为抗剪断摩擦系数；f_2 为抗剪摩擦系数；C_1 为抗剪断黏聚力。

5.1.2 基于刚体弹簧元法的变形体极限分析方法

1. 刚体弹簧元法的基本原理

刚体弹簧元模型（Rigid Body - Spring Model）的基本思想是：把结构划分为一些由分布在接触面上的弹簧系统连接在一起的刚性单元的集合。刚性单元本身不发生弹性变形，因此结构的变形能完全储存在接触面的弹簧系统中，结构的变形通过单元间的相对变形来体现。

该方法最早由日本东京大学 Kawai 教授提出，现已发展成为一种新的数值分析计算方法。该方法首先对研究域进行单元离散，但与有限元法在节点插值不同的是，刚体弹簧元在单元形心处插值，以单元形心位移为基本未知量，用分片的刚体位移模式逼近实际整体位移场。结构内部弹塑性变形通过单元间相对变形来体现，结构内部应力则可以通过单元交界面面力来体现。

由于在刚体弹簧元分析中可以直接求出交界面上的面力，故而可以方便地求得总的下滑力及总的阻滑力，滑块的整体抗滑安全系数定义为总阻滑力和总滑动力之比，即

阻滑力为

$$F_Z = \int_{a_c} (C + \sigma_n f)\,\mathrm{d}a \qquad (5.1-5)$$

滑动力可写为

$$F_H = \int_{a_c} \sqrt{\tau_s^2 + \tau_t^2}\,\mathrm{d}a \qquad (5.1-6)$$

式中：a_c 为处于滑动面上的单元交界面，若 a_c 被拉坏，则不计入积分；C 为黏聚力；σ_n 为法向应力；$f = \tan\phi$ 为摩擦系数；ϕ 为内摩擦角；τ_s、τ_t 为滑动面上 2 个互相垂直方向的剪应力。

抗滑安全系数可表示为

$$K_s = \frac{\sum\limits_{i=1}^{n} F_Z}{\sum\limits_{i=1}^{n} F_H} = \frac{\sum\limits_{i=1}^{n}\int_{a_c}[C + \sigma_n\tan\phi]\,\mathrm{d}a}{\sum\limits_{i=1}^{n}\left[\int_{a_c}\sqrt{\tau_s^2 + \tau_t^2}\,\mathrm{d}a \cdot (\vec{\tau}/|\vec{\tau}|) \cdot \vec{a}\right]} \qquad (5.1-7)$$

式中：n 为滑移面上交界面总数。

在实际计算中，首先根据地质勘探揭示的坝肩抗力岩体中各种结构面的空间分布，尤其是断层、软弱带及优势节理裂隙的分布，并结合工程经验判断滑动面可能出现的位置和方位，在划分刚体弹簧元网格时将滑动面作为网格线；在求得各交界面面力后，即可求得滑动体的抗滑安全系数。刚体弹簧元的这个优点使得最危险滑动块体的搜索成为可能。

2. 基于刚体弹簧元法的变形体极限分析方法的主要优势

在应用刚体弹簧元法进行拱座稳定分析时，坝体按弹性有限元模拟，基础按刚体弹簧元法组合计算，在网格划分时，结合坝基结构裂隙分布特征以及断层软弱岩体等可能滑面作为单元划分的界面，也可参照抗滑稳定块体组合进行网格划分，单元的多少取决于结构面的发育程度和计算容量，也可做适当的概化组合。刚体弹簧元法计算时，可以同时考虑多种作用组合。计算成果包括块体的抗剪安全系数和抗剪断安全系数。相对于刚体极限平衡法，将刚体弹簧元法应用于拱座稳定分析具有如下优势：

（1）可用于模拟不连续变形，且计算相对简捷。传统有限元强调几何协调性，这种模型常常不宜用于模拟错动等岩石变形特点。刚体弹簧元放松了单元间界面位移协调性，可方便地用于模拟岩层错动。

（2）由于在刚体弹簧元分析中可以直接求出交界面上的面力，故而可以方便地求得总的下滑力及总的阻滑力，进而求得任意给定的可能滑动面抗滑安全系数。

（3）在实际计算中，首先根据工程勘查资料和工程经验判断滑动面可能出现的位置和方位，而后在划分刚体弹簧元网格时将滑动面作为网格线。在求得各交界面面力后，即可求得滑动体的抗滑安全系数。刚体弹簧元的这个优点使得最危险滑动块体的搜索成为可能。

（4）刚体弹簧元方法既不超载，也不进行强度下降，对原始应力场无扰动。从计算结果来看，刚体弹簧元计算所得滑动块体安全系数规律性较好，与传统的刚体极限平衡理论具有可比性，所得最危险滑移路径体现了工程地质特征。

3. 抗滑稳定控制标准的建议

刚体弹簧元法计算模型是将大坝按弹性有限元法模拟，而基础是根据岩体结构面的分布，划分为有限个刚体单元，刚体单元间为弹簧接触，计算每个刚体单元的边界受力条件，并按刚体极限平衡的分析公式，计算单元的稳定情况，进而判定整个系统的稳定。因此该方法是刚体极限平衡法的一种改进，其最大优点，是改善了刚体极限平衡法中，不考虑滑移体变形的缺点，从而使滑移边界上的力系更接近实际。刚体极限平衡法中，只要某滑动面参与抗滑，则整个滑面的面积均计入抗滑力计算。而在刚体弹簧元法中，滑动面被分割为若干个子面，而且仅当子面未出现拉坏和剪切破坏时，才计入该面的抗滑力。可见，刚体弹簧元法考虑了拱坝推力在抗力体中的传递和抗滑面上的局部受力特征，因而更符合实际工程情况。

抗滑稳定安全系数定义为总的抗滑力与总的滑动力之比，这一概念与刚体极限平衡法是一致的。在很多情况下，刚体弹簧元法与刚体极限平衡法计算结果吻合良好。但在实际工程问题的应用过程中，刚体极限平衡法不可能对围岩的不同岩性、断层的起伏和相互作用以及复杂的荷载作用进行详尽模拟，必须进行简化处理，而刚体弹簧元在这些方面则较为优越，可以对复杂边界、复杂受力和非线性应力调整进行有效模拟。因此，对于复杂工程问题，刚体弹簧元解是刚体极限平衡法的有力补充论证。

四川大学张建海团队将国内部分高拱坝拱座抗滑稳定分析的刚体弹簧元法成果与刚体极限平衡法成果进行了对比分析，分析成果表明，两种方法所得结果具有一定可比性，但也存在一定差异。用刚体弹簧元法分析拱座抗滑稳定安全系数，突破了刚体极限平衡法的"刚体"假定，较之刚体极限平衡法，其成果的合理性有所提高。

目前还没有公认的对刚体弹簧元法成果的判别准则，其控制标准建议参照《混凝土拱坝设计规范（试行）》（SD 145—85）规范中针对刚体极限平衡法的拱座抗滑稳定安全系数控制标准。

5.1.3 基于非线性有限元法的变形体极限分析方法

1. 有限元法的基本原理

克劳夫（Ray W-Clough）、威尔逊（E. Wilson）、晋基维茨（Zienkiewicz）等首先采用线弹性有限元法按连续体求解岩体力学问题，包括岩体、坝基、拱坝坝肩的稳定演算。古德曼（Goodman）等提出岩体中不连续面单元，他的节理元分析方法对岩体模型的分析起了很有力的推动作用。之后，晋基维茨提出了岩体中裂隙与裂缝不能承受拉应力的有限元分析方法，他将此应用到拱坝稳定分析之中。经过多年的实践，用有限元方法尤其是非线性有限元法进行坝肩稳定分析逐渐成为一种发展趋势，通过对坝体及地基岩体的应力、变形分析，进而分析坝肩岩体及坝体结构的稳定性。

有限元方法一般理解为应用结构力学中的位移法求解结构问题，用矩阵形式在计算机上进行计算。有限元分析的实质是将连续的求解区域离散为一组有限个且按一定方式相互联结在一起的单元的组合体。由于单元能按不同的联结方式进行组合，且单元本身又可以有不同的形状，因此可以模型化几何形状复杂的求解域。它利用在每一个单元内假设的近似函数来分片地表示全求解域上待求的未知场函数，单元内的近似函数通常由未知场函数及其导数在单元的各个节点的数值和其插值函数来表达。这样一来，一个连续的无限自由度问题就变成离散的有限自由度问题。一经求解出这些未知量，就可以通过插值函数计算出各个单元内场函数的近似值，从而得到整个求解域上的近似解。

有限元分析中的非线性主要包括材料非线性、几何非线性和边界条件非线性。在拱座的抗滑稳定分析中，由于采用的是小变形假设且没有涉及接触单元，因此非线性有限元法主要是考虑了拱座岩体、结构面及坝体混凝土的材料非线性因素。

2. 基于非线性有限元法的变形体极限分析方法

根据非线性有限元法计算出的应力成果采用多重网格法将其转移到任一滑面（平面或曲面）上，进而分析滑面的抗滑稳定状态，包括滑面的应力、屈服区及剪应力的分布及变化过程，从而对块体变形直至失稳的全过程进行了全面深入的探讨。

利用有限元法成果对各项应力进行投影与分解，进而求解滑块各滑动面上的滑动力。由有限元法成果计算出的侧滑面及底滑面切向力 S_1、S_2 的方向一般都不平行于交线。因此，计算滑块安全度时，要根据二者夹角 α 对 S_1、S_2 沿滑动方向进行分解。将滑面上各单元法向矢量加和求平均，即可得到滑面的平均法向矢量，然后将各单元的力矢量加和得到的合矢量投影到滑面平均法向上，即可得到滑面的法向合力，另一分量即为滑面的切向合力。滑面上所有结点应力求出后，可绘出滑面上正应力、剪应力等值线图，研究其分布规律，并可求得滑面合力矢量及其法向分量和剪切矢量，进而可确定块体的整体安全度。基于有限元法的块体稳定抗剪断安全度 K 计算公式如下：

$$K = \frac{f_1 R_1 + C_1 A_1 + f_2 R_2 + C_2 A_2}{S_1 \cos\alpha_1 + S_2 \cos\alpha_2} \tag{5.1-8}$$

式中：f_1、f_2 分别为侧滑面和底滑面的抗剪断摩擦系数；C_1、C_2 分别为侧滑面和底滑面的抗剪断黏聚力；R_1、R_2 分别为侧滑面和底滑面上的法向力；A_1、A_2 分别为侧滑面和底滑面的面积；S_1、S_2 分别为侧滑面和底滑面上的切向力；α_1、α_2 分别为侧滑面和底滑面上的切向力与这两个面的交线的夹角。

穿过岩体的滑面的抗剪参数不是简单的岩体抗剪参数，而是考虑了长、大节理组连通率调整的抗剪参数。就此而论，多重网格法实现了变形稳定和抗滑稳定的有机结合。

采用多重网格法将有限元法计算结果转化为滑块的安全度，沟通了三维整体数值分析与刚体极限设计方法，保留了其优点并克服了其局限性。多重网格法求解的安全度考虑了非线性内力调整，为高拱坝、边坡采用常规方法分析的部分滑块抗滑安全度不满足规范要求的难题提供了更深入的分析方法和认识。

3. 抗滑稳定控制标准的建议

用有限元法分析成果核算滑块的抗滑安全系数，较刚体极限平衡法分析更接近实际情况，其控制标准也可比刚体极限平衡法为低。基于有限元法的拱坝坝肩稳定性分析，目前尚缺乏公认的安全评价体系和控制标准。建立一套具有完备理论基础和较高实用价值的安全评价体系和控制标准，是一项具有重大意义和必要性的工作，尚需要继续开展更为深入的研究工作。结合二滩、李家峡、龙羊峡等拱坝工程分析计算的成果，《水工设计手册（第 2 版）》建议：在正常蓄水位工况下，一般单一结构面和组合块体抗剪安全系数应不小于 1.3，抗剪断安全系数应不小于 2.0；在超载 3.5 倍工况下，抗剪断安全系数应不小于 1.0，可以此作为锦屏一级拱坝坝肩抗滑稳定有限元法安全性评价的参考控制指标。

5.2 拱座滑移模式分析

5.2.1 影响拱座稳定的地质条件

坝址区左岸为反向坡，左坝肩及抗力体范围内Ⅰ线 1900.00m 高程、Ⅴ线 1880.00m 高程、Ⅱ线 1840.00m 高程以下为大理岩，地形陡立，坡度 60°~80°，上述高程以上为砂板岩，地形坡度变缓至 45°左右。影响左岸坝肩抗滑稳定的主要结构面见表 5.2-1。

表 5.2-1　　　　影响左岸坝肩抗滑稳定的主要结构面

序号	结构面名称	产状	序号	结构面名称	产状
1	f_5 断层	N30°~50°E/SE∠70°~80°	5	第 6-2 层中顺层挤压错动带	N25°E/NW∠35°~40°
2	f_8 断层	N20°~60°E/SE∠60°~70°	6	深部裂缝优势产状 1	N42°E/SE∠65°
3	f_2 断层	N25°E/NW∠35°~40°	7	深部裂缝优势产状 2	N35°E/SE∠70°
4	煌斑岩脉	N45°~55°E/SE∠65°~70°	8	NE 向优势裂隙	N50°~70°E/SE∠50°~80°

右坝肩及抗力体位于Ⅱ₁线至Ⅳ线 450~500m 范围内，地形完整，无沟谷发育，山体雄厚，谷坡陡峻。1810.00m 高程以下谷坡陡峭，坡度 70°以上，局部为倒坡，1810.00m 高程以上坡度较缓，自然坡度 40°~50°，为大理岩组成的顺向坡。

右坝肩及抗力体部位岩体主要由杂谷脑组第二段第 3、4、5、2-2、6-2 层大理岩组成，岩层产状 N40°~60°E/NW∠20°~40°；除第 6-2 层内层面及层间挤压带发育外，其余曾在变质过程中由于重结晶作用，层面胶结愈合良好，顺层结构面一般不发育，多呈厚层~块状结构。右岸坝肩及抗力体范围内发育主要软弱结构面有两类：一是陡倾坡内的 f_{13}、f_{14} 断层，贯穿分布于抗力体；二是层间挤压错动带，主要在第 6 层内，分布高程在 1870m 以上。优势节理裂隙主要有三组：①N15°~80°E/NW∠15°~45°（层面裂隙），走向随层面起伏变化较大，除第 6-2 层外其他层中延伸长度不大，多胶结紧密；②N50°~70°E/SE∠50°~80°，一般间距为 0.3~1.0m，延伸长 3~5m，部分大于 10m；③N60°W~EW/NE（SW）或 S（N）∠60°~80°，总体上具有发育稀少，间距大，多张开，无充填的特征，单条出现时，一般延伸长几米至十余米；另外可见 SN 向节理零星发育。影响右岸坝肩抗滑稳定的主要结构面见表 5.2-2。

表 5.2-2   影响右岸坝肩抗滑稳定的主要结构面

序号	结构面名称	产　状	连　通　率
1	SN 向裂隙	SN/∠90°	15%~20%
2	4 层绿片岩	N45°E/NW∠35°	4、5 层分界面用 35%~40%，其余部位用 35%
3	NWW 向裂隙	N70°W/SW∠70°	50%~70%
4	f_{13} 断层	N58°E/SE∠72°	
5	f_{14} 断层	N60°E/SE∠73°	

5.2.2　左岸坝肩滑移模式

根据地质情况，f_5 断层、f_8 断层、煌斑岩脉、深部裂缝、f_2 断层和顺层挤压带是左岸拱座稳定主要地质问题，分别构成可能滑块侧滑面和底滑面。由于 f_5 断层和 f_8 断层在拱坝轴线下游的产状基本一致、位置相近，部分范围内甚至重合，故在计算分析中把 f_5 断层和 f_8 断层当作同一个侧滑面来考虑。当层面、f_2 断层或 $T_{2-3}z^{2(6)}$ 层内层间挤压带作为滑动块体的底滑面时，由于产状是倾向 NW，即在左岸是倾向山里偏上游，构成的滑动块体对稳定有利，从不利角度考虑，针对 $T_{2-3}z^{2(6)}$ 层内存在的绿片岩透镜体岩体，有剪断岩体的可能，所以计算中把绿片岩透镜体岩体作为底滑面进行考虑，其最大倾角为 SE∠5°。经初步试算，确定左岸代表性滑块组合，见表 5.2-3。

5.2.3　右岸坝肩滑移模式

根据地质资料，NWW 向裂隙产状近横河向，难以单独作为侧滑面组合滑块，只能作为下游陡面参与滑块组合。f_{13} 断层、f_{14} 断层为位置相对确定的陡倾向结构面，由于其产状偏向下游偏山里，无法单独构成可能滑动块体的侧滑面，但在存在 SN 向裂隙和 NWW 向裂隙等下游陡面的情况下，可以作为侧滑面参与组合两陡一缓的滑块。SN 向裂隙也可以

表 5.2 - 3　　　　　　　　　　　　左岸代表性滑块组合及其产状

滑块编号	侧滑面	产状	底滑面	产状
L1	f_5(f_8) 断层	N45°E/SE∠71°	$T_{2-3}z^{2(6)}$ 层内剪断岩体	N25°E/SE∠5°
L2	煌斑岩脉	N50°E/SE∠67°	$T_{2-3}z^{2(6)}$ 层内剪断岩体	N25°E/SE∠5°
L3	深部裂缝1	N42°E/SE∠65°	$T_{2-3}z^{2(6)}$ 层内剪断岩体	N25°E/SE∠5°
L4	NE 向优势裂隙	N60°E/SE∠70°	$T_{2-3}z^{2(6)}$ 层内剪断岩体	N25°E/SE∠5°
L5	NE 向优势裂隙	N60°E/SE∠70°	$T_{2-3}z^{2(6)}$ 层内剪断岩体	N25°E/SE∠5°
	f_5(f_8) 断层	N45°E/SE∠71°	f_2 断层	N25°E/NW∠40°

单独作为侧滑面参与滑块组合。根据右岸主要结构面的位置及性状，经初步试算，确定右岸代表性滑块组合，见表 5.2 - 4。

表 5.2 - 4　　　　　　　　　　　　右岸代表性滑块组合及其产状

滑块编号	侧滑面	产状	底滑面	产状	下游面	产状
R1	SN 向裂隙	SN/∠90°	绿片岩	N45°E/NW∠35°		
R2	SN 向裂隙	SN/∠90°	绿片岩	N45°E/NW∠35°	NWW 向裂隙	N70°W/SW∠70°
R3	f_{13} 断层	N58°E/SE∠72°	绿片岩	N45°E/NW∠35°	SN 向裂隙	SN/∠90°
R4	f_{13} 断层	N58°E/SE∠72°	绿片岩	N45°E/NW∠35°	NWW 向裂隙	N70°W/SW∠70°
R5	f_{14} 断层	N60°E/SE∠73°	绿片岩	N45°E/NW∠35°	SN 向裂隙	SN/∠90°
R6	f_{14} 断层	N60°E/SE∠73°	绿片岩	N45°E/NW∠35°	NWW 向裂隙	N70°W/SW∠70°

针对 R1～R6 这 6 种滑移组合，考虑侧滑面、底滑面的位置在右岸抗力体范围内具有一定的不确定性，对块体组合中的结构面位置及组合方法做如下分析：

（1）构成滑块上游陡面的 f_{13}、f_{14} 断层的产状基本为确定值，其位置也为特定位置，可不做任何搜索计算。

（2）由于绿片岩以 35°的倾角倾河床偏向下游，当其在 $T_{2-3}z^{2(4)}$ 内较高高程时，绿片岩可作为底滑面在河床切出。

（3）近 SN 向裂隙为非优势裂隙，其产状为确定值，无需做产状搜索计算。根据试算成果及工程经验，其作为侧滑面单独与 $T_{2-3}z^{2(4)}$ 层绿片岩构成一陡一缓块体时，其通过拱坝顶拱端时为最危险位置。当作为下游陡面参与构成两陡一缓块体时其位置尽量靠近拱端为其最危险位置，结合地质力学模型试验所揭示的右岸坝肩抗力体破坏开裂范围，将 SN 向裂隙作为下游陡面时的位置确定在距拱坝端点顺河向 50m 进行滑块组合。

（4）NWW 向裂隙为非优势裂隙，其产状基本上为确定值，无需再做产状搜索计算。由于其产状近横河向，其构成块体起截断阻滑作用，NWW 向裂隙只能作为下游陡面参与滑块组合。根据前几个阶段的计算分析规律，NWW 向裂隙距离拱坝越远其阻滑作用越小；但另一方面，NWW 向裂隙离拱端越远，绿片岩作为底滑面可滑出的高程反而越高，这两方面使得绿片岩作为底滑面组合滑块时的安全裕度系数变化规律不明朗。因此，当 NWW 向裂隙作为下游陡面参与滑块组合时，需考虑其位于拱端下游不同位置时，与可作为底滑面滑出的最低高程的绿片岩分别进行组合，找出绿片岩作为底滑面进行滑块组合时的控制性滑块。

5.3 刚体极限平衡法拱座抗滑稳定分析

5.3.1 计算工况及荷载

大量的工程分析成果表明，持久状况各设计工况拱推力对坝肩抗滑稳定安全系数的影响差异较小，采用持久状况基本组合Ⅰ（上游正常蓄水位＋相应下游水位＋泥沙压力＋自重＋温降）的拱推力进行坝肩抗滑稳定计算。

作用于滑动块体上的力有拱坝推力、滑块自重、上游水推力和扬压力。拱推力采用拱梁分载法的计算成果。岩体自重根据滑动岩体体积确定，岩体容重取 $27kN/m^3$。上游拉裂面水推力按全水头考虑，侧（底）滑面渗压按以下原则计算：左岸滑动块体边界面的上游侧渗压取全水头，下游侧渗压取 0（当出露点高于下游尾水位时），上、下游之间的渗压假定为线性变化；右岸滑动块体边界面的上游侧渗压取全水头，下游侧渗压取 3 倍坝基宽度处为 0，上、下游之间的渗压假定为线性变化，由此确定出作用在结构面上总渗透压力。渗透压力和扬压力考虑帷幕及排水部分失效和正常工作两种情况，当帷幕及排水部分失效时，扬压力强度系数 $\alpha_1=0.6$，$\alpha_2=0.3$；帷幕及排水正常工作时，扬压力强度系数 $\alpha_1=0.4$，$\alpha_2=0.2$。

计算滑面抗剪（断）指标选取：特定结构面采用地质建议参数；优势裂隙及挤压带等非特定结构面考虑坝基岩体质量分类及岩体裂隙的连通率等因素，并根据滑动面所穿过的各类岩体所占的面积百分比综合加权计算得出。

5.3.2 左、右岸拱座稳定分析成果

采用三维刚体极限平衡法进行抗滑稳定计算分析，通过对左右两岸可能滑块的抗滑稳定计算分析可知，左岸可能滑块的抗滑稳定均满足规范要求，其中安全指标相对较小的控制滑块有 3 个；右岸可能滑块中有 3 个的抗滑稳定满足规范要求，另外 3 个不满足规范要求，是控制性滑块。左、右岸控制性滑块组合及产状见表 5.3－1 和表 5.3－2，各控制性滑块三维示意图如图 5.3－1～图 5.3－6 所示。左、右岸控制性滑块抗滑稳定计算成果见表 5.3－3 和表 5.3－4。

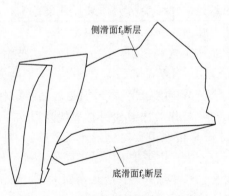

图 5.3－1 左岸控制性滑块 L1 示意图

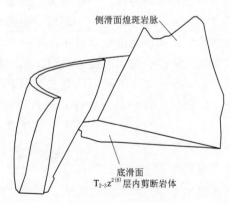

图 5.3－2 左岸控制性滑块 L2 示意图

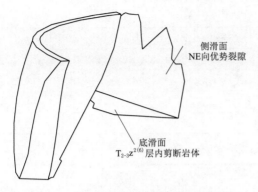

图 5.3-3 左岸控制性滑块 L4 示意图

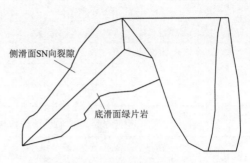

图 5.3-4 右岸控制性滑块 R1 示意图

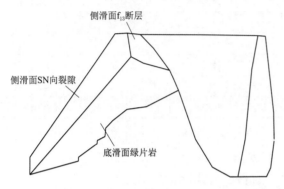

图 5.3-5 右岸控制性滑块 R3 示意图

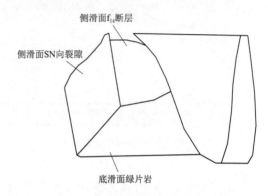

图 5.3-6 右岸控制性滑块 R5 示意图

表 5.3-1　　　　　　　　　左岸拱座抗滑稳定控制性滑块组合表

滑块编号	侧滑面	底滑面	块体形态
L1	$f_5(f_8)$ 断层	f_2 断层	一陡一缓块体
L2	煌斑岩脉	$T_{2-3}z^{2(6)}$ 层内剪断岩体	一陡一缓块体
L4	NE 向优势裂隙	$T_{2-3}z^{2(6)}$ 层内剪断岩体	一陡一缓块体

表 5.3-2　　　　　　　　　右岸拱座抗滑稳定控制性滑块组合表

滑块编号	侧滑面 P1	侧滑面 P3	底滑面 P2	P2 与建基面交点高程/m	块体形态
R1	SN 向裂隙	—	绿片岩	1789	一陡一缓块体
R3	f_{13}断层	SN 向裂隙	绿片岩	1787	两陡一缓块体
R5	f_{14}断层	SN 向裂隙	绿片岩	1787	两陡一缓块体

表 5.3-3　　　　　　　两岸拱座控制性滑块抗滑稳定抗力作用比系数计算成果表

岸别	滑块编号	抗力作用比系数（抗剪）		抗力作用比系数（抗剪断）		滑动模式
		排水帷幕部分失效	排水帷幕正常	排水帷幕部分失效	排水帷幕正常	
左岸	L1	2.91	3.03	1.65	1.72	双滑
	L2	2.13	2.20	1.68	1.73	单滑
	L4	2.42	2.55	1.91	2.00	单滑

岸别	滑块编号	抗力作用比系数（抗剪）		抗力作用比系数（抗剪断）		滑动模式
		排水帷幕部分失效	排水帷幕正常	排水帷幕部分失效	排水帷幕正常	
右岸	R1	0.65	0.66	0.72	0.72	单滑
	R3	0.71	0.71	0.76	0.77	单滑
	R5	0.65	0.66	0.70	0.70	单滑

表 5.3-4　　　　　　两岸拱座控制性滑块抗滑稳定安全系数计算成果表

岸别	滑块编号	安全系数（抗剪）		安全系数（抗剪断）		滑动模式
		排水帷幕部分失效	排水帷幕正常	排水帷幕部分失效	排水帷幕正常	
左岸	L1	4.22	4.39	5.28	5.49	双滑
	L2	3.09	3.20	5.61	5.77	单滑
	L4	3.52	3.71	6.33	6.63	单滑
右岸	R1	0.95	0.96	2.52	2.52	单滑
	R3	1.03	1.03	2.67	2.68	单滑
	R5	0.95	0.96	2.44	2.45	单滑

计算成果表明：采用抗剪公式及抗剪断公式计算的左岸控制性滑块的抗力作用比系数均大于1.0，抗剪安全系数均大于1.3，抗剪断安全系数均大于3.5，满足规范要求。右岸控制性滑块中，有3个滑块采用抗剪公式及抗剪断公式计算的抗力作用比系数均小于1.0，这3个滑块的抗剪安全系数也均小于1.3，抗剪断安全系数均小于3.5，不满足规范要求；右岸控制性滑块的滑移模式都是沿底滑面的单滑模式。

5.3.3　右岸控制性滑块受力特性分析

对于一些高坝工程，坝肩控制性滑块的底滑面倾向河床而且倾角比较大，在刚体极限平衡分析中很可能出现侧滑面上法向力为拉力，此时侧滑面被认为处于拉裂状态，滑块仅仅沿底滑面发生滑动。在这种破坏模式下，稳定安全系数往往很难满足现行规范控制标准的要求。进一步的分析发现，该滑块在仅考虑自重及渗压荷载时，类似于边坡稳定问题，其抗滑稳定安全系数满足边坡稳定安全控制标准，施加拱推力荷载后，该滑块的稳定安全系数不仅没有降低，反而有一定程度的增大，但却仍然低于拱坝坝肩抗滑稳定的控制标准，也就是说，拱坝推力向滑块的传递对于该可能滑块的稳定而言是一个有利的因素。这种情况下，即使按刚体极限平衡法计算出的抗滑稳定安全系数不能满足其控制标准的要求，也不能简单认为坝肩抗滑稳定安全是没有保障的。锦屏一级拱坝右岸坝肩抗滑稳定的控制性滑块即属于这种情况。

锦屏一级拱坝右岸坝肩抗力体范围内，倾向山外偏下游的中缓倾角顺层绿片岩透镜体夹层（以下简称绿片岩），为右岸坝肩稳定滑块的控制性底滑面。从前节的计算成果可知，影响右岸坝肩抗滑稳定的控制性滑块组合为R1、R3及R5。

采用刚体极限平衡法对上述控制性滑块进行抗滑稳定计算发现，由于底滑面倾向河床且倾角较大，侧滑面及下游面上的法向力均为拉力，此时侧滑面或下游面被认为处于拉裂状态,滑块仅仅沿底滑面发生滑动,仅有底滑面能提供阻滑力,滑块的抗剪或抗剪断稳定安全系数均低于相应的控制标准。为进一步分析滑块稳定安全系数偏低的原因,全面认识上述控制滑块的稳定安全状态,随后对右岸控制块体从以下两方面进行了一系列的敏感性分析:一是分析各主要单项荷载对滑块稳定安全系数的影响;二是分析拱推力超载 2 倍、3 倍对滑块稳定安全系数的影响。

分析表明,正常蓄水位工况下,各单项荷载产生的下滑力占总的下滑力的比重见表 5.3-5。单项荷载单独作用或组合作用下的块体抗滑稳定安全系数比较见表 5.3-6。排水帷幕正常工况下,拱推力超载 2 倍及 3 倍工况下的滑块抗力作用比系数(安全系数)对比见表 5.3-7。

表 5.3-5　　　　各单项荷载产生下滑力占总下滑力的比重统计表

滑块编号	自重比重/%	拱推力比重/%	渗压比重/%
R1	74.1	20.5	5.4
R3	90.7	5.8	3.5
R5	86.1	6.7	7.2

表 5.3-6　　　　不同荷载组合作用下块体抗滑稳定安全系数的比较

滑块编号	自重			自重+扬压力			自重+拱推力			自重+扬压力+拱推力		
	抗剪	抗剪断	模式	抗剪	抗剪断	模式	抗剪	抗剪断	模式	抗剪	抗剪断	模式
R1	0.99	2.75	单滑	0.81	2.40	单滑	1.05	2.72	单滑	0.96	2.52	单滑
R3	1.01	2.70	单滑	0.90	2.49	单滑	1.10	2.82	单滑	1.03	2.68	单滑
R5	0.99	2.60	单滑	0.81	2.24	单滑	1.08	2.71	单滑	0.96	2.45	单滑

表 5.3-7　　　　拱推力超载工况下的稳定安全计算成果

滑块编号	拱推力	抗剪		抗剪断	
		抗力作用比系数	安全系数	抗力作用比系数	安全系数
R1	正常拱推力	0.66	0.96	0.72	2.52
	2倍拱推力	0.67	0.98	0.89	3.16
	3倍拱推力	0.71	1.03	0.96	3.46
R3	正常拱推力	0.70	1.02	0.73	2.54
	2倍拱推力	0.71	1.03	0.77	2.68
	3倍拱推力	0.72	1.04	0.95	3.41
R5	正常拱推力	0.65	0.94	0.66	2.31
	2倍拱推力	0.66	0.96	0.70	2.45
	3倍拱推力	0.68	0.99	0.88	3.13

从上述对锦屏一级拱坝右岸坝肩抗滑稳定的控制性滑块的深入分析与讨论可以得出以下认识:

（1）从正常蓄水位工况下，各单项荷载产生的下滑力占总的下滑力的比重统计可以看出，滑块自重产生的下滑力占总下滑力的 80% 左右，是最主要的下滑力贡献因素，拱推力和扬压力产生的下滑力占总下滑力的比重较低。从单项荷载稳定安全系数看，天然状态下，控制块体安全度不高；加上扬压力后安全系数较自重作用下的安全系数均有降低；施加拱推力之后，安全系数较自重作用下有增大趋势，建坝后拱推力对块体稳定是有利因素。

（2）从拱推力超载 2 倍及 3 倍时滑块的稳定安全系数看，滑块稳定安全系数基本上都有所提高，当拱推力超载 2 倍或者 3 倍时，部分滑块的抗剪断安全系数满足规范要求。这充分说明拱推力对滑块稳定来说是一个有利因素。

（3）采用刚体极限平衡法计算右岸坝肩稳定时，根据受力分析，控制滑块为单滑模式，滑块的滑动力方向与侧滑面无关，该模式情况下，阻滑力仅存在底滑面的阻滑作用，侧滑面抵抗下滑的作用无法在计算中体现，而近 SN 向侧滑面裂隙连通率仅为 15%～20%，其余 80%～85% 为完整大理岩。在裂隙连通率很低的情况下，将优势裂隙假定为贯通滑裂面，在单滑模式下未考虑初始地应力和侧滑面岩体的阻滑作用，这种假定与实际情况差异较大。因此采用刚体极限平衡法计算锦屏一级拱坝右岸坝肩稳定，在计算方法上存在一定的局限性，不能真实的反映锦屏一级拱坝坝肩的稳定性。

5.4 变形体极限分析法拱座抗滑稳定分析

随着我国西南地区一系列高拱坝建设发展，高拱坝设计理论方法也在不断的发展丰富。为解决锦屏一级拱座抗滑稳定问题，在规范要求的基本评价方法以外，积极探索了更为丰富与多元的抗滑稳定的分析手段与方法，以期从不同的角度综合论证该特高拱坝两岸拱座的抗滑稳定安全度。下面主要介绍基于刚体弹簧元法的抗滑稳定分析与基于非线性有限元法的抗滑稳定分析这两类变形体极限分析法的分析成果。

5.4.1 基于刚体弹簧元法的抗滑稳定分析

在锦屏一级拱坝三维刚体弹簧元坝肩稳定分析模型中，左、右岸计算区域各取800m，顺河向坝轴线上游取 300m，坝轴线下游取 1000m。高度方向上从低到高分为 15 个平切剖面：1450m、1500m、1580m、1600m、1630m、1670m、1710m、1750m、1790m、1830m、1870m、1885m、1930m、2000m、2100m。计算区域共计划分 6109 个节点，5172 个单元，共生成单元交界面 13198 个。

采用刚体弹簧元法对左、右岸控制性滑块进行的拱座稳定分析，主要考虑了如下计算两种工况。

工况 1：正常蓄水位＋自重＋淤沙＋温降＋渗透体力（帷幕排水设施部分失效）。

工况 2：正常蓄水位＋自重＋淤沙＋温降＋渗透体力（帷幕排水设施正常）。

两种工况下采用刚体弹簧元法计算的左右岸控制性滑块抗滑稳定安全系数成果见表 5.4-1。

表 5.4 - 1 　　　　　　　刚体弹簧元法左、右岸控制性滑块抗滑稳定安全系数成果

滑块编号	抗　剪		抗　剪　断	
	工况 1	工况 2	工况 1	工况 2
L1	6.13	6.18	7.65	7.71
L2	6.16	6.21	10.99	11.05
L4	4.73	4.76	10.74	10.78
R1	1.26	1.28	3.97	3.98
R3	1.19	1.20	2.90	2.98
R5	1.17	1.18	2.93	2.94

刚体弹簧元坝肩稳定计算成果表明：左岸控制性滑块抗剪安全系数计算成果均大于1.3，抗剪断安全系数计算成果均大于3.5，满足刚体弹簧元法拱座抗滑稳定控制建议指标的要求；右岸控制性滑块 R1 抗剪安全系数计算成果略低于1.3，抗剪断安全系数计算成果大于3.5，基本满足刚体弹簧元法拱座抗滑稳定控制建议指标的要求；右岸控制性滑块 R3 及 R5 抗剪安全系数计算成果略低于1.3，抗剪断安全系数计算成果略低于3.5，不满足刚体弹簧元法拱座抗滑稳定控制建议指标的要求。

右岸控制性滑块的侧滑面均为 SN 向裂隙，该组裂隙虽然倾角较陡，但是连通率仅仅为15%～20%。分析右岸各控制性滑块侧滑面的应力状态，发现这些滑块的侧滑面上普遍存在1.5～2.0MPa 的压应力，侧滑面并没有处于拉裂状态，因而刚体弹簧元法判断右岸控制性滑块仍然为双滑模式，侧滑面上与底滑面均能够提供一定的阻滑力。

对比刚体极限平衡法与刚体弹簧元法拱座抗滑稳定计算成果可以看出，采用刚体弹簧元法计算的滑块稳定安全系数均有一定幅度的提高。尤其是右岸控制性滑块，由于刚体极限平衡法判断这些滑块的滑移模式为沿底滑面的单滑模式，侧滑面处于拉裂状态因而不起阻滑作用，故而计算出的抗滑稳定安全系数较低。而刚体弹簧元法判断右岸控制性滑块仍然为双滑模式，SN 向侧滑面上仍然能够提供一定的阻滑力，因而抗滑稳定安全系数的提高也更加明显。刚体弹簧元法由于考虑了拱坝推力在抗力体中的传递和各滑动面的真实受力特征，因此计算结果更符合实际情况。

5.4.2　基于非线性有限元法的抗滑稳定分析

采用非线性有限元法对左右岸控制性滑块进行拱座抗滑稳定分析，具体滑块组合见表5.3-1及表5.3-2。模型模拟对象包括坝址区及抗力体范围内的主要断层和岩脉，左岸包括 f_5、f_8、f_2、f_{42-9} 断层和煌斑岩脉，右岸包括 f_{13}、f_{14}、f_{18} 断层和 4 层绿片岩。此外，对于 SN 向裂隙、NWW 向裂隙的非确定性结构面，在模型中也进行了模拟。为适当留有余地，模型中没有考虑洞井塞网格置换等坝基处理措施。

在正常蓄水位工况及各种超载工况下，左右岸各控制性滑块的抗滑稳定安全系数（抗剪断公式）计算成果见表5.4-2。

表 5.4 - 2 左、右岸控制性滑块的抗滑稳定安全系数计算成果

滑块编号	正常蓄水位工况	1.5 倍水荷载工况	2.0 倍水荷载工况	2.5 倍水荷载工况	3.0 倍水荷载工况	3.5 倍水荷载工况
L1	4.90	3.10	2.30	1.80	1.50	1.30
L2	5.94	5.29	4.76	4.32	3.95	3.64
L4	5.67	4.87	4.30	3.87	3.54	3.28
R1	4.55	4.93	5.41	6.02	6.82	7.87
R3	4.36	4.61	4.90	5.24	5.65	6.17
R5	4.50	4.83	5.23	5.72	6.34	7.12

由表 5.4 - 2 可以看出：在正常蓄水位工况下，左、右岸控制性滑块的抗滑稳定安全系数都大于 2.0，满足 5.1.3 节建议的稳定控制标准要求，因此可以认为基于非线性有限元的分析成果表明左右岸拱座都是稳定的。随着超载倍数的增加，左岸各控制性滑块的抗滑稳定安全系数逐渐降低，在 3.5 倍超载工况下的抗滑稳定安全系数均大于 1.0，说明左岸拱座抗滑稳定还有一定的安全裕度。随着超载倍数的增加，右岸各控制性滑块的抗滑稳定安全系数不仅没有降低，反而逐渐提高，说明拱推力对于右岸拱座稳定而言是一项有利的荷载，拱推力的施加与增大，有利于右岸拱座的稳定。

右岸控制性滑块 R1 各滑面法向压力及阻滑力计算成果见表 5.4 - 3，其余各控制性滑块各滑面法向压力及阻滑力分布情况与滑块 R1 基本类似。由表 5.4 - 3 可以看出，滑块 SN 向侧滑面与底滑面上均承受较大的法向压力，且量级基本相当，因而非线性有限元法判断右岸控制性滑块仍然为双滑模式，侧滑面上与底滑面均能够提供一定的阻滑力。随着超载倍数的增加，侧滑面上承受的法向压力及阻滑力均明显增加，而侧滑面上的切向合力增加幅度有限，使得滑块的抗滑稳定安全系数随超载倍数的增加而提高。

表 5.4 - 3 右岸控制性滑块 R1 各滑面法向压力及阻滑力计算成果

项 目		正常蓄水位工况	1.5 倍水荷载工况	2.0 倍水荷载工况	2.5 倍水荷载工况	3.0 倍水荷载工况	3.5 倍水荷载工况
侧滑面 SN 向裂隙	侧滑面法向压力/kN	18287130	22521890	27038820	31830610	36926920	42194140
	阻滑力合力/kN	53747620	57868040	62263020	66925430	71884140	77009140
	切向力合力/kN	14304620	15838660	17769750	20069610	22657300	25472380
底滑面 绿片岩	底滑面法向压力/kN	50638920	51717680	52770240	53800670	54875990	56032840
	阻滑力合力/kN	81703740	82724240	83719970	84694750	85712000	86806380
	切向力合力/kN	37671610	37379710	37028610	36778750	36568300	36386900
滑块安全系数		4.55	4.93	5.41	6.02	6.82	7.87

对比刚体极限平衡法与非线性有限元法拱座抗滑稳定计算成果可以看出，采用非线性有限元法计算的滑块稳定安全系数均有一定幅度的提高。尤其是右岸控制性滑块，由于刚体极限平衡法判断这些滑块的滑移模式为沿底滑面的单滑模式，侧滑面处于拉裂状态因而不起阻滑作用，故而计算出的抗滑稳定安全系数较低。而非线性有限元法计算表明，右岸

控制性滑块侧滑面处于受压状态，为双滑模式，SN 向侧滑面上仍然能够提供一定的阻滑力，因而抗滑稳定安全系数的提高也更加明显。右岸各控制性滑块的侧滑面均为 SN 向裂隙，该组裂隙虽然倾角较陡，但是连通率仅为 15%～20%，将连通率很低且分布具有一定随机性的裂隙面判定为拉裂面，不考虑该滑面上的阻滑力显然是不合理的。非线性有限元法由于考虑了拱坝推力在抗力体中的传递和各滑动面的真实受力特征，因此计算结果更符合实际情况。

5.5 整体稳定分析

为了进一步研究拱座稳定及大坝整体稳定性，采用了三维非线性有限元法等数值分析方法及拱坝地质力学模型试验方法进行拱坝整体稳定分析，以全面评价大坝的应力、稳定状态及整体稳定性。

拱坝整体稳定三维非线性有限元法分析表明，拱坝上游坝踵在 $2P_0$ 以上开裂，其非线性超载倍数 $K_2 \geqslant 3.5$，极限超载倍数 $K_3 \geqslant 7$。

拱坝地质力学模型试验成果表明，拱坝坝体起裂荷载倍数 K_1 为 2.5，非线性超载倍数 K_2 为 4～5，极限超载倍数 K_3 为 7.5。正常荷载情况下，拱坝坝肩两岸岩体变位正常；$3P_0$ 时右坝肩上部高程近坝区岩体变形增大；$3.5P_0$ 时近坝区岩体出现非线性开裂，右岸抗力体近坝区在 1690.00m、1770.00m 高程附近即绿片岩夹层出露高程，分别出现顺河向顺层开裂，同时出现横向沿近 SN 非优势裂隙开裂；$4P_0$ 近坝区岩体及两岸坝肩出现大变形，右岸上部岩体错动开裂，左岸上部 1790.00～1810.00m 高程出现垫座开裂；$5P_0$ 近坝区岩体变形进一步增大，右岸沿顺河向顺层开裂，开裂长度增加，顺 f_{14} 断层有滑移；左岸顶高程拱端出现开裂，垫座与 f_5 断层交接处出现沿 f_5 断层的开裂滑移；$6P_0$～$7P_0$ 近坝区岩体开始逐渐破碎失稳，两岸坝肩丧失承载能力；在极限荷载 $7.5P_0$，右岸顺河向顺层开裂延伸长度达 100m，左岸垫座在 1790.00～1810.00m 高程剪断。坝肩岩体开裂破坏过程说明，拱座抗滑稳定不是拱坝-地基系统整体稳定的控制因素。

与同等规模的大型工程数值计算和模型试验对比分析表明，锦屏一级拱坝的整体超载安全度比小湾工程高，与二滩工程接近，锦屏一级拱坝的整体超载系数表明大坝-地基系统的整体稳定是有保证的。

5.6 拱座动力抗滑稳定分析

采用刚体极限平衡法，计算了各控制性滑块在正常蓄水位情况下遇设计地震和最大可信地震时动力抗滑稳定安全系数。计算中按静动拱梁分载法计算得到的拱端和梁基的静、动力系，做最不利组合后进行计算。对拟静力法计算成果小于控制标准 1.31 的滑块，还进行了刚体极限平衡时程分析法的补充计算。

按照现行抗震规范规定，地震时不同地震分量在滑动岩体产生的地震惯性力最大值的遇合系数按以下三种情况考虑：

（1）横河向（X 向）1.0，顺河向（Y 向）0.5，竖向（Z 向）0.5。

（2）横河向（X 向）0.5，顺河向（Y 向）1.0，竖向（Z 向）0.5。

（3）横河向（X 向）0.5，顺河向（Y 向）0.5，竖向（Z 向）1.0。

正常蓄水位温降工况排水帷幕正常情况下，各块体设计地震静动综合作用安全系数见表 5.6-1，最大可信地震滑块动力抗滑稳定安全系数见表 5.6-2。

表 5.6-1　　　　　　　　设计地震滑块动力抗滑稳定安全系数

滑块编号	拟 静 力 法			时程分析法	
	$X=1.0$ $Y=0.5$ $Z=0.5$	$X=0.5$ $Y=1.0$ $Z=0.5$	$X=0.5$ $Y=0.5$ $Z=1.0$	瞬间最低值	低于控制标准的时长占比/%
L1	1.19	1.04	1.15	1.56	0.00
L2	2.02	1.93	2.23		
L4	1.94	1.96	2.04		
R1	1.14	1.15	1.27	1.46	0.00
R3	1.33	1.38	1.55		
R5	1.20	1.23	1.38	1.41	0.00

表 5.6-2　　　　　　　　最大可信地震滑块动力抗滑稳定安全系数

滑块编号	拟 静 力 法		
	$X=1.0$ $Y=0.5$ $Z=0.5$	$X=0.5$ $Y=1.0$ $Z=0.5$	$X=0.5$ $Y=0.5$ $Z=1.0$
L1	1.12	0.98	1.08
L2	1.95	1.87	2.14
L4	1.80	1.82	1.89
R1	1.08	1.09	1.19
R3	1.28	1.32	1.48
R5	1.15	1.18	1.31

设计地震作用下，拟静力法计算的左岸块体 L1 最小动力抗滑稳定安全系数为 1.04，右岸块体 R1 最小动力抗滑稳定安全系数为 1.14，右岸块体 R5 最小动力抗滑稳定安全系数为 1.20，其余各块动力抗滑稳定安全系数均大于控制标准 1.31。设计地震作用下，时程分析法计算的左岸滑块 L1 最小动力安全系数为 1.56；右岸 R1、R5 块，最小动力稳定安全系数分别为 1.46 和 1.41，满足大于 1.31 的抗震规范要求。

从设计地震和最大可信地震作用下各块体刚体极限平衡计算分析可见，由 f_5（f_8）断层为侧滑面，f_2 断层为底滑面的左岸滑块 L1 是拱座动力抗滑稳定的最不利块体。

从刚体极限平衡方法和刚体极限平衡时程分析法综合判断，设计地震下左、右岸各块体动力抗滑稳定安全满足规范要求。

规范规定坝肩岩体动力抗滑稳定分析采用刚体极限平衡拟静力法，由于其假定岩体为刚性以及与坝体受力变形状态无关，滑动岩体各滑裂面同时到达极限平衡状态，不能反映可变形岩体在静动荷载作用下，首先导致滑裂面局部拉裂或压剪屈服破坏，进而其应力和变形重新调整的实际工作状态。即使坝肩滑动岩块并未达到极限平衡状态而失稳，较大的岩体——坝基耦合变形可能已引起坝体发生不可承受的损伤，致使大坝坝体强度超过极限承载状态引起其最终破坏。另一方面，对于坝肩的抗震稳定问题，由于地震为高度往复作用的荷载，即使在地震的某一瞬时滑动岩体达到极限平衡状态，也并不意味着必然会失稳，这也是基于动力法的刚体极限平衡分析所不能合理反映的。另外，影响大坝坝体动力响应的实际地质地形条件、地基辐射阻尼以及伸缩横缝的强震开裂等复杂因素在计算坝肩动态推力和滑裂体地震惯性力时同样也未计入。因此，对于锦屏一级拱坝，还在刚体极限平衡法初步分析的基础上，进一步采取了三维非线性有限元数值方法分析了大坝-地基体系的地震超载安全系数。通过代表性滑块的残余滑移量随地震超载倍数的变化情况判断，大坝-地基体系的地震超载安全系数为 1.8，即锦屏一级大坝-地基体系的极限抗震能力为设计地震的 1.8 倍，这也充分说明锦屏一级拱坝拱座动力抗滑稳定是有保障的。

5.7　拱座稳定的加强措施

查明拱座地质条件需要详细的勘探工作，然而再详细的地质勘探，对于整个坝基而言只是个别直接与间接观察的点、线、面，与实际情况仍然会存在一定差异，这种地质认识上的随机性也会给拱座稳定带来潜在的风险，例如重庆市龙河藤子沟拱坝坝肩滑坡带来的拱座稳定问题。藤子沟混凝土双曲拱坝最大坝高 124.00m，为 2 级拱坝，该工程于 2005 年建成。2006 年坝址区发生异常暴雨，左坝肩岩体发生浅层滑坡，滑坡体约 3000m³。滑坡的原因主要是勘探深度不够，导致没有对该部位采取必要的加固措施。前期勘察设计时认为拱座部位与拱坝轴线近似平行的 J_{39}、J_{48} 等结构面的连通率仅为 20%，开挖后复核连通率却为 95%～100%；加上暴雨雨水浸润降低了软弱夹层的力学参数，在自重作用下，左坝肩岩体沿结构面滑动。所幸该软弱结构面埋深较浅，坝肩的浅层滑坡未严重削弱拱座抗力体，经复核左坝肩抗滑稳定安全系数从 3.38 降低至 3.35，仍满足规范要求。

锦屏一级工程经多种方法综合分析评价认为，拱坝拱座抗滑稳定安全是有保障的，但为了进一步提高其安全度，针对影响左右岸拱座抗滑稳定的薄弱环节，结合坝基处理、边坡处理，采取了渗流控制、结构面加强、抗力体锚固等加强处理措施。以上加固处理措施可以分为两大类：一类是确保大坝及拱座实际运行条件与计算假设能够基本吻合的处理措施，如拱座渗流控制措施。扬压力是影响拱座抗滑稳定的重要作用之一，大量计算分析表明，作用在本工程滑块上的扬压力是一个不利荷载，该荷载越大，拱座抗滑稳定安全度就越低。因此，将电站运行过程中拱座实际扬压力控制在设计要求的范围内，对保证拱座稳定及拱坝正常安全运行是非常重要的。另一类是拱座抗滑稳定分析时没有考虑可以作为安全裕度实施的加固措施，如可以提高结构面抗剪（断）强度的结构面加强措施，以及增加阻滑力的抗力体锚固措施等。

5.7.1　渗流控制措施

左岸拱座岩体中发育的 f_5 断层、f_2 断层、煌斑岩脉、层间挤压错动带等软弱结构面贯通水库上下游，中上部存在分布范围较广的 IV_2 类岩体和卸荷强烈的深部裂缝，尤其在中上部的砂板岩中深卸荷底界水平深度可达 200～300m，其工程地质性状差。右岸拱座岩体中发育的 f_{13}、f_{14}、f_{18} 等断层同样贯穿水库上下游，且右岸抗力体中大理岩节理裂隙发育，特别是 NW 向和 NWW 向节理和溶蚀裂隙、溶蚀空洞发育，构成大坝右岸主要透水通道，普斯罗沟沟水与地下厂房探洞地下水具有较好的互通性。另外，右岸坝基分布有范围较大且遇水软化的风化绿片岩。

拱座存在的这些断层、岩脉、风化绿片岩等软弱岩体（带），规模大，组成物质性状差，抗渗和抗变形能力差。如果不采取有针对性的渗流控制措施，一方面，水库蓄水后拱座岩体内的扬压力将大于计算假定的扬压力，对拱座实际抗滑稳定带来不利影响；另一方面，在长期高水头渗透压力作用下，结构面的力学参数会进一步降低，存在发生渗透破坏、成为渗漏通道的可能性较大，对坝基变形稳定和拱座抗滑稳定带来更大的安全隐患。

针对以上特殊的水文和工程地质条件，为满足锦屏拱坝长久安全运行的需要，设计中开展了枢纽区渗流场分析与研究工作。对坝基主要断层、裂隙等可能的透水通道进行调查，分析其组成物性状、空间分布以及对拱坝的影响，研究枢纽区地下水的运动规律，并在此基础上开展枢纽区三维渗流场数值分析计算，提出了厂坝区"联合防渗、防排并举"的渗控设计原则。

1. 渗流控制设计标准

考虑到对 300m 级特高拱坝研究和认识上的局限性、工程地质条件的复杂性和渗流控制的重要性等，为减少坝基和两岸坝肩的渗透力、提高坝肩的稳定性、防止高渗压作用下的渗透破坏和不良地质性状的遇水软化，类比国内同等规模工程，坝基防渗帷幕及其下部相对隔水层岩体的透水率 q 按以下标准控制：高程 1829.00m 以上，$q \leqslant 3Lu$，高程 1829.00m 以下，$q \leqslant 1Lu$；帷幕允许渗透梯度 $I_a = 30$，帷幕处扬压力强度系数 $\alpha_1 \leqslant 0.4$；拱坝坝基主排水幕处扬压力强度系数 $\alpha_2 \leqslant 0.2$。

2. 渗控系统总体布置

枢纽渗流控制工程总体包括拱坝坝基及左右岸坝肩、两岸抗力体及水垫塘边坡、水垫塘及二道坝坝基和右岸地下厂房四个防渗排水子系统。

为了有效地降低两岸及坝基的渗透压力、阻止库水入渗、改善坝体和坝肩抗力体稳定条件，在大坝和二道坝各设置一道防渗帷幕，大坝右岸基础帷幕与厂房帷幕连成整体，以防止库水和下游尾水渗入。同时在大坝防渗帷幕的下游布置坝基排水幕，大坝和二道坝之间两岸抗力体设置多排排水幕，形成空间多道纵横向立体排水系统。拱坝防渗排水系统平面布置如图 5.7-1 所示。

3. 坝基防渗帷幕布置

平面上，坝基帷幕轴线近似平行拱坝轴线，两岸坝基帷幕中心线基本位于靠上游侧压应力区域内。为尽早截断渗水，减小渗压对坝肩稳定及抗力体边坡稳定的不利影响，在坝顶坝头附近帷幕线折向上游近横河向方向，并过导流洞堵头段。右岸坝头帷幕线在坝顶高程伸长 200m 左右折向上游，除 1601.00m 高程外其余高程在转折点与厂房帷幕接为一体，阻止上游库水位向下游和抗力体渗透。立面上分别在左右岸高程 1885.00m、1829.00m、1785.00m、1730.00m、1670.00m 和 1601.00m 设置 6 层帷幕灌浆平洞。

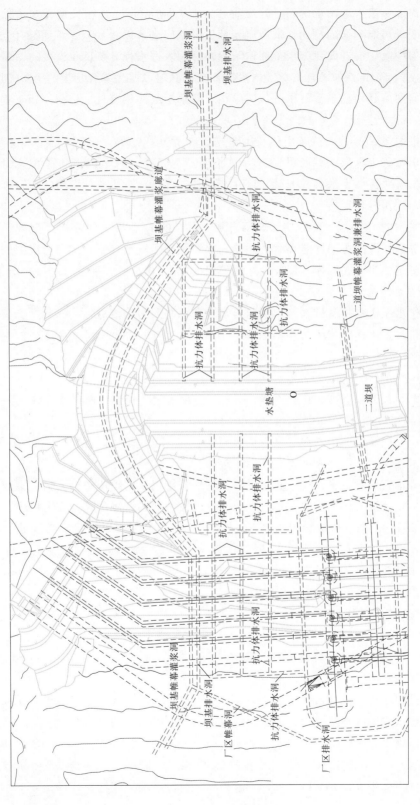

图 5.7-1 拱坝防渗排水系统平面布置

考虑锦屏一级水电站正常运行时坝前最大水头可达 300m，在长期高水头作用下，相对隔水层底板可能下移的情况，拱坝河床部位帷幕应进入以绿片岩、钙质绿片岩为主的第二段大理岩中第 1 层，即河床坝基部位防渗帷幕深入透水性 $q<1Lu$ 为主的微新岩体，最大垂直深度约 171m。副帷幕按 2/3 倍主帷幕孔深确定，最大垂直深度约为 114m。

帷幕向两岸延伸至正常蓄水位与两岸相对隔水层线的相交处。锦屏一级工程左岸地下水位低平，透水性 $q<3Lu$ 的微透水岩体埋藏深，在 1830.00m 高程已达 600.00m 左右，左岸灌浆平洞 AGL6 伸入拱座山体长度最初设计为 600.00m，实际长度因平洞端头部位开挖揭示出数条小断层而延长约 70m，总长度 670.27m；右岸坝顶高程灌浆洞向右岸伸长 266m 左右后折向上游，总长度 381m，除 1601.00m 高程外，其余高程的防渗帷幕在转折点处与厂房帷幕衔接。

针对左岸的 f_5 断层、f_2 断层、煌斑岩脉，右岸的 f_{13}、f_{14}、f_{18} 断层，为截断可能的渗漏通道，提高帷幕的抗渗性能和耐久性能，保证帷幕运行期安全可靠，对以上软弱岩带分别采用混凝土防渗斜井置换，以及"水泥灌浆＋水泥-化学复合灌浆"的综合防渗措施。

4. 坝基排水系统布置

坝基排水系统由坝基排水幕、坝内集水井和深井泵房组成。

坝基排水幕平面上位于防渗帷幕后，立面上由 1595.00m 高程水平廊道、左岸和右岸各 5 层排水平洞组成。左岸排水平洞布置高程为 1829.00m、1785.00m、1730.00m、1670.00m 和 1595.00m，平洞水平长度左岸分别约为 684.0m、651.0m、549.0m、533.0m 和 447.0m。右岸排水平洞高程和左岸基本一致，平洞水平长度左岸约为 302.0m、460.0m、330.0m、356.0m 和 425.0m。

两岸坝基以及坝体中的渗水最后汇集到设置在 1595.25m 高程排水廊道 13 号、14 号坝段的集水井内，由深井泵抽排至下游水垫塘。

坝基排水孔一般布置一排。实施过程中根据开挖揭示的地质条件，为提高两岸坝肩的稳定性、防止高渗压作用下的渗透破坏和不良地质性状的遇水软化，在左岸中上部近坝肩距建基面 250m 范围（砂板岩中深卸荷底界）、右岸 f_{13} 断层以外帷幕加强区域大坝坝基排水幕排水孔由 1 排调整为 2 排。坝基河床 1595.00m 高程廊道排水孔调整为 2 排。

坝基排水孔间距一般为 3.0m，左岸煌斑岩脉、f_5 断层和右岸 f_{13} 断层、f_{14} 断层等部位排水孔间距加密为 2.0m。

5. 坝肩抗力体排水系统布置

左岸坝肩抗力体排水系统设置 23 条排水平洞。高程 1829.00m、1785.00m、1730.00m、1670.00m 和 1618.00m 平洞分别布置了 4 条、4 条、4 条、5 条和 6 条。排水平洞主要和固结灌浆平洞结合，尽量做到"一洞多用"。

右岸设置 4 排横向排水平洞和 4 列纵向排水平洞。除局部排水平洞需避开抗力体范围内的其他洞室略为调整位置外，各排间距为 25.0m、45.0m 和 45.0m。

抗力体排水孔间距一般为 3m，高程 1618.00m 排水平洞垂直俯孔排水孔间距一般为 5m；锚索支护区、软弱岩带及相对阻水的 f_{13} 断层和 f_{14} 断层上盘区域排水孔间距为 2m。

坝肩抗力体排水主要采用自排，下游最高水位以下的采用抽排，均排入水垫塘。

6. 渗流控制效果

电站蓄水运行后，坝基及拱座渗流监测数据表明电站渗控设计及实施效果良好。具体而言，大坝蓄水至正常蓄水位 1880.00m 高程后，坝基及两岸帷幕、排水灌浆平洞渗漏量基本正常，坝基排水洞各洞渗漏量均较小，目前总渗流量约为 $112m^3/h$，远远小于坝基设计抽排能力 $450m^3/h$；帷幕后的渗压均不大，帷幕后水头折减系数除个别监测点大于 0.3 之外，大部分监测点均小于 0.2；坝基排水幕后水头折减系数除少数测点之外其余大部分均小于 0.1。监测成果表明，帷幕及排水后的渗压强度系数均满足设计要求，也都低于拱座抗滑稳定分析时的计算假定。因此，作用在拱座滑块上的实际渗压值总体低于拱座稳定分析时的计算假定值，拱座抗滑稳定安全系数是有一定裕度的。

5.7.2 其他加强措施

1. 结构面加强处理措施

在左岸高程 1730.00m 以上的坝基综合处理措施中，对 f_5 断层进行了大面积的挖除和置换，截断了坝基范围的 f_5 断层。对抗力体内的部分 f_5 断层、f_8 断层、煌斑岩脉采用混凝土网格进行局部置换。对 f_5、f_8 断层及煌斑岩脉未被混凝土置换的部分进行固结灌浆处理。通过这些措施显著提高了左岸拱座潜在滑块侧滑面的抗剪强度，有利于提供拱座抗滑稳定安全度。

f_2 断层是左岸潜在滑移块体的底滑面，采取了普通水泥浆和水泥-化学复合灌浆的帷幕防渗、表层混凝土置换、建基面高压水冲洗灌浆、浅部及深部的固结灌浆等综合加固处理措施。采取上述系统处理措施后，基本消除了以 f_2 断层为底滑面滑移的可能性。

右岸 f_{14} 断层距离坝肩较近，位于拱坝传力关键部位，断层的规模较大，计算分析表明，拱坝推力主要作用在断层以外的岩体上，难以传递到断层以里的岩体，断层部位承受的剪应力较大。对 f_{14} 断层在 1785.00m、1730.00m、1687.00m 三个高程布置了混凝土置换平洞及置换斜井的网格系统，同时，顺 f_{14} 断层面进行加密固结灌浆。进行上述处理后，一方面显著提高了右岸拱座潜在滑块侧滑面的抗剪强度，另一方面也有利于拱坝推力向 f_{14} 断层以里的山体扩散，从而增强右岸坝肩整体性及稳定性。

2. 抗力体锚固措施

为加强左、右岸坝肩岩体的抗变形能力及承载能力，确保抗力体近坝部位的岩体稳定，在大坝下游拱坝应力扩散区，即拱端厚度的 $1\sim1.5$ 倍范围，采用系统锚索对抗力体区域岩体进行系统锚固，锚索方向横河向，吨位为 300t，长度为 $70\sim80m$。

右岸 f_{14} 断层区域主要是第 4 层大理岩出露区域，是右坝肩可能的滑块假定的剪出口区域。坝趾加固锚索在穿过 f_{14} 断层的部位布置 300t、长度主要为 75m、80m、85m 的锚索，尽量穿过 f_{14} 断层，以增强右岸坝肩的稳定性。在右岸坝肩可能的滑块剪出口区域布置了间排距 6m×10m、吨位 200t 的系统锚索。这些抗力体锚固措施的实施，直接增加了滑块的阻滑力，有助于提高拱座抗滑稳定的安全裕度。

5.8 拱座抗滑稳定综合评价

针对锦屏一级拱坝这一复杂地质条件下的特高拱坝的坝肩抗滑稳定问题采用了刚体极

限平衡法、变形体极限分析法等多种方法进行了综合分析评定。拱座左岸滑块抗滑稳定安全系数采用各种分析方法的计算成果均满足规范及相关控制标准的要求，且有较大的安全裕度，拱坝左岸坝肩是稳定的。

在考虑非优势结构面组合和最不利产状的两陡一缓假定滑移模式条件下，拱座右岸控制性滑块刚体极限平衡法抗滑稳定计算成果尚不能满足规范的要求。但基于刚体弹簧元的变形体极限分析法成果、基于非线性有限元的变形体极限分析法成果、整体稳定数值分析及地质力学模型试验成果表明右岸坝肩具有较高的整体安全度。计算分析成果也反映出影响右岸坝肩稳定的控制荷载为单滑模式下的岩体自重，而拱坝拱端推力则有利于提高右岸坝肩稳定安全系数，这种情况下拱座抗滑稳定需采用多种方法进行综合分析评价。

采用刚体极限平衡法计算右岸坝肩稳定时，控制性滑块的下游侧滑面为近 SN 向裂隙，该面处岩体完整性较好，裂隙连通率仅为 15%～20%，且存在初始地应力，而假定其为贯通滑裂面且不计岩体的阻滑作用，与实际情况差异较大。刚体极限平衡法不考虑块体的变形，无法考虑混凝土、岩石类材料非线性特性，不能体现拱坝-基础之间的耦合效应及坝基岩体渐进破坏模式，未真实地反映锦屏一级拱坝拱座抗滑稳定条件。这些问题显然是不能在刚体极限平衡法的框架下得到解决的，必须引入可以规避上述缺陷的多种变形体极限分析方法进行综合分析与论证。刚体弹簧元一定程度上考虑了块体的变形，有限元更好地考虑了岩体的变形，因此更能真实反映实际的稳定情况。

从多种变形体极限分析法及模型试验成果来看，由于计算假定较刚体极限平衡法更为合理，基于刚体弹簧元的变形体极限分析法拱座抗滑稳定计算成果明显高于刚体极限平衡法的计算成果，抗滑稳定安全系数已经基本能够满足控制标准的要求；而基于三维非线性有限元的变形体极限分析法计算成果则已经大于控制标准的要求；同时开展了三维非线性有限元数值分析及地质力学模型试验的拱坝整体稳定分析，成果与同类拱坝工程相比，锦屏一级拱坝的安全度处于较高水平。综上所述，经多种方法综合评价，工程采取基础处理、抗力体锚固和防渗、止水、排水等措施后，锦屏一级拱坝右岸坝肩的抗滑稳定安全是有保证的。

锦屏一级水电站成功蓄水至正常蓄水位以来，拱座各项监测指标均正常。自 2014 年 8 月工程蓄水至正常蓄水位以来，截至 2020 年，电站已安全运行 7 年，两岸拱座都经受住了设计水推力的考验，充分说明采用综合评价方法对两岸拱座抗滑稳定安全评价是合理的，在此基础上采取的增强拱座稳定的工程措施也是有效的。

第 6 章

坝基变形控制与加固设计

　　锦屏一级拱坝的地形地质条件复杂性超过一般工程，其中以左岸上部大范围的卸荷松弛岩体及断层破碎带最为突出，是影响坝基变形的主要区域，如何有效控制坝基变形以保证工程安全，是锦屏一级工程设计中需要解决的核心问题。对高拱坝的坝基变形问题，大量工程实例表明，复杂地质高拱坝坝基变形是引起拱坝应力集中、拱坝结构性开裂的主要因素，对地质条件复杂的坝基应高度重视，进行分析需采取有效处理措施，否则可能影响拱坝工作性态，甚至引起结构性裂缝，威胁拱坝安全。

　　对锦屏一级坝基的加固设计，坚持"多种方法分析评判、多套措施加固处理"的思路进行坝基变形控制。在大量工程实践数据分析的基础上提出建议的控制指标，以此确定加固处理的目标，据此开展加固方案的拟订和选择，最后以满足结构安全要求作为方案确定的依据。

6.1　高拱坝坝基的变形控制问题

6.1.1　坝基综合变形模量

　　岩体是岩石受节理、断层、层面及片理面等结构面切割，受地应力、地下水影响的多裂隙综合体。坝基岩体在承受拱坝传递的推力后，会产生一定量的变形。岩体变形可分为材料变形与结构变形两种类型。材料变形可细分为弹塑性变形、黏性变形；结构变形可分为结构体滚动变形、板裂体结构变形、结构面滑动变形、软弱夹层压缩和挤出变形。

　　坝基岩体的变形特性比较复杂，设计上以持力范围内地基的综合变形模量来度量。综合变形模量定义为：建基面在拱端推力作用下的平均变形，与某一均质地基受力后在建基面上的平均变形等效，此均质地基的变形模量即为在该建基面的地基综合变形模量。等效综合变形模量计算模型示意图如图 6.1-1 所示。计算过程为：对天然地基，在坝基上分别作用有单位法向力、切向力和弯矩，计算在坝基范围内的法向、切向和转动变位，然后将地基换为均质地基，作用单位法向力、切向力和弯矩，令两种地基模型在坝基范围的平均法向、切向和转动变位对应相等，则该均质地基的变形模量 E_0，即为具有变形等效的综合变形模量。坝基局部存在的变形模量很小的岩体，因其与建基面的相对位置、范围和产状的不同，对坝基综合变形模量的影响不同。

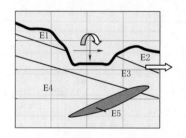
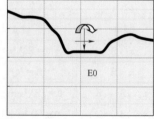

图 6.1-1　等效综合变形模量计算模型示意图

　　在进行拱坝体形选择和应力分析之前，要先进行综合变形模量的分析。拱坝坝基通常是不规则的形状，严格计算其变形较为困难。在拱梁分载法计算中，坝基变形是采用

Vogt 地基假定，即在半无限均质弹性地基上施加单位荷载确定相应的变位系数。Vogt 地基假定要求对地基变形模量取单值，地基变形模量如何取值成为拱梁分载法的关键。当地基岩性分布越复杂时，地基变形模量取值的难度越大。为了考虑岩性分布的不均匀性，反映实际岩石情况，可采用有限元法来确定地基变位系数，以代替 Vogt 地基变位系数进行拱坝应力分析。

6.1.2 复杂坝基对拱坝运行状况的影响剖析

复杂坝基条件对拱坝安全的影响很大，如果处理不当可能影响拱坝工作性态，甚至引起拱坝开裂，收集相关工程资料，剖析复杂坝基条件的拱坝设计及运行状况，总结经验，对拱坝设计有重要的作用。

1. 双河拱坝

双河水库位于重庆市东北部垫江县新民镇，是一座以灌溉为主，兼有防洪、城镇供水和发电等综合利用的中型水库，具多年调节性能，总库容为 1257.3 万 m^3。抛物线型埋石混凝土双曲拱坝最大坝高为 64.56m，坝顶高程为 552.26m，正常蓄水位为 548.60m，坝顶厚为 2.5m，坝底厚为 15m。

坝址区河谷呈 U 形，两岸山高坡陡，谷坡基本对称，左右岸平均坡度约 52°。右岸山体较为厚实，左岸中、上部山体较单薄，成三面临空的条形山脊。坝区出露地层为中生界三叠系中统雷口坡组和上统须家河组灰岩、泥岩、页岩和砂岩，岩层陡倾下游，左、右两岸建基面上岩性分布不对称。由于构造应力作用，区内次级小褶皱发育，局部有直立、倒转之势，层面上可见擦痕分布，有的软弱夹层尤其是左岸呈透镜状。区内断裂构造不发育，仅发现 7 条与岩层走向呈小角度相交、规模小、倾角较陡的断层。

该工程于 1990 年开始施工，1992 年 12 月坝体混凝土浇筑结束。大坝在尚未蓄水情况下，于 1992 年 12 月中旬出现 6 条竖向贯穿性裂缝。大坝的变位监测资料表明，坝体存在向下游的不可逆时效变形，呈线性增长趋势，2001 年后，拱冠梁径向时效量仍以每年 0.69～1.02mm 的速度增长。多拱梁法与线弹性有限元法的分析结果表明，蓄水前在自重作用下，拱坝上、下游坝面出现大面积拉应力区，且拉应力出现部位，与坝体裂缝的部位基本吻合，同时也与坝基相对较软弱的部位相对应。双河拱坝坝基特性与裂缝分布示意如图 6.1-2 所示。

左岸高程 500.00m 以上为砂、页岩互层岩系，以砂岩为主，间夹 7 层泥岩及页岩。根据试验资料，左岸高程 512.00m 砂岩的变形模量为 4.0GPa，泥岩的变形模量仅为 0.39GPa。在高程 530.00～537.00m 进行了混凝土置换，坝顶至高程 530.00m 之间的拱端部位设置了垫座作为传力结构，左岸高程 500.00m 以上的坝基综合变形模量以砂岩的变形为主，考虑垫座约束、混凝土置换及泥岩变形贡献的综合影响，垫座及置换混凝土变形模量按 12GPa 采用，下部基岩变形模量按 2GPa 采用，通过有限元计算，综合变形模量可达到 4GPa。高程 497.00～503.00m 附近为含铁质和钙质的粉砂岩、炭质页岩、砂岩互层岩系，坝基变形模量较低。在高程 497.00m 以下为中厚层状长石石英砂岩，坝基变形模量较高。

右岸高程 515.00m 砂岩的变形模量为 6.8GPa，泥岩的变形模量为 0.54GPa。右岸高

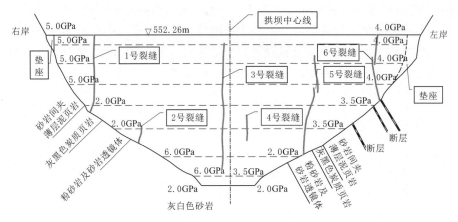

图 6.1-2 双河拱坝坝基特性与裂缝分布示意图

程 520.00m 以上为薄层泥质粉砂岩与薄层砂岩的互层。在高程 507.00～520.00m 附近为含铁质和钙质的粉砂岩、炭质页岩、砂岩互层岩系。在高程 507.00m 以下为中厚层状长石石英砂岩。

在坝基河床部位生物灰岩、泥质灰岩占 12%；岩性软弱的黑色页岩位于中前部，占 45%；灰黑色鳞片状炭质页岩，主要分布于坝基中后部，占 16%；其余为中厚层状长石石英砂岩的互层岩系。河床部位的坝基变形模量总体上较小。

由于 1958 年设想利用爆破堆石筑坝，特大爆破使坝区两岸出现三个爆破松动带 B_1、B_2、B_3。B_1 分布于左岸拱座建基面上，分布于高程 530.00～542.00m，尺寸约为 15m×4m，岩体结构松散呈架空状，最大松动深度达 14m；B_2 分布于左坝肩下游抗力体内，距坝趾 4～10m，其分布高程为 527.50～542.00m，尺寸约为 23m×9m，物探结果揭示最大松动岩体深度约 10m；B_3 分布于右坝肩抗力体内，分布高程为 517.00～541.00m，尺寸约为 30m×18m，最大松动深度约 19m。

两岸岩性分布具不对称性，加上爆破松动带的影响，坝基条件极不均匀，坝基变形模量低且变形模量差异大，是坝体产生结构性裂缝的直接原因。计算拱圈高程坝基综合变形模量见表 6.1-1。

表 6.1-1　　　　　　　　　　双河拱坝坝基综合变形模量

高程/m	552.26	548.60	540.70	531.20	522.50	512.06	500.70	491.70	487.70
左岸变形模量/GPa	4.00	4.00	4.00	4.00	3.50	3.50	2.00	3.50	2.00
右岸变形模量/GPa	5.00	5.00	5.00	5.00	2.00	2.00	6.00	6.00	2.00

针对坝肩存在的主要问题，通过采取固结灌浆、预应力锚索和排水等工程措施对坝肩进行加固处理。对左岸高程 527.50～542.00m 之间的爆破松动区，右岸高程 517.00～541.00m 之间的爆破松动区，补充实施固结灌浆。为提高坝基整体变形模量，坝体下游基岩加强固结灌浆。为确保灌浆效果，在固结灌浆前对爆破松动区、拱坝下游泥页岩分布部位布置检查孔，根据压水试验结果对固结灌浆布置及参数进行调整。为分担坝肩基岩承受的拱端推力，增强坝肩的整体性，提高坝肩抗滑稳定性，考虑到坝肩实际地层岩性，在

两岸坝肩采用预应力锚索加固，高程524.00m以下布置150t锚索，高程524.00m以上布置75t锚索。锚索布置不切穿上游防渗帷幕并留适当余地，锚索间排距为5m×5m，采取俯角10°~15°，锚固端长度为6~8m。

2. 铜头拱坝

铜头水电站是四川省青衣江支流宝兴河干流最末一级电站，距芦山县城9km，距雅安市45km，距成都192km。电站装机容量为80MW，为混合引水发电工程，挡水建筑物为76m高双曲拱坝。

坝型选择受地形地质条件制约，枢纽区坝址处河道顺直，两岸坡顶高出坝顶约30~40m。坝址处于U形峡谷，两岸基本对称。坝址区基岩裸露，岩性为第三系泥钙质、钙泥质砾岩，厚层状结构，层面微倾下游，风化不深，顺河间裂隙不发育，河床覆盖层较浅。地形条件适宜修建双曲拱坝，但也存在一些不利的工程地质问题，如基岩岩性软弱，变形模量低，紧靠坝肩上游有多条规模较大的陡倾角裂隙，与河流流向近于正交，岩层产状接近水平，坝肩及河床均分布有较多的泥质泥化、溶蚀软弱夹层。

坝区岩体变形模量低，泥钙质砾岩、钙泥质砾岩、泥质砾岩、含砾粉砂岩的设计变形模量分别为3.1GPa、2.6GPa、0.9GPa和0.7GPa，坝基岩体变形模量只有大坝混凝土的1/6。在如此软弱的地基上建双曲薄拱坝，设计上具有很大挑战性，因此，铜头拱坝在设计之初就饱受关注和争议，周维垣教授曾形象地评价铜头拱坝工程是"钢刀插在豆腐上"。

面对坝基变形模量低的挑战性难题，通过三维地质力学模型试验以及大量数值分析工作，提出了以坝肩锚固为主的加固方案。加固部位在大坝下游左、右岸靠近拱座部位一定范围，共布置单束加固力为2000kN的锚索14排合计219束，左岸布置了102束，右岸布置了117束，总的加固力为438000kN。在当时国内对锚固机理认识和设计方法都尚不成熟的情况下，具有很大的创新性和前瞻性。坝肩的系统锚固，很大程度上限制了横河向的变形，使得坝基岩体的变形模量整体上较大幅度地提高，是加固效率较高的加固方式。

1989年，铜头水电站大坝正式开工，1990年成功截流，1995年正式发电，1996年正式完工投入运行。2013年4月20日雅安发生7.0级地震，铜头拱坝距离震中仅16.5km，在雅安地震中经受住考验。震后经成都院专家组查勘分析认为：铜头水电站坝体、坝肩、渗流、边坡、排架等皆无明显破坏迹象，总体是安全的。

3. 二滩拱坝

二滩水电站地处四川省雅砻江下游，坝址距雅砻江与金沙江的交汇口33km，以发电为主，水库正常高水位为1200.00m，发电最低运行水位为1155.00m，总库容为58亿m³，有效库容为33.7亿m³，属季节调节水库。二滩坝址处河谷狭窄，山体浑厚，在地质上除右岸存在局部的阳起石化玄武岩软弱条带外，坝基岩体完整，构造简单，岩质坚硬，强度高，透水性小，适宜于修建高混凝土拱坝。拱坝为抛物线型双曲拱坝，最大坝高240m，拱冠顶部宽度为11m，拱冠底部宽度为55.74m，拱端最大宽度为58.51m，拱圈最大中心角为91.5°，上游面最大倒悬度为0.18，左半拱和右半拱采用不同的曲率半径，顶拱中心线曲率半径在349.19~981.15m范围，坝顶弧长为744.69m。工程于1991年9月开工，1998年7月第一台机组发电，2000年完工，总装机容量3300MW，是中国在20世纪建成投产的最大的水电站。

右岸高程 1020.00～1100.00m 拱座附近，分布两条近似平行的绿泥石—阳起石化玄武岩（$P_2\beta_2^{III}$）软弱岩带。其上带仅在拱端上游出露，下游已尖灭。下带出露在应力较大的下游坝趾中部高程，且条带平均宽度大，产状 N30°～60°E/SE∠40°～80°，条带平均宽度为 15～20m，下带宽度大于上带，f_{20} 断层在其间穿过。岩石强烈蚀变，岩体呈碎裂结构，隐微裂隙发育，且普遍充填绿泥石、皂石等软弱矿物，遇水软化，变形模量极低，浅部 0.8～2.5GPa，深部 2.5GPa。对软弱岩带的处理，研究了传力墙、传力桩、空间封闭和混凝土塞等四种方案。经方案比较，前三种方案由于施工难度和施工干扰及工程量均较大而放弃，最后采用混凝土塞方案。因绿泥石—阳起石化玄武岩（$P_2\beta_2^{III}$）软弱岩带位于 E-3 级岩体置换混凝土区内，采取开挖回填处理并与 E-3 级置换混凝土连成一体。

f_{20} 断层在高程 1080.00～1102.00m 间出露于右岸两条软弱岩带之间，倾山里，延伸长度约 280m，属压扭性断层，破碎带宽为 0.2～0.6m，产状为 N40°～50°E/SE∠65°～75°，由角砾、岩块、岩屑及 1～5cm 厚泥化碎粉岩组成，结构紧密。平面地质力学模型破坏试验表明，拱座沿 f_{20} 断层面和 III 类岩下带接触面滑动破坏；有限元计算成果亦表明，拱座下游岩体向河床方向有较大位移；抗滑稳定计算分析表明，在考虑排水效果 50% 时，全部位于稳定区，根据坝基和抗力体的排水设计，排水效果是有保证的，f_{20} 断层的存在不影响右坝肩的稳定。对 f_{20} 断层的处理主要是提高局部抗变形能力和改善局部应力。设计中曾比较了锚索加固、抗剪桩和混凝土塞方案，由于前两种方案存在造价高、施工难度大、对 $P_2\beta_2^{III}$ 岩体扰动大等不利因素，最后采用挖除并置换回填混凝土方案，置换深度为 4.50m，并与 E-1 上带置换混凝土连成为整体，另外对深部 f_{20} 断层采用有盖重固结灌浆进行处理，坝基置换混凝土开挖平面图如图 6.1-3 所示。

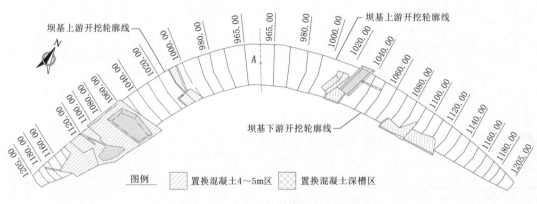

图 6.1-3　二滩坝基置换混凝土平面图

在二滩工程蓄水安全鉴定期间，依据坝基固结灌浆前后钻孔声波资料，对建基面上变形特性进行了大量分析计算和评价，重新订正了坝基的分区综合变形模量。在初期蓄水阶段和初期运行阶段监测分析中，将以 A、B 级岩体占主体的部分坝基综合变形模量计算值进行修正，得到修正的坝基综合变形模量，见表 6.1-2。

2000 年 12 月二滩水力发电厂例行的大坝巡视检查过程中，在右岸 33 号和 34 号坝段下游面邻近坝基的部位，通过渗水水迹首次发现三条短小的斜向裂缝。34 号坝段存在两条裂缝，上部 F_1 缝长约 3m，下部 F_2 缝长约 6m，两条缝大致平行，与水平线夹角约 40°，

表 6.1-2　　　　　　　　　　　　修正的坝基综合变形模量

高程/m	1205.00	1170.00	1130.00	1090.00	1050.00	1010.00	980.00	965.00
左岸综合变形模量/GPa	16.00	26.00	16.00	13.00	14.00	25.00	32.00	32.00
右岸综合变形模量/GPa	12.00	12.00	12.00	10.00	16.00	23.00	30.00	32.00

出露高程在 1106.00～1115.00m 范围，在 33 号与 34 号坝段横缝处尖灭；33 号坝段 F_3 缝在坝段中部，从高程 1091.25m 坝后桥起裂，以 $40°～45°$ 角向上延伸，长度亦约为 6m。

自 2000 年 12 月首次发现大坝右岸下游坝面裂缝以后，每年均通过搭设脚手架方式，对裂缝数量、长度、缝宽和渗水等变化情况进行现场检查。另外，结合大坝安全定检工作，多次开展了坝基物探测试、裂缝深度检测和综合分析等专题研究工作。随着检查范围的扩大，右岸下游坝面发现的裂缝条数也在逐年增加。

多种分析方法、多工况的模拟分析成果均显示，蓄水后"高温＋低水位"和"低温＋高水位"是大坝下游面"裂缝部位"产生拉应力的敏感性工况，可在下游坝面交替地产生拉应力。大坝遭遇气温骤降、非线性温度荷载作用、坝基软弱岩体时效变形等作用的叠加影响，是导致下游坝面裂缝部位混凝土开裂的重要原因，主要原因是蚀变岩带的变形。

上述工程实例表明，坝基条件对拱坝设计和安全运行有重要的影响，对复杂坝基应高度重视，进行有效的处理，否则可能影响拱坝工作性态，甚至引起结构性裂缝，威胁拱坝安全。

6.2　左岸坝基变形控制研究思路

锦屏一级左岸上部坝基，表部的岩体强度低，卸荷松弛，承载能力差，抗变形能力弱；内部发育 f_5 断层和煌斑岩脉，规模大，性状差，不仅承载能力低，在荷载作用下的压缩变形和剪切变形的问题比较突出，坝基的工程力学特性与承载要求存在很大的差距，必须进行加固才能满足建坝要求。

锦屏一级左岸抗力体的加固设计，按照"安全可靠、经济合理"的原则，采用"多种方法分析评判、多种措施综合加固"的思路进行加固方案的论证。安全可靠，既要抓住主要矛盾，也不忽视可能影响拱坝安全的缺陷，强调处理措施的系统性。经济合理，要分析各种加固措施对加固效果的贡献度大小，在满足加固目标的前提下，选择工程投资最节约的组合方案。

左岸抗力体有深部裂缝、断层、煌斑岩脉、挤压错动带、卸荷松弛岩体等多种地质缺陷，由于地质条件的复杂性和 300m 级拱坝的建坝要求，单一处理措施不能达到拱坝的建基要求，还会引起新的工程问题，必须采用多种措施综合加固。如全部采用置换处理，置换边界要超过 f_5 断层和煌斑岩脉，不仅工程量极为浩大，还会在左岸坝肩形成高度数百米的边坡；如采用大范围的固结灌浆，提高卸荷松弛岩体的承载力和变形能力的范围有限，灌浆处理后仍不能满足坝基承载要求，这是由于 f_5 断层和煌斑岩脉的可灌性很差，固结灌浆的效果很微弱；如采用传力结构，巨大的荷载全部用传力结构承担，传力结构的规模极为宏大，也难以承受巨大的剪力作用。锦屏一级左岸上部抗力体加固，必须从拱端作用的荷载体系，根据承载要求和变形控制要求，采用综合的加固结构体系。

多种方法分析评判，首先要从坝基变形控制的角度分析加固的目标，确定加固后坝基综合变形模量应达到的最低要求，然后对拟定的加固方案进行分析，选定加固方案，对确定的加固方案用拱梁分载法、有限元法等从拱坝应力、坝肩稳定、整体稳定方面进行分析，验证加固措施的有效性。左岸坝基变形控制研究思路如下：

（1）坝基抗变形能力研究，分析抗变形能力与荷载作用的相关性，在统计分析的基础上提出拱端抗变形系数及控制指标，确定加固后坝基变形模量的控制目标。

（2）坝基抗力体综合加固方案研究与设计，结合地质条件，分析各种处理措施的加固效果，通过多种方法分析确定综合加固方案，并进行加固方案详细设计。

（3）综合加固措施多为地下隐蔽工程，应作好施工质量控制，从施工时序、工艺参数、安全监控等方面，提出严格的施工控制措施，确保施工安全和加固效果。

6.3 坝基加固处理目标研究

在坝基变形模量最低值控制方面，根据 3.1.2 节，大部分高拱坝的坝基岩体变形模量在 $10 \sim 20 \mathrm{GPa}$，也不乏变形模量低的高拱坝，坝高 186m 的日本黑部第四拱坝坝基变形模量为 7.14GPa 左右，坝高 110m 的龙江拱坝坝基变形模量最低为 $2.5 \sim 7.0 \mathrm{GPa}$，坝高 83m 的瑞士罗森拱坝基岩变形模量为 1.5GPa，坝高 76m 的铜头拱坝的基岩变形模量为 $2 \sim 3 \mathrm{GPa}$。在工程实践中，坝基变形模量的差异如此之大，不能简单的根据坝高或其他特征参数，提出坝基变形模量应满足的最低控制要求。

在坝基变形模量的均匀性控制方面，二滩工程的研究过程中，通过敏感性分析认为，只要能满足以下三点要求，便可使坝体有较为满意的应力分布条件，即：①地基综合变形模量最大值与最小值之比不大于 4；②同一岸相邻高程地基综合变形模量之比不大于 2；③坝体混凝土变形模量与地基最小综合变形模量之比不大于 3。表 6.1-2 显示，二滩拱坝修正后的坝基综合变形模量，最大值与最小值之比为 3.2，相邻高程变形模量比最大为 1.6，按设计坝体混凝土变形模量 21GPa 计则坝体混凝土变形模量与地基最小综合变形模量之比为 2.1，均满足设计预期。二滩拱坝运行后出现裂缝，分析认为，大坝遭遇气温骤降、非线性温度荷载作用、坝基软弱岩体时效变形等作用的叠加影响，是导致下游坝面裂缝部位混凝土开裂的重要原因，主要原因是坝基内部的蚀变岩带的变形。由此可见，二滩提出的坝基变形模量控制要求有一定局限性。

类比是非常有效的研究方法，拱坝的高度、河谷形态、水推力的大小及分布、坝基条件、处理措施存在较大的差异，不能简单地类比。如何根据已有工程实践经验，建立合适的分析评价方法，并在此基础上进行合理的内插或外延，是在类比之前需要首先解决的。

6.3.1 拱端坝基抗变形系数的构建

瑞士著名坝工专家 Lombardi 提出用柔度系数对拱坝厚度作经验性判断，柔度系数 $C = A^2/VH$，其中 A 为拱坝中剖面的面积，V 为拱坝体积，H 为最大坝高。我国著名坝工专家朱伯芳院士提出用应力水平系数和拱坝安全水平系数来初步估算拱坝的安全水平。应力水平系数 $D=CH=A^2/V$，安全水平系数 $J=100R/D=100RV/A^2$，其中 R 为坝体和坝基的强度。还有专家提出用总水推力与坝体混凝土方量的比值来反映拱坝的安全状况和混凝土强度发挥水平。这些经验系数，对初步估计坝体混凝土方量具有很好的指导作用，但是都没有和坝基变形控制联系起来。拱坝主要以拱结构承受水荷载，这里以拱圈为主要研究对象，分析拱端变形的影响参数，从荷载影响和抗变形能力两个方面进行分析，建立反映拱端抗变形能力的关系。

1. 反映拱坝荷载作用的参数

水荷载是拱坝最主要的外荷载，拱坝将水荷载的作用通过与地基接触的建基面传递至两岸和河床坝基，坝体与坝基是联合受力体系。人们常将拱坝的壳体结构抽取出拱、梁进行分析，拱冠梁法、多拱梁法都是基于这种结构简化模式进行推导的。拱圈承受的荷载与其所在高程的水深有直接关系，水深越大则相应的荷载越大，所以拱圈高程处水的压强是直接反映拱圈荷载强度的物理量，图 6.3-1 以锦屏一级为例直观地展示了水深与坝面承受水推力的关系。

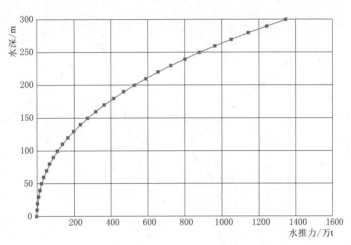

图 6.3-1 锦屏一级水推力与水深的关系

不同河谷形态坝面总水推力分布如图 6.3-2 所示，可以看出，坝面总水推力沿高程的分布除了水深以外，还与河谷的形状有一定的关系，V 形河谷总水推力的分布规律基本相同，总水推力在下部高程略有减小。由于 U 形河谷的下部高程河谷比 V 形河谷宽，相应地在下部高程的总水推力较大。285.5m 坝高的 U 形河谷溪洛渡拱坝坝面总水推力已与 305m 坝高的 V 形河谷锦屏一级拱坝坝面总水推力量级相当。

通过上述分析，拱圈所在高程的压强 P 和拱圈弧长 S 是反映拱圈结构受力的两个关键参数。

2. 反映坝基抗变形能力的参数

拱端承受由拱和梁传来的内力，包括轴向力、径向剪力、切向剪力和扭矩，可视为作用在拱端的集中荷载，拱端在这些集中荷载及其他荷载作用下，拱座基底产生变位，包括水平绕 Z 轴的角变位、径向变位、切向变位以及绕拱圈轴线转动的角变位，如图 6.3-3

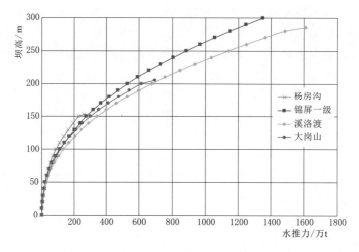

图 6.3-2　不同河谷形态坝面总水推力分布图

所示。其中拱端切向变位 Δx 对拱坝受力性态影响最大，根据拱梁分载法的计算分析理论，可按下列公式计算：

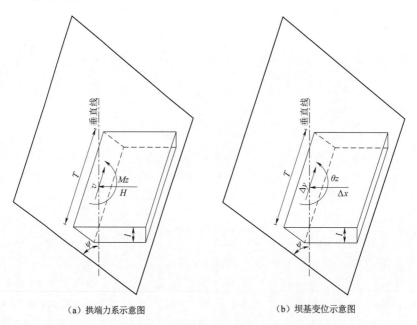

（a）拱端力系示意图　　　　　　（b）坝基变位示意图

图 6.3-3　拱端力系与坝基变位示意图

$$\Delta x = -H\beta \tag{6.3-1}$$

$$\beta = \beta' \cos^3 \psi + \gamma' \sin^2 \psi \cos \psi \tag{6.3-2}$$

式中：H 为拱端轴向力；β 为考虑岸坡角 ψ 的坝基变位系数。

　　单位法向力引起的法向线变位为

$$\beta' = \frac{k_2}{E} \tag{6.3-3}$$

单位径向剪力引起的径向剪切变位为

$$\gamma' = \frac{k_3}{E} \tag{6.3-4}$$

由此可得

$$\Delta x = -H\left(\frac{K_2}{E}\cos^3\psi + \frac{K_3}{E}\cos^2\psi\sin\psi\right) \tag{6.3-5}$$

式中：E 为地基综合变形模量；K_2、K_3 分别为伏格特系数，是坝基泊松比和当量矩形长宽比 m 的函数，当量矩形长宽比 m 与拱端厚度 T 成反比，所以有

$$m \propto 1/T \tag{6.3-6}$$

不计特定拱圈高程的坝基泊松比和岸坡角，则有

$$\Delta x \propto -\left(H, \frac{1}{E}, \frac{1}{T}\right) \tag{6.3-7}$$

在地形确定的情况下，设计要求提高坝基抗变形能力，降低拱座位移附加应力，则应限制坝基位移，而反映坝基抗变形能力最关键的是地基综合变形模量 E 和拱端厚度 T，而用综合变形模量 E 与拱端厚度 T 相乘，则反映了拱端范围的坝基岩石的平均抗变形能力。

概括起来，拱端在拱坝传递的荷载作用 H 下，产生切向变位 Δx，根据拱梁分载法的计算假定可以推导出，拱端切向变位与拱端传递的荷载正相关，在不考虑梁向分担荷载粗略估计时，对特定拱圈高程，H 可以由拱圈部位承受的水头和弧长大致确定；拱端切向变位与地基综合变形模量 E 和拱端厚度 T 负相关，而地基综合变形模量 E 和拱端厚度 T 的乘积则反映了拱端范围的坝基岩石的抗变形能力。

3. 拱端坝基抗变形系数

选定的反映结构受力与拱端坝基抗变形能力的 4 个参数可组合为无量纲参数 η，即

$$\eta = TE/SP \tag{6.3-8}$$

式中：η 为拱端范围坝基岩石的抗变形能力与拱端传递推力的比值，总体上反映拱端坝基的抗变形能力，不同高程的拱圈均可使用宏观指标 η 来评价拱端坝基的抗变形能力与结构受力要求的匹配性；S 为拱圈弧长；P 为拱圈所在高程的压强。

6.3.2　拱端坝基抗变形系数控制指标分析

为便于不同坝高的拱坝横向比较，采用相对坝高 e 为自变量进行拱端坝基抗变形系数的统计分析，绘制散点分布图如图 6.3-4 所示。

$$e = h/H \tag{6.3-9}$$

式中：e 为相对坝高；h 为计算拱圈到坝顶的高度，m；H 为拱坝的最大坝高，m。

从单个工程各高程拱端坝基抗变形系数的变化看，顶部高程和底部高程相对较大，而中部高程相对较小，这也反映了拱坝中部高程作用水头相对较大、拱圈弧长较大、承受荷载较大的特点。坝顶为满足交通要求和构造要求，其厚度高于结构受力要求，顶部的压应力水平较低。拱坝的底部靠近河床坝基，梁向的作用很强，拱的作用并不明显。根据 40 多个工程的共 500 多个数据统计（图 6.3-4），拱端坝基抗变形系数的平均值为 5.26，大

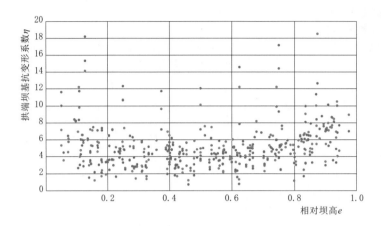

图 6.3-4 拱端坝基抗变形系数的散点分布图

于 2.0 的占 95.5%,少数工程个别部位的拱端坝基抗变形系数低于 2.0。典型工程的拱端坝基抗变形系数如图 6.3.5 所示。

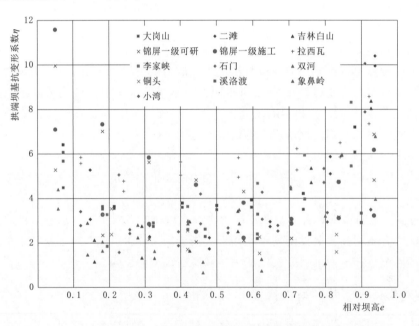

图 6.3-5 典型工程的拱端坝基抗变形系数

1. 二滩拱坝

二滩工程右岸高程 1090.00m 的坝基变形模量为 10GPa,主要受软弱岩带和 f_{20} 断层的影响所致,计算拱端坝基抗变形系数为 1.72。在运行初期,该部位附近下游坝面产生了一些裂缝。

2. 李家峡拱坝

李家峡拱坝左岸发育以 f_{20} 为代表的 NW 向层间挤压断层组和 f_{26} 为代表的 NEE 向顺河断层组,左岸中上部变形模量为 4~9.7GPa,拱端坝基抗变形系数最小值为 1.83。为了增强坝肩整体强度和刚度，改善传力效果，对坝肩岩体断层实施了加固处理。对 f_{20} 断层布置了 5 层 10 个混凝土抗剪传力洞塞；对 f_{26} 断层，除地表浅层置换墙以外，布置了 3 层平洞、4 条竖井的网格状深层置换系统；在左岸重力墩和左岸坝基下游贴脚增加了垂向的预应力锚索。通过有效的处理，f_{20}、f_{26} 断层的变形模量从不足 1GPa 提高到 2~5GPa，以此核算拱端坝基抗变形系数达到 2.0 以上，保证了大坝安全，运行状态良好。

3. 石门拱坝

石门拱坝坝址区大体有横河向、顺河向和缓倾角 3 组结构面，第一组最发育，第三组次之，第二组不发育，两岸坝肩持力处第一组结构面多，特别右坝肩有石门倒转倾伏背斜轴通过，岩体破碎，且单薄。右岸上部的坝基条件相对较差，高程 590.00m 以上的综合变形模量为 3~5GPa，计算相应的拱端坝基抗变形系数为 1.57。

石门拱坝坝踵开裂，这在我国是有正式资料证实的第一例，开裂深度大体不超过 5~6m。沿坝轴线方向至少有 5 个坝段即 8~12 号坝段开裂，裂缝最大宽度达 3mm，开裂具体日期难以确定，大体在 1975 年春季到 1976 年春季的低温高水位期间。对坝踵裂缝原因，有研究认为，温度、水位是影响坝踵裂缝开裂的主要因素；对绕坝渗流场的体积力考虑不周，取消坝体混凝土浇筑的温控措施、第一次强行接缝灌浆等施工原因，也促使了坝踵裂缝发展。

拱梁分载法计算的拱冠梁最大径向位移出现在高程 590.00m，拱冠梁挠度曲线符合双曲拱坝的一般规律。原型观测和竣工模型试验得到的最大径向位移均位于坝顶，数值上也比较接近。正常水位下拱冠梁挠度曲线如图 6.3-6 所示。有学者认为，这是拱坝开孔削弱了梁向刚度和上部拱圈的刚度，使拱的作用减小，从而使最大位移出现在顶拱。也有学者认为，拱冠梁径向位移随水位升高而单调增大，增大的幅度自下而上增加，即各高程径向位移对水位变化的敏感性不同，尤其是坝顶高程在单位水荷载作用下的径向位移增长率要明显高于其他高程，这是坝体中上部开设大孔口造成刚度降低，以及右坝肩高程 590.00m 以上支撑岩体比较单薄且破碎、变形模量较低共同影响的结果。

从拱坝位移对比可以认为，坝体中上部开设大孔口造成刚度降低，以及右坝肩上部变形模量较低，导致拱坝上部的拱作用相比设计预期偏小，上部的荷载传递到两岸山体的偏少，自然拱坝中部和下部的分载会增加。有限元法计算成果表明，坝踵存在较大的拉应力区，坝踵裂缝的形成可能与此相关。

4. 铜头拱坝

铜头拱坝坝区岩体变形模量低，泥钙质砾岩、钙泥质砾岩、泥质砾岩、含砾粉砂岩的设计变形模量分别为低，不考虑加固计算拱端坝基抗变形系数为 1.51~2.36。铜头拱坝创新性采用了坝肩锚固为主的加

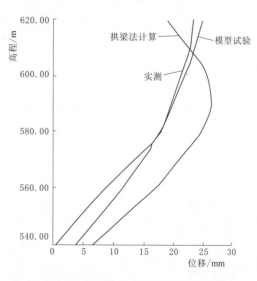

图 6.3-6　正常水位下拱冠梁挠度曲线

固方案，约束了横河向的变形空间，如果考虑加固后坝基岩体的变形模量提高，进行拱端坝基抗变形系数计算，则可达到 2.25～3.52。整体加固后，拱坝运行中未出现裂缝，并经受了 2013 年 4 月 20 日雅安 7.0 级地震的考验。

5. 双河拱坝

双河拱坝坝基间夹 7 层泥岩及页岩，加上爆破松弛带影响，坝基变形模量最低为 2.4GPa，左、右岸各 3 个控制高程的拱端坝基抗变形系数低于 2.0，最小值仅 0.96。双河拱坝运行后即产生了系统性、结构性开裂问题，经锚索、灌浆等系统加固处理后运行正常。

6. 象鼻岭拱坝

象鼻岭坝址为典型的宽缓河谷，两岸坡度约为 40°～58°，弧高比达到 3 以上。坝基岩性为玄武岩、集块岩夹凝灰岩，分布 7 条凝灰岩及凝灰岩泥化夹层。左右岸风化深度差异大，左岸强风化岩体水平深度为 8～35m，弱风化岩体水平深度为 18～50m；右岸强风化岩体水平深度为 16～85m，弱风化岩体水平深度为 34～140m。右岸上部的坝基变形模量 5GPa，拱端坝基抗变形系数为 1.46，其他部位均超过 2.0。工程建成运行以来，未见异常情况。

7. 白山拱坝

白山拱坝地形条件不对称，左岸地形平缓，特别是上部拱圈，左岸拱圈弧长是右岸的 1.4 倍左右。坝址区基岩主要由坚硬致密的混合岩组成，河床与右岸坝段为微风化—新鲜岩石，左岸坝段为微风化及半风化岩石。由于左岸弧长较大，加上地质条件相对较差，综合变形模量为 7GPa，左岸上部的拱端抗变形系数为 1.14～1.62。未见坝体开裂等异常情况报道。

根据上述工程实例可见，拱端坝基抗变形系数能够比较直观地反映坝基条件与结构受力要求的协调性，拱端坝基变形系数偏低的工程在相应部位容易出现变形不协调、结构开裂等问题；个别工程如象鼻岭拱坝，拱端坝基抗变形系数为 1.46，运行中没有发现异常情况。

拱端坝基抗变形系数是经验性的参数，从工程统计数据看，拱端坝基抗变形系数低于 2.0，部分工程出现了结构性开裂等问题，影响大坝的安全运行；高于 2.0 的，调研实例中没有发现与坝基处理直接相关的结构问题。根据已建工程统计数据，建议拱端坝基抗变形系数以大于 2.0 为设计控制指标。

6.3.3 拱端坝基抗变形系数的应用

采用拱端抗变形系数和经工程统计分析确定的建议控制指标，可以分析评价坝基薄弱区域，采用估算公式的变化形式，可以量化确定坝基处理目标，为拱坝体形的调整提供参考。

（1）分析评价坝基薄弱区域。对照拱端坝基抗变形系数进行分析，可以确定薄弱部位，从而为坝基处理方案的决策提供依据。李家峡拱坝左岸坝肩不仅地形较单薄，地质条件也较差，拱端坝基抗变形系数偏低，是坝基的薄弱部位，超载分析表明该区域的起裂早、扩展快。设计对该区域进行了系统的加固处理，包括断层网格置换、锚索加固、重力墩等，有效地提高了地基刚度。铜头拱坝的拱端坝基抗变形系数低，坝基变形模量低，设计上对抗力体进行了系统的锚索加固。

（2）量化确定坝基处理目标。根据拱端坝基抗变形系数公式，可得 $E = \eta SP/T$，这意味着在已有的拱坝体形设计成果和确定的拱端坝基抗变形系数控制目标的基础上，可以量化确定坝基综合变形模量应达到的要求。在坝基出露的断层，一般坝基处理设计是按照一定宽度和深度进行置换，宽度是在断层宽度的基础上增加 $0.5 \sim 1.0$m，深度是按断层宽度的 $1.0 \sim 1.5$ 倍确定，没有考虑到断层出露部位、产状对拱坝结构的影响差异。比如二滩拱坝右岸高程 1090.00m 左右拱圈的坝基综合变形模量，受 f_{20} 断层的影响，仅为10GPa，施工时仅进行了浅表的槽挖置换处理，未进行有效的深部处理，在相同的运行工况和温度荷载条件下，该部位首先起裂、裂缝扩展规模最大，坝基岩体条件与结构部位的要求不匹配是开裂的主要原因。如果用拱端坝基抗变形系数控制 2.0 以上，处理措施还应该有所加强。

（3）提出体形设计的参考尺寸。相对较薄弱的坝基部位，如果因为结构布置等因素影响，不能采用扩大处理范围、改变处理方式加强处理，则可以从体形布置上作出调整，加大拱端厚度以扩大地基的承力范围。这时可以用拱端坝基抗变形系数公式另一种变形形式即 $T = \eta SP/E$，初步估计应该增加的拱端厚度，为体形设计提出建议的参考尺寸，当然还应该考虑上下高程之间的协调。

拱端坝基抗变形系数可以用于初步分析坝基处理目标，不能用于其他非坝基变形模量低导致的结构问题。比如科尔布莱恩拱坝的开裂，是坝体结构断面小、抗剪能力不足导致的，拱端坝基抗变形系数最小值为 2.99，只能认为坝基的抗变形能力是满足要求的，不能以此认为结构设计是合理的。拱端坝基抗变形系数，是以拱圈为分析对象提出的，这就要求分析的对象是以拱向作用为主要承载方式的拱坝，即薄拱坝和中厚拱坝。如果拱向作用小、梁向作用大，如类似白山这样的重力拱坝，采用这种分析方式就不太合适，这也是拱端坝基抗变形系数的局限性。

6.3.4　坝基处理的综合变形模量目标

根据已建工程实例提出了拱端坝基抗变形系数不低于 2.0 的控制指标，锦屏一级拱坝为世界第一高坝，坝基地质条件复杂，从偏于安全考虑，拱端坝基抗变形系数应控制在2.5 以上，由 $E = 2.5SP/T$，可以得到坝基处理的综合变形模量应达到的目标值。对锦屏一级可研阶段的设计成果进行分析，左岸高程 1670.00~1830.00m 范围的拱端坝基抗变形系数达到 2.0，未达到 2.5 的控制目标，见表 6.3－1。左岸高程 1730.00m 以上，坝基变形模量主要受卸荷的砂板岩、煌斑岩脉的影响，在高程 1730.00m 以下主要受 f_5 断层的影响，而高程 1670.00m 主要受 f_2 断层的控制。

表 6.3－1　　　　　　　　　可研设计方案的拱端坝基抗变形系数

高程/m		1870.00	1830.00	1790.00	1750.00	1710.00	1670.00	1630.00	1600.00
拱端厚度/m	T_L	23.50	36.00	44.00	52.00	57.00	59.00	60.00	60.00
	T_R	24.00	38.50	47.50	53.50	57.00	60.00	60.00	60.00
综合变形模量/GPa	E_L	10.00	10.00	12.00	12.00	12.00	12.00	19.00	19.00
	E_R	16.00	19.00	19.00	19.00	17.00	14.00	14.00	14.00

续表

高程/m		1870.00	1830.00	1790.00	1750.00	1710.00	1670.00	1630.00	1600.00
半拱弧长/m	S_L	297.38	281.38	258.41	227.80	186.92	137.89	94.21	58.31
	S_R	241.28	199.74	178.33	164.48	151.66	130.86	104.67	61.14
水压/MPa	P	0.15	0.55	0.95	1.35	1.75	2.15	2.55	2.85
拱端抗变形系数	η_L	5.27	2.33	2.15	2.03	2.09	2.39	4.75	6.86
	η_R	10.61	6.66	5.33	4.58	3.65	2.99	3.15	4.82

拱端坝基抗变形系数要提高到 2.5 以上，如果建基面位置和坝基处理措施不作调整，只有通过增加拱圈厚度 25% 来实现，这样不仅会大量增加坝体混凝土方量，开挖支护量也会大幅度增加。为改善拱坝边界条件，提高结构安全度，首先应着眼于对坝基缺陷的处理，提高坝基的抗变形能力，以可行性研究阶段的体形参数，按照拱端抗变形系数不低于 2.5 的要求，同时按不小于 10.00GPa 的控制要求，综合确定坝基处理的综合变形模量目标控制值见表 6.3 - 2。

表 6.3 - 2　　　　　　　　　　　坝基综合变形模量目标控制值

高程/m	1870.00	1830.00	1790.00	1750.00	1710.00	1670.00	1630.00	1600.00
左岸综合变形模量/GPa	10.00	10.75	13.95	14.79	14.35	12.56	10.00	10.00
右岸综合变形模量/GPa	10.00	10.00	10.00	10.38	11.64	11.72	11.12	10.00

6.4　左岸抗力体加固处理方案研究

6.4.1　各种措施的加固效应分析

抗力体常用的加固措施包括垫座、传力洞、置换网格和抗力体固结灌浆，还包括常规的坝基固结灌浆。在建坝可行性研究中，对坝基变形控制的工程措施进行了初步的分析，认为垫座对提高坝基变形模量效果明显。当采用综合加固处理措施时，以哪种措施为主导，以哪些措施为辅助，各种加固措施如何组合，才能既取得最佳效果又节约工程投资，需要在对各种措施的加固效应分析的基础上确定。

置换网格和传力洞的布置，与煌斑岩脉、断层的性状、产状、位置密切相关，从施工安全、施工通道等方面综合考虑，其布置范围和尺寸没有太大的调整余地。垫座和抗力体固结灌浆则不同，其平面尺寸可以作较大调整，为了分析加固范围和加固效果的关系，对垫座和抗力体灌浆范围进行了平面有限元的敏感性分析，这里以垫座的分析成果为例进行说明。

选用高程 1830.00m 拱圈为代表，置换宽度均按 1.5 倍拱端厚度 T，拟定了 5 种垫座置换深度。当垫座置换深度超过 $0.5T$ 后，拱座位移随垫座深度变化曲线变化开始平缓，置换深度超过 $0.6T$ 后，位移曲线趋于水平，表明在垫座深度超过 $0.6\sim0.8$ 倍拱端厚度 T 时，对拱端位移的减小几乎没有作用，如图 6.4 - 1 所示。在置换深度敏感性分析的基础上，将垫座平均深度固定为 28.00m，比选效果最佳的置换宽度。分析表明，垫座置换宽度超过 1.5T 以后，位移变化很微小，如图 6.4－2 所示。对抗力体固结灌浆范围的敏感性分析，也反映了在一定范围的灌浆后，进一步扩大灌浆范围，处理效果增加不明显的规律。在特定的地质条件下，任何一种加固措施的加固效果都有上限，在超过合理的范围后，即便花费很大的代价，能获得的加固效益也很微弱，无法摆脱边际效用递减规律。

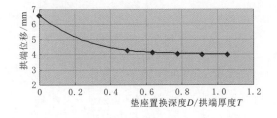
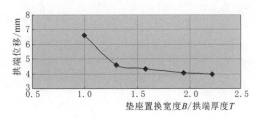

图 6.4－1　拱座位移随垫座置换深度变化曲线　　　图 6.4－2　拱座位移随垫座置换宽度变化曲线

为了横向比较各种加固措施的加固效果，对煌斑岩脉、f_5（f_8）断层的混凝土网格置换、左岸上部拱端的混凝土垫座置换、抗力体固结灌浆、深部裂缝的固结灌浆措施等，分别进行了有限元计算，通过位移对比，分析了加固措施对位移减小量的贡献程度，见表 6.4－1 和表 6.4－2。

表 6.4－1　　　　　各加固措施下的左岸建基面下游顺河向位移减小比例　　　　　%

高程/m	深部裂缝固结灌浆	抗力体固结灌浆	X混凝土网格	f_5混凝土网格	垫座	综合加固
1885.00	0.51	9.44	3.06	3.06	9.44	19.64
1870.00	0.00	7.44	2.48	4.96	28.93	38.02
1830.00	0.00	5.42	1.81	12.05	30.72	40.96
1790.00	0.00	4.44	1.67	7.78	23.89	34.44
1750.00	0.00	3.61	0.60	9.04	8.43	19.28
1710.00	0.00	1.55	0.52	4.15	2.59	7.25
1670.00	0.00	0.62	0.00	1.85	1.24	3.70
1630.00	0.00	0.00	0.00	0.75	0.75	1.50

表 6.4－2　　　　　各加固措施下的左岸建基面下游横河向位移减小比例　　　　　%

高程/m	深部裂缝固结灌浆	抗力体固结灌浆	X混凝土网格	f_5混凝土网格	垫座	综合加固
1885.00	0.66	13.91	5.08	7.29	20.53	35.98
1870.00	0.52	8.38	3.14	7.07	42.41	52.88
1830.00	0.33	7.91	2.49	13.33	41.50	53.41

高程/m	深部裂缝固结灌浆	抗力体固结灌浆	X混凝土网格	f_5混凝土网格	垫座	综合加固
1790.00	0.11	6.77	2.33	10.10	32.30	46.73
1750.00	0.58	6.71	2.33	21.28	9.62	32.95
1710.00	0.16	3.28	1.72	14.20	4.84	20.44
1670.00	0.99	1.48	1.48	6.40	3.94	13.79
1630.00	1.10	1.10	1.10	4.76	4.76	12.09

成果显示深部裂缝固结灌浆对位移没有明显的影响。抗力体固结灌浆的作用比较大，在上部高程影响的幅度略大。煌斑岩脉置换网格有比较明显的影响，但占比不大，对上部高程的影响比中下部高程大，这与置换网格距离拱端位置较远有很大的关系。f_5断层靠近坝基，置换网格的影响更明显，在高程1750.00m左右对横河向位移影响很大。垫座对位移影响最大，特别是中上部高程。综合分析，对位移影响由大到小的排序依次为垫座、f_5断层置换网格、抗力体固结灌浆、煌斑岩脉置换网格。

6.4.2 加固方案拟定

前面对每种加固措施的效果做了系统的分析，初拟了主要处理措施的布置方案，考虑具体部位的地质条件进行处理设计，确定各具体部位的尺寸。设计历程中，最具代表性的两个加固方案的特征见表6.4-3。

表6.4-3　　　　　　　　　最具代表性的两个加固方案的特征

加固措施	方案一	方案二
垫座	高程1750.00～1885.00m，高度135m，置换厚度24～32m，方量39.93万 m^3	高程1730.00～1885.00m，高度155m，厚度45～63m，方量56.02万 m^3
f_5断层处理	高程1680.00～1850.00m，设置网格共5层平洞，10条斜井	高程1730.00m以上断层全部挖除，高程1670.00～1730.00m设置网格，2层平洞，4条斜井
抗力体固结灌浆	高程1650.00～1885.00m，内侧范围超过煌斑岩脉影响带5～10m为界	高程1635.00～1885.00m，内侧范围超过煌斑岩脉影响带5～10m为界
煌斑岩脉	高程1720.00～1885.00m防渗斜井	高程1670.00～1829.00m设置防渗斜井，高程1829.00～1885.00m化学灌浆，高程1730.00～1829.00m置换网格，共3层平洞3条斜井
传力洞	—	高程1730.00～1829.00m设置3层共5条
f_2断层加固	浅表置换、固结灌浆	浅表置换、高压冲洗灌浆、深部固结灌浆、水泥化学复合灌浆
河床贴脚	—	贴脚
f_{13}断层处理	高程1870.00～1885.00m明挖置换高程1715.00～1870.00m设置防渗斜井	浅表出露的明挖置换，高程1601.00～1885.00m设置防渗斜井

加固措施	方　案　一	方　案　二
f_{14}断层处理	高程 1740.00～1790.00m 明挖置换 高程 1660.00～1740.00m 设置防渗斜井	建基面出露的明挖置换； 高程 1687.00～1785.00m 置换网格，3 层平洞 4 条斜井；高程 1670.00～1730.00m 设置防渗斜井，高程 1670.00m 以下设置水泥-化学复合灌浆

　　方案一是可研阶段代表性方案，其主要布置思路是采用规模适中的垫座为主要处理措施；对垫座置换范围以外的 f_5(f_8) 断层进行系统的网格置换处理；对垫座以里的卸荷松弛岩带进行固结灌浆；对煌斑岩脉则以贯穿帷幕的斜井做防渗处理。方案二是施工图阶段的代表方案，其主要布置思路是扩大垫座的规模和处理范围，通过加大置换减小左右岸的不对称性，并以此替代高程1730.00m以上的 f_5(f_8) 断层网格；对垫座以里的卸荷松弛岩带进行固结灌浆；对中上部的煌斑岩脉增加置换网格，将接近坝顶水头较小部位采用化学灌浆；结合抗力体固结灌浆、施工通道布置，设置了3层共5条传力洞。

6.4.3　加固方案分析与确定

　　左岸主要高程，天然坝基和加固后的综合变形模量见表6.4-4。其中方案一、方案二的综合变形模量分别以可研阶段和施工图阶段的拱坝体形参数和对应的坝基加固方案计算。由表6.4-4可见，方案一和方案二都显著地提高了坝基综合变形模量，提高坝基刚度的效果非常明显。方案二比方案一在高程1750.00m以上有显著的提高，主要原因是垫座的平面尺寸略有增加和垫座高度的增加。

表 6.4-4　　　　　　　　　　　左岸坝基综合变形模量

高程/m	1885.00	1870.00	1830.00	1790.00	1750.00	1710.00	1670.00
天然坝基综合变形模量/GPa	1.25	1.33	1.85	5.40	5.00	10.48	12.45
方案一综合变形模量/GPa	10.21	10.99	9.84	12.24	11.42	12.80	17.60
方案二综合变形模量/GPa	12.12	12.30	12.90	14.00	13.80	13.00	17.70

　　采用拱梁分载法进行坝体应力分析，主要成果见表6.4-5。在持久状况荷载基本组合Ⅰ、Ⅱ作用下，整个拱坝坝面基本上处于受压状态，只在拱座部位局部产生拉应力，坝体上、下游面的最大主压应力均出现在坝体中下部，坝体应力状态良好。持久状况基本组合Ⅰ工况为位移、应力的控制工况，最大主拉、压应力均满足应力控制标准要求。方案二比方案一的最大拉压应力略低，最大位移略小。

表 6.4-5　　　　　　拱梁分载法持久状况荷载基本组合工况计算成果

项　　目	部位	持久状况基本组合Ⅰ		持久状况基本组合Ⅱ	
		方案一	方案二	方案一	方案二
最大主压应力/MPa	上游坝面	7.15	7.12	6.74	7.61
	下游坝面	8.40	7.77	4.39	5.12

项　目	部位	持久状况基本组合Ⅰ		持久状况基本组合Ⅱ	
		方案一	方案二	方案一	方案二
最大主拉应力/MPa	上游坝面	−1.02	−.83	−1.07	−1.02
	下游坝面	−1.18	−1.13	−1.16	−1.04
最大径向位移/cm	坝体	9.62	8.51	3.89	3.76
	基础	2.61	2.65	1.58	1.73
最大切向位移/cm	坝体	2.75	2.42	1.37	1.21
	基础	2.65	2.23	1.34	1.20

注 拉应力为负、压应力为正；顺河位移向下游为正、横河向位移向左岸为正。

持久状况荷载基本组合工况Ⅰ有限元法计算成果见表6.4-6，上游坝面总体处于受压状态，最大应力满足有限元法应力控制标准，拱坝强度安全满足相应设计要求。有限元法计算成果表明，方案二比方案一拉压应力水平略低，最大位移有显著的减小，一定程度上改善了坝体受水荷载下变形的对称性，拱冠梁位移见表6.4-7。

表6.4-6　　　　　　　有限元法持久状况荷载基本组合工况计算成果

项　目	部位	方　案　一	方　案　二
主拉应力/MPa	上游面	2.10（1750.00m 高程右拱端）	1.14（1810.00m 高程右坝踵）
	下游面	0.47（1710.00m 高程左拱端）	0.33（1710.00m 高程左拱端）
主压应力/MPa	上游面	−5.94（1750.00m 高程拱冠梁）	−6.58（1750.00m 拱冠梁偏左）
	下游面	−13.20（1710.00m 高程右拱端）	−11.00（1630.00m 高程左拱端）
最大横河向位移/cm	左拱	−2.74（1870.00m 高程左1/4拱）	−1.28（1830.00m 高程左1/4拱附近）
	右拱	0.59（1670.00m 高程右1/4拱）	1.22（1790.00m 高程左1/4拱附近）
最大顺河位移/cm	左岸坝基	−2.45（1710.00m 高程左拱端）	−1.98（1750.00m 高程左坝趾）
	右岸坝基	−1.52（1710.00m 高程右拱端）	−1.88（1750.00m 高程右坝趾）
最大横河向位移/cm	左岸坝基	0.75（1790.00m 高程左拱端）	1.25（1790.00m 高程左坝趾）
	右岸坝基	−0.71（1790.00m 高程右拱端）	−1.24（1830.00m 高程右坝趾）

注 拉应力为正、压应力为负；顺河位移向上游为正、横河向位移向左岸为正。

表6.4-7　　　　　　　　有限元法计算的拱冠梁位移

高程/m	横河向位移/mm		顺河向位移/mm	
	方案一	方案二	方案一	方案二
1885.00	−11.8	−6.6	−75.0	−71.4
1870.00	−11.3	−6.3	−77.1	−72.8
1830.00	−9.2	−4.9	−81.7	−76.8
1790.00	−6.9	−3.1	−83.2	−78.6
1750.00	−4.5	−1.0	−80.0	−76.5

高程/m	横河向位移/mm		顺河向位移/mm	
	方案一	方案二	方案一	方案二
1710.00	-2.3	0.5	-71.1	-71.7
1670.00	-0.7	2.3	-55.9	-54.7
1630.00	0.1	3.1	-34.8	-32.7
1600.00	0.3	2.5	-19.1	-21.7

对两个方案采用非线性有限元和地质力学模型试验进行了整体稳定分析，这里以地质力学模型试验成果介绍两个方案的差异。地质力学模型试验模拟了坝肩部位各类岩石、主要断层和主要的加固措施。图 6.4-3 反映了拱冠最大顺河向位移与超载倍数的关系，由图可见，方案二的最大位移比方案一有较大幅度的减小，但两个方案的最终极限承载能力相差不大。两个方案的模型试验，下游坝面裂缝发展过程见表 6.4-8。

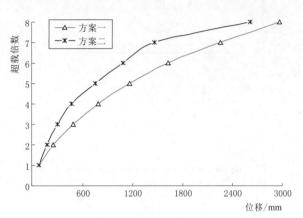

图 6.4-3 下游拱冠最大顺河向位移
与超载倍数的关系曲线

表 6.4-8　　　　　　　　　模型试验下游坝面裂缝发展过程示意

方　案　一		方　案　二	
荷载	下游坝面裂缝示意图	荷载	下游坝面裂缝示意图
$1.0P_0$			
$2.0P_0$			
$3.0P_0$		$3.0P_0$ ~ $3.5P_0$	

方 案 一		方 案 二	
荷载	下游坝面裂缝示意图	荷载	下游坝面裂缝示意图
$4.0P_0$		$3.5P_0$ ~ $4.0P_0$	
$5.0P_0$		$4.0P_0$ ~ $5.0P_0$	
$6.0P_0$		$5.0P_0$ ~ $7.0P_0$	
$7.0P_0$		$7.0P_0$ ~ $7.5P_0$	

模型试验时上游面开裂很少，下游面受坝体不对称影响，在水荷载作用下出现开裂。方案一的起裂安全度 K_1 为 2.0，非线性安全度 K_2 为 3.5～4.0，极限超载安全度 K_3 为 6.0～7.0。方案二的起裂安全度 K_1 为 2.5，非线性安全度 K_2 为 4.0～5.0，极限超载安全度 K_3 为 7.5。从整体安全度比较，方案二比方案一是有明显提高的，特别是对拱坝设计和工程安全非常有指导意义的 K_1，从 2.0 提高到了 2.5。如果把对比分析的焦点放在左岸，方案一在 4.0 倍超载时在高程 1740.00～1780.00m 之间起裂，裂缝随着超载过程的扩展速度，也没有由河床部位和右岸起裂的裂缝快；方案二 4.0～5.0 倍超载时才在高程 1780.00m 左右起裂，同样的裂缝扩展速度慢，最终破坏形态也只是产生了水平向贯通裂缝。从左岸的起裂、裂缝扩展到最终破坏过程，进一步说明了两个方案的加固都是有效的，加固效果方案二更好。

综合拱梁分载法、有限元法的分析成果，以及地质力学模型试验成果，两个加固方案均能满足安全控制要求，方案二的加固措施更全面，效果优于方案一，最终按方案二实施。

6.5 左岸抗力体综合加固处理设计

综合加固结构体系包括混凝土垫座、传力洞、置换网格和抗力体固结灌浆，如图6.5-1所示。混凝土垫座有一定宽度和厚度，使拱端作用的推力、剪力在更大的范围分布，通过扩大传力范围来降低地基应力，一方面减小了软弱岩体的变形，另一方面也降低了对建基岩体的承载力要求。传力洞相当于摩擦端承桩，将拱推力传递到深部完整性好、承载力高的岩体中，把抗力体的受力范围向深部延伸的同时，也降低了垫座底部的应力。置换网格发挥了四个方面的作用：①提高了f_5断层和煌斑岩脉这些软弱岩带部位的平均变形模量，从而减小压缩变形量；②作为传力结构，使得作用力能传递到软弱岩带以里的岩体；③控制剪力作用下的剪切变形乃至滑移破坏；④通过与传力洞相连形成空间的受力体系，从而提高加固结构的整体性。抗力体高压固结灌浆，增强了地基抗力岩体的完整性，提高了卸荷岩体的抗变形能力和承载能力，灌浆后的岩体对由垫座、传力洞、置换网格形成的空间立体加固结构形成了有效的支撑和约束。左岸抗力综合加固措施示意图如图6.5-2所示。

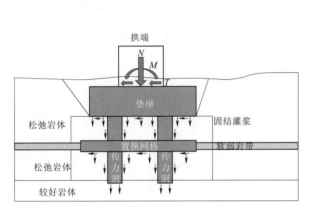

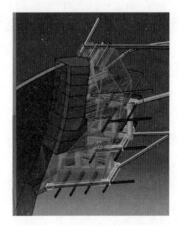

图6.5-1 左岸抗力体加固结构体系   图6.5-2 左岸抗力综合加固措施示意图

6.5.1 混凝土垫座设计

拱坝左岸岩体水平卸荷深度较大，高程1810.00m以上为IV_2砂板岩，岩体中卸荷裂隙发育，完整性差，岩体变形模量偏低，承载能力和抗变形能力弱，即使经固结灌浆处理后仍不能直接作为建基面岩体，且顺河向f_5(f_8)断层在该范围建基面出露，也不宜直接作为建基面岩体。为提高左岸建基面上部砂板岩IV_2类岩体的承载能力和抗变形能力，经过重力墩、传力墙和混凝土垫座等多方案综合比较后采取了混凝土垫座置换处理，同时结合建基面上部高程出露的f_5、f_8断层的展布，挖除高程1730.00m以上拱端范围的断层，在左岸拱端高程1885.00～1730.00m范围内布置了混凝土垫座，各高程垫座的控制尺寸见表6.5-1。

如果仅从垫座受力和传力的工作特性要求出发，垫座作为整体浇筑当然是最好的，但垫座的最大断面面积超过4400m^2，最大边长超过80m，无论是施工浇筑能力，还是温度控制与防裂，都要求必须进行分缝分块。垫座是沿拱坝建基面分布的复杂空间结构，对分

表 6.5 - 1　　　　　　　　　　　各高程垫座的控制尺寸

高程/m	拱端厚度/m	垫座宽度/m	最大置换深度/m	断面面积/m²
1885.00	18.50	33.62	44.65	2586
1870.00	25.00	43.15	46.08	2989
1850.00	31.05	53.88	46.55	3311
1830.00	37.00	59.18	47.98	3555
1810.00	41.57	62.98	46.15	3380
1790.00	46.00	67.09	47.47	3496
1770.00	50.58	72.11	51.82	3894
1750.00	55.00	76.94	54.21	3855
1730.00	58.35	82.33	62.89	4424
平均	40.34	61.25	49.76	3499

缝可以从平面和立面分别进行分析。

在平面上，可以沿拱端径向、切向和径向切向组合进行分缝。如果采用切向分缝，可以减小浇筑块的最大长度，仓面的面积容易分割得比较小且均匀，对施工和温控防裂有利，但是在拱推力的作用下，垫座地基和垫座结构会产生不均匀变形，缝面存在较大剪应力，对保证垫座的整体传力是不利的，所以应采用大致沿径向的分缝。当然，分缝方向还应考虑各高程拱端推力的方向，使得分缝方向与各种工况下拱推力的合力方向大角度相交。

在立面上，缝面可为铅直缝或斜缝。铅直缝的模板安装简单，但由于垫座体形原因，浇筑块的尺寸、面积、形态，随高程的增加均急剧变化，所以每 12m 或 15m 均需调整分缝位置，形成错缝的布置型式，各梯段均需对缝端进行并缝处理。错缝的布置方式，容易导致施工期开裂，缝面开度难以满足接缝灌浆的要求，并缝处理的要求也制约各浇筑块的施工进度。如果采用斜缝，除了相邻高差限制外，不受相邻分块浇筑进度的制约，但也存在缝面在浇筑块自重作用下不能有效张开的问题。

根据施工过程仿真分析成果，通过对浇筑块仓面大小、浇筑块形态、缝面受力性态等方面综合比较，垫座分缝最终采用斜缝形式，用一道连续的斜缝将垫座分为 A、B 两块，垫座典型平切图如 6.5 - 3 所示。临河侧 A 块在自重作用下对缝面有挤压效应，对斜缝接缝灌浆时的缝开度有比较大的影响，采用常规的接缝灌浆手段难以达到灌浆效果，对此主要采取了两方面的措施：一是改进接缝灌浆系统，采用了线出浆和面出浆相结合的灌浆系统；二是对灌浆材料做出调整，在缝开度小于 0.50mm 时，根据缝面情况采用可灌性更好的环氧类灌浆材料。

6.5.2　抗力体固结灌浆设计

地质勘探表明，高程 1650.00m 以下左岸拱端及其附近岩体坚实完整，均为Ⅲ₁、Ⅱ类岩体；高程 1650.00m 以上深部裂隙和波速较低的Ⅳ、Ⅲ₂类岩体发育。为加强地基刚度，提高地基抗变形能力，必须对抗力体一定范围内的岩体采取固结灌浆处理措施，以提高地基的抗变形能力，确保工程安全。

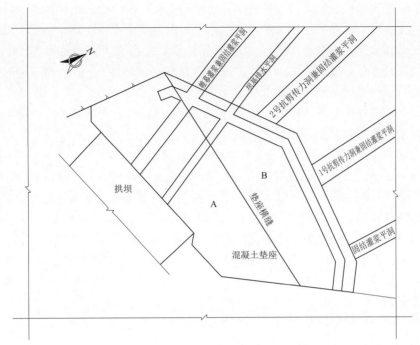

图 6.5-3　混凝土垫座典型平切图（高程 1785.00m）

抗力体固结灌浆的范围，上游侧以不超过帷幕灌浆平洞为界，靠山里一侧以超过煌斑岩脉影响带Ⅳ₂类岩体 5～10m 为界。对下游侧的灌浆边界，采用有限元法计算，以拱端变位为控制，确定灌浆的合理范围。通过计算确定高程 1820.00m 以上为拱端厚度的 3 倍左右、以下为拱端厚度的 1.5～2.5 倍。

左岸抗力体固结灌浆总工程量为 70.1 万 m，通过抗力体范围内布设的立体洞室群进行灌浆，分别是高程 1885.00m、1829.00m、1785.00m、1730.00m、1670.00m 共 5 层，每层洞室群由帷幕灌浆洞、抗剪传力洞、施工次通道及 f₅ 断层或煌斑岩脉置换洞及排水洞等洞室组成。同高程相邻洞室内灌浆孔、不同高程上下洞室灌浆孔均进行有效搭接，以确保灌浆效果。

针对大范围灌浆施工提出精细化灌浆施工控制，将灌浆范围分周边控制灌浆区和内部主灌浆区，要求控制灌浆区采用低压浓浆先行施灌，而后内部主灌浆区实施高压灌浆，并对其中煌斑岩脉和 f₅ 断层带采用高压加密灌浆。同时，根据承受水头在高程范围上由低到高，分别采取高压、中压灌浆，临近边坡部位采用低压灌浆。

左岸抗力体固结灌浆灌后检测及灌浆成果资料分析表明，灌后岩体平均波速、钻孔变形模量均有一定程度提高，基本消除了低波速带，高波速比例明显增加，灌后各项检测指标基本满足设计要求，有效提高了左岸抗力岩体抗变形能力。

6.5.3　置换网格设计

f₅ 断层、煌斑岩脉是坝区规模最大的断层和岩脉，顺河向贯穿整个左岸抗力体，规模大、性状差，抗变形能力弱，它们之间的岩体也较破碎，这两个软弱结构面处于拱坝主要受力区，是左岸坝肩抗滑稳定控制性滑块，也不利于拱坝推力传向山体内部。拱端推力经垫座的分散传递以后，降低了坝基内的应力水平，但在此应力作用下，断层、煌斑岩脉仍有可能发生破坏或产生较大的变形。经有限元计算，变形最大部位在高程 1730.00m 附近，煌斑岩脉最大压缩变形为 1.1cm，f_5 断层最大压缩变形为 1.3cm，向下游的最大剪切变形为 1.4cm。根据抗变形稳定控制要求，结合有限元分析成果，对 f_5 断层和煌斑岩脉采取了混凝土网格置换处理，同时对置换网格之间的破碎带及影响带进行加密固结灌浆处理，以增加承载能力和抗变形能力。

f_5 断层网格是在高程 1730.00m、1670.00m 布置 2 条洞高为 10m 的置换平洞，置换平洞宽度为 7～9m。置换平洞之间设 4 条混凝土置换斜井，其中上游第一道斜井布置在帷幕线上兼作防渗斜井，斜井上下游方向长度为 15m，斜井宽度根据断层宽度确定。

煌斑岩脉置换网格是在高程 1829.00m、1785.00m、1730.00m 布置 3 条洞高为 10m 的置换平洞，置换平洞宽度根据岩脉宽度开挖为 7m。高程 1785.00～1730.00m 之间 3 条混凝土置换斜井，在帷幕线上高程 1829.00～1670.00m 之间布置防渗斜井，斜井的宽度均根据岩脉实际宽度确定。并对 f_5 断层、煌斑岩脉在置换混凝土网格内软弱岩带及其影响带进行加密固结灌浆处理。

f_5 断层、煌斑岩脉混凝土置换网格处理布置如图 6.5－4 和图 6.5－5 所示。

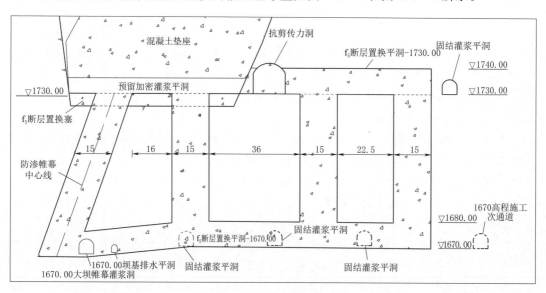

图 6.5－4 f_5 断层置换洞（井）网格布置剖面图（单位：m）

6.5.4 传力洞设计

f_5 断层、煌斑岩脉走向与拱坝传力方向大角度相交，而且之间所夹岩体较破碎、抗变形能力差，不利于拱坝推力传向山体。传力洞是处理大面积软弱破碎带拱坝坝基的有效措施，并且已广泛应用于国内外重大拱坝工程的坝基处理之中。经过分析研究，结合拱推力传力方向，在抗力体内布置传力洞，将拱推力由垫座分散后经传力洞传至煌斑岩脉以里的 III_1 类岩体。

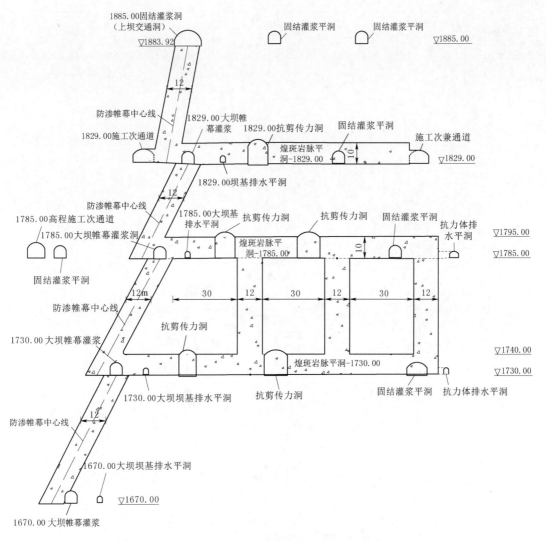

图 6.5-5 煌斑岩脉置换网格布置图（单位：m）

在高程 1829.00m、1785.00m 和 1730.00m 共设置 3 层传力洞，其中高程 1829.00m 布置 1 条，高程 1785.00m、1730.00m 分别布置 2 条传力洞，传力洞尺寸为 9m× 12m（宽×高）。在施工期传力洞还兼作固结灌浆洞，待灌浆施工完成后，采用钢筋混凝土进行回填。传力洞布置典型平面图如图 6.5-6 所示。

6.5.5 f₂ 断层带综合处理

左岸高程 1670.00m 拱圈的拱端抗变形系数较小，坝基变形模量低，主要受该部位发育的 f_2 断层及层间挤压带的影响。f_2 断层顺层延伸，出露于左岸坝基，斜向贯穿建基面，在坝趾高程 1681.00m 出坝基继续往下游抗力体延伸。受褶皱及构造影响，走向及倾向上均呈舒缓波状起伏，在坝基处理范围内总体产状为 N10°～30°E/NW∠35°～50°，破碎带一般宽 10～30cm，组成物质主要为片状岩、少量碎粒岩、碎粉岩及强风化绿片岩，局部

131

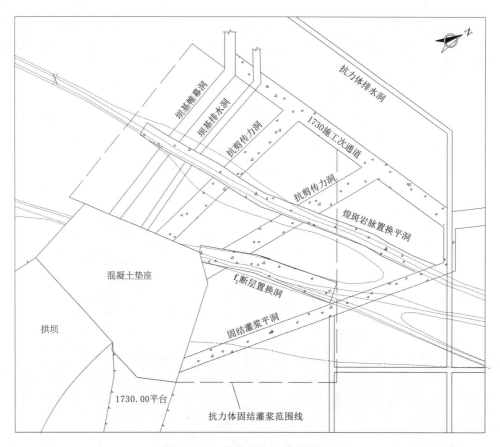

图 6.5－6 传力洞布置典型平面图

炭化呈黑色，天然状态下挤压紧密，遇水易软化泥化，f_2 断层两侧同向发育 4 条层间挤压错动带，均属 V_1 类岩体。

在处理措施选择和范围确定时，因为 f_2 断层有遇水易软化泥化的特点，要考虑到运行时断层遇水软化引起力学参数降低，处理措施上考虑一定裕度，适当加强。对 f_2 断层及层间挤压错动带的加固处理，分为防渗排水处理、建基面置换、高压冲洗灌浆、建基面常规固结灌浆和抗力体深部固结灌浆五部分。f_2 断层及层间挤压带置换处理方案典型剖面如图 6.5－7 所示。

（1）防渗排水处理。防渗设计以灌浆为主，考虑了普通水泥浆灌浆、水泥-化学复合灌浆两种方案。根据 f_2 断层及层间挤压错动带性状分析，通过常规的水泥灌浆难以达到坝基防渗的设计要求，在水泥灌浆灌后不满足设计要求的部位采用水泥-化学复合灌浆处理。在拱肩槽下游水垫塘边坡及雾化区边坡出露的 f_2 断层及层间挤压错动带采用表面混凝土面板封闭处理。为降低结构面上的扬压力，利用坝基排水系统和抗力体排水系统排出渗水。

（2）建基面置换。对建基面出露 f_2 断层及层间挤压带采用明挖并回填混凝土进行置换处理。置换槽采用 L 形开挖，置换槽底宽为 10～12m，置换槽背坡坡度为 1∶0.2；开口线附近先进行 2 排锁口锚杆施工；置换槽坡面采用直径为 32mm、28mm，长为 4.5～

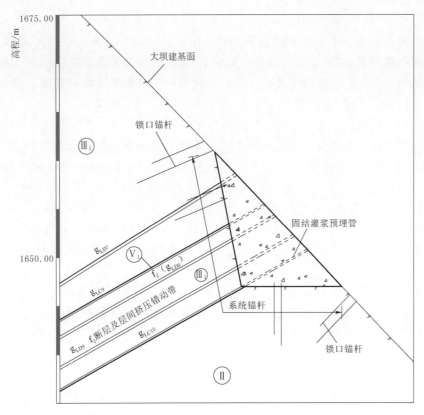

图 6.5-7　f_2 断层及层间挤压带置换处理方案典型剖面图

9m 的系统锚杆支护。

在置换槽回填混凝土浇筑前,对断层 f_2(g_{LD8}) 及 g_{LD7}、g_{LC9}、g_{LD9} 和 g_{LC10} 四条层间挤压带进行冲洗,清除破碎岩体及软弱填充物,冲洗处理深度按 50～80cm 进行控制。然后对置换槽采用三级配 C30 混凝土进行回填,回填混凝土周边配置钢筋。

(3)高压冲洗灌浆。置换槽回填混凝土施工时,沿 f_2 断层及层间挤压带的产状预埋灌浆管,回填混凝土施工完后,利用预埋灌浆管对 f_2 断层及四条层间挤压带进行高压冲洗,孔深为 30m,孔距为 1.5～2m。高压冲洗完成后,采用 0.7:1 水泥浓浆进行回填灌浆处理。

(4)建基面常规固结灌浆。高压冲洗灌浆完成后,对置换塞以下的 f_2 断层及挤压带进行系统的有盖重加密固结灌浆,灌浆孔间距为 2m,孔深为 30m。

(5)抗力体深部固结灌浆。利用高程 1670.00m 灌浆平洞对 f_2 断层及层间挤压带深部范围进行固结灌浆处理。

6.6　左岸抗力体加固处理施工控制

6.6.1　加固处理特点和难点

锦屏一级左岸抗力体加固处理具有处理范围大、施工项目多、处理工程量大、立体交

133

叉作业、地质条件差等特点和难点。

(1) 处理范围大。主要处理的软弱面包括 f_2、f_5、f_8、f_{42-9} 断层、煌斑岩脉；左岸抗力体施工范围顺河向长约 320m，横河向长约 290m，处理高差范围达 289m。

(2) 施工项目多。包括洞室开挖、支护、衬砌、固结灌浆、帷幕灌浆、排水孔钻孔、洞室混凝土回填、水泥-化学复合灌浆等，施工项目多，工序复杂。

(3) 处理工程量大。采用多种加固处理措施进行综合治理，工程量巨大，固结灌浆总量为 123.567 万 m，总帷幕灌浆量约为 106.0 万 m，总的置换混凝土总量为 30.7 万 m³，平洞总长为 10118m，斜井总长为 1141m，排水洞总长为 15060m，垫座置换混凝土总量为 56.02 万 m³。

(4) 立体交叉作业。在高程 1885.00m、1829.00m、1785.00m、1730.00m、1670.00m 等布置了 5 层洞室群进行综合加固处理，各种洞室共 68 条，断面尺寸不等的洞室总长度约为 11.8km，处理洞室群布置集中，纵横交错，施工干扰和交通干扰问题突出。

(5) 地质条件差。抗力体范围内 f_5 断层和煌斑岩脉置换网格洞井的施工，由于 f_5 断层和煌斑岩脉分别为 Ⅴ、Ⅳ 类围岩，规模大，岩体破碎，遇水易软化，属极不稳定岩体，施工过程中围岩稳定和施工安全问题突出。

6.6.2 施工控制措施

根据左岸抗力体加固施工的特点，为保证加固处理措施的施工质量和施工安全，采取了以下施工控制措施。

(1) 置换网格开挖时序。考虑施工过程中围岩稳定控制和施工安全，确定了置换网格施工开挖控制要求：同高程的置换平洞分批次间隔开挖，相邻洞室同时进行开挖时，其作业面间隔距离不小于 50m；相同平面位置的相邻高程置换平洞间隔开挖，且作业面间隔距离不小于 50m；同一高程区域内置换斜井间隔开挖，相邻斜井开挖的作业面高差不小于 20m；各开挖工作面不得同时爆破，不同开挖面爆破时间间隔不小于 5min。

(2) 追踪开挖动态控制。软弱层带置换开挖，主要是要顺软弱层带进行开挖，不仅要保证施工安全，还要使开挖断面符合置换的要求，保证开挖断面的有效性。对防渗斜井、置换平洞、置换斜井采用了"地质预报、超前支护、跟踪开挖、动态调整"的施工控制程序。

软弱岩带的洞、井、网格开挖前，采用超前钻探、打导洞的方式进一步了解地质情况，做好地质预报。根据开挖洞段的地质情况，选择合理的超前支护措施，如先加固后开挖。每个开挖段完成后，及时进行地质编录和地质预报，以调整轴线和断面。根据开挖揭露的断层和岩脉走向、宽度，及时调整开挖控制点坐标、高程、断面型式和开挖支护参数。

(3) 爆破与支护控制。f_5 断层为 Ⅴ 类围岩，煌斑岩脉属 Ⅳ 类围岩，均属不稳定岩体，为尽量减小对围岩扰动，开挖遵循"短进尺，弱爆破，强支护，勤测量"施工原则。

软弱岩带置换开挖采用小进尺，弱爆破，每一循环进尺不超过 2.0m，单响药量、多洞井最大药量叠加值应确保已挖洞井段围岩的稳定和支护设施的安全，不超过爆破试验允许值。

采用先超前灌浆加固或超前锚杆支护后开挖的方式；开挖洞段采用边开挖、边支护、边衬砌的跟进支护方式，支护范围距掌子面 1～1.5 倍洞径，衬砌范围距掌子面 3～5 倍洞径。

置换网格斜井和防渗斜井开挖宜采用自上而下的施工程序。斜井开挖必须边开挖边进行衬砌支护，上一个循环支护完成之前，不得进行下一个循环作业。斜井开挖衬砌后尽快回填混凝土。

开挖施工过程中，对开洞口、交叉洞口及局部不稳定部位采用随机锚杆、钢支撑和预应力锚杆（束）等方式及时加强支护。置换平洞与传力洞交叉处围岩变形较大，交叉口处 f_5 断层置换平洞开挖前应对两侧抗剪传力洞 10m 范围进行衬砌支护。

（4）高压灌浆施工控制。左岸地质条件复杂，且灌浆工程系隐蔽工程，根据施工过程中揭示的具体情况，进行动态优化与完善是灌浆作业应遵循的总体指导原则。施工过程中，对灌浆资料、地质情况和施工技术措施进行及时的分析总结，改进灌浆工艺、优化和调整灌浆范围及参数。

通过统筹安排、系统规划，灌浆施工采用立体多层次、平面多工作面、拉开灌浆区域间距的施工组织措施，以控制同一部位的施工强度，避免多台机组群孔密集灌浆。每条灌浆廊道内，每灌浆单元同时灌注的钻灌设备不超过 2 套。

为保证抗力体固结灌浆后不受开挖爆破的震动影响，任一高程区域的抗力体固结灌浆主灌浆区在上、下相邻高程区域范围内所有洞室开挖和支护全部完成后开始。已完成灌浆或正在进行灌浆作业的区域附近，不得进行爆破作业。

为防止高压灌浆对混凝土衬砌的破坏，任一高程区域的抗力体固结灌浆在灌浆区邻近 50m 范围内，本层及下一层固结灌浆廊道混凝土衬砌及回填灌浆、排水洞混凝土衬砌及回填灌浆、需封堵的勘探平洞混凝土回填及回填灌浆完成后开始。

为减少浆液向灌浆范围外过远扩散，保证抗力体固结灌浆效果，抗力体固结灌浆周边 7.5～15.0m 宽度范围为控制灌浆区，采用低压浓浆封闭灌浆先行实施。控制灌浆区以内为主灌浆区，按灌浆压力又分为最大灌浆压力 5.0MPa 的高压灌浆区和最大灌浆压力 3.0MPa 的中压灌浆区。灌浆方式采用孔口封闭灌浆法，按分序加密的原则进行，环间分二序、环内分三序。

为防止高压灌浆引起的边坡变形、地表抬动，在灌浆施工过程中，灌浆压力和注入率按表 6.6-1 的规定协调控制，根据实际灌浆情况动态调整灌浆压力。

表 6.6-1 灌浆压力与注入率的协调控制参考值

灌浆压力/MPa	1～2	2～3	3～4	>4
注入率/(L/min)	30	30～20	20～10	<10

（5）抗力体变形监控。左岸抗力体陡倾角节理裂隙发育，灌浆时易发生边坡变形和抬动变形，因此在灌浆施工全过程对被灌岩体进行地表变形监测和抬动变形观测。地表变形监测利用左岸抗力体区域在边坡表面和处理洞室内布置的监测设施进行。

灌浆点附近 20m 区域内多点位移计观测频次为 1 次/5min。测点位移增量值小于 0.1mm 时，灌浆压力的升压过程按设计要求执行；在位移增量值为 0.1～0.2mm 时，灌浆升压过程严格控制注入率小于 10L/min，如果位移增量值不再上升，逐级升压，否则停止升压；在位移增量值大于 0.2mm 时，停止灌浆。

灌浆点附近 20～100m 区域内多点位移计观测频次为 1 次/d，测点位移速率小于 0.5mm/d 时，灌浆压力的升压过程按设计要求执行；测点位移速率 0.5～2mm/d 时，灌浆升压过程严格控制注入率小于 10L/min，如果位移值不再上升，逐级升压，否则停止升压；在测点位移速率大于 2mm/d 时，停止灌浆。

灌浆点附近 100m 范围内外观测点观测频次为 1 次/3d，位移变化速率大于 2mm/d 时停止灌浆。

抬动变形观测装置布置在灌浆廊道内，按每 24m 一段布置 1 个抬动观测孔，孔深大于相应固结灌浆孔深度 2.0m。在裂隙冲洗、压水试验及灌浆等作业过程中，当变形值接近变形允许值 200μm 或变形值上升速度较快时，降低压力防止发生抬动破坏。当施工中出现超过规定的允许值时，采用降低压力和注入率直至停止施工的控制措施。

在每个灌浆平洞还需设置了 5～8 个抬动监测点。在灌浆施工全过程使用水准仪测量各抬动监测点的高程，监测被灌岩体的抬动情况。

6.7　坝基处理效果评价

针对左岸抗力体存在的特殊工程问题，开展了坝区左岸深部裂缝发育特征及其对工程安全影响研究、拱坝坝基软弱岩体及弱卸荷岩体固结灌浆现场试验研究、拱坝坝基处理设计专题研究、拱坝坝基处理方案的三维线弹性及非线性有限元研究、拱坝坝基处理方案的地质力学模型试验研究、拱坝坝基软弱岩带化学灌浆试验研究、灌浆综合检测技术及处理效果评价研究等工作，确定了左岸抗力体处理设计中的主要加固处理措施：以混凝土垫座、抗力体固结灌浆、f_5 断层和煌斑岩脉混凝土网格置换以及传力洞等，组成了左岸抗力体的"垫、固、传、塞"综合加固处理方案，有效地提高了坝基抗变形能力。

除坝基处理措施外，体形调整也对提高结构安全性、改善位移和应力分布的对称性有较大的贡献。调整拱坝的中心线，结合拱坝建基面优化在加大坝基处理措施的同时减小了拱端嵌深，加大了高程 1670.00m 以上的嵌深以获得更好的建基条件，增加坝体厚度以降低坝体压应力水平，增加了地质条件较差的区域的拱端厚度，这些措施改善了拱坝受力边界条件的对称性和均匀性，使坝体获得了较好的应力及变形分布。由表 6.7-1 可见，加固处理后的各拱端坝基抗变形系数均达到了不低于 2.5 的目标要求，沿高程方向的分布也更加均匀，起到了增强结构薄弱部位的效果。

表 6.7-1　　　　　　　　　综合加固处理后的拱端坝基抗变形系数

高程/m		1870.00	1830.00	1790.00	1750.00	1710.00	1670.00	1630.00	1600.00
拱端厚度/m	T_L	25.00	37.00	46.00	55.00	60.70	63.00	66.00	67.00
	T_R	27.00	44.00	54.20	60.40	64.20	65.70	67.50	68.50
综合变形模量/GPa	E_L	11.61	12.65	13.99	14.14	13.33	17.59	22.03	22.08
	E_R	19.67	20.97	20.50	19.35	17.09	15.93	15.12	13.85

续表

高程/m		1870.00	1830.00	1790.00	1750.00	1710.00	1670.00	1630.00	1600.00
半拱弧长/m	S_L	276.24	261.92	243.88	216.56	178.67	136.61	96.05	63.60
	S_R	250.91	214.48	192.15	178.62	164.88	150.02	116.70	85.31
水压/MPa	P	0.15	0.55	0.95	1.35	1.75	2.15	2.55	2.85
拱端坝基抗变形系数	η_L	7.00	3.25	2.78	2.66	2.59	3.77	5.94	8.16
	η_R	14.11	7.82	6.09	4.85	3.80	3.24	3.43	3.90

考虑坝基处理措施后，坝体应力和位移成果以及整体稳定分析的成果（在6.4.3节中已有叙述）均满足设计要求。坝基的处理效果和工作特性，可以从坝基和拱坝的变形监测成果上得到更直观的认识。

对左岸坝基和抗力体，布置了大量的监测仪器，以监控坝基和地基加固措施的工作性态。在高程1885.00m、1829.00m、1785.00m坝基平洞内布置了石墨杆收敛计进行深部变形监测，成果表明深部变形微小，截至2020年6月30日，最大值仅0.91mm。在左岸坝基高程1829.00m、1730.00m帷幕灌浆平洞内布置引张线系统，测点穿过主要软弱结构面，监测坝基的水平变形。截至2020年11月，高程1730.00m、高程1829.00m水平位移最大值分别为8.0mm、3.6mm，2015—2020年间位移变化量均小于1mm。左岸高程1829.00m、1730.00m帷幕灌浆平洞引张线水平位移过程线如图6.7-1和图6.7-2所示。水平位移与水位有良好的相关性，水位上升时水平位移增加，水位下降时水平位移减小，从高程分布看，高高程水平位移大于低高程，总体而言，该区域处于稳定状态。对左岸抗剪洞等坝基加固措施，布置了测缝计、渗压计、钢筋计，蓄水以后的监测成果都很平稳，变化微弱。

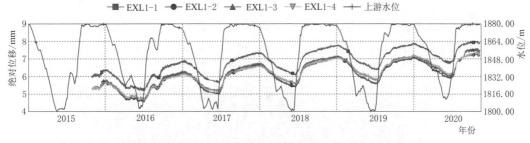

图6.7-1　左岸高程1829.00m帷幕灌浆平洞引张线水平位移过程线

拱坝坝基径向位移表现为向下游，拱冠梁13号坝段坝基径向位移与库水位相关系数为0.93，即河床坝段的坝基径向位移与库水位相关性很好。河床坝段径向位移大于两岸坝段坝基径向位移，左岸坝段坝基径向位移整体大于右岸坝段径向位移。截至2019年10月31日，河床坝基最大径向位移16.56mm，出现在16号坝段。

河床坝段坝基垂线测点切向位移过程线如图6.7-3所示。河床11号坝段切向位移相对较大，其他坝段切向位移相对较小，左岸坝段坝基切向位移整体大于右岸坝段坝基切向位移。截至2019年10月31日，河床坝基最大切向位移3.48mm，出现在11号坝段，表现为向左岸。

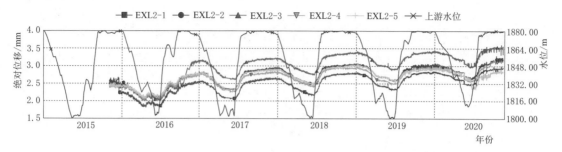

图 6.7 - 2　左岸高程 1730.00m 帷幕灌浆平洞引张线水平位移过程线

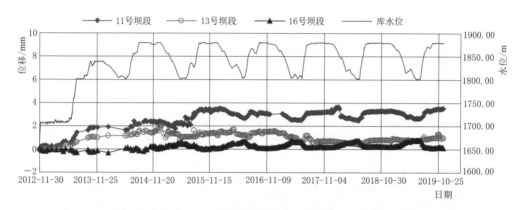

图 6.7 - 3　河床坝段坝基垂线测点切向位移过程线

　　河床坝基垂直位移，与坝体浇筑高度关系密切，与水位变化不相关。随着大坝浇筑高度的增加坝基岩体呈压缩变形，2013 年 6 月变形达到 12.94mm，之后位移没有变化，变形已收敛。截至 2019 年 10 月 31 日，14 号坝段中部坝基的实测压缩变形值为 17.40mm。

　　拱坝径向位移表现为向下游，截至 2019 年 10 月 31 日，11 号坝段的 1730.00m 高程测点位移最大，位移值为 42.00mm。2019 年正常蓄水位时，大坝径向位移分布如图 6.7 - 4 所

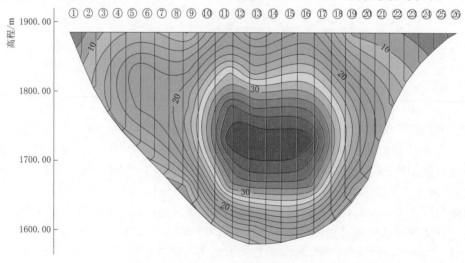

图 6.7 - 4　2019 年正常蓄水位时大坝上游面径向位移分布图（单位：mm）

示，径向位移与水位有良好的相关性，以拱冠梁 13 号坝段为例，两者相关系数为 0.95～0.99，水位上升时大坝径向位移向下游，水位下降时大坝径向位移向上游。在水位平稳期，1800.00m 低水位运行时，坝体上部高程表现出一定的向上游的位移；1880.00m 高水位运行时，各高程均表现出向下游的位移。拱坝径向位移整体以中间坝段为中心，向两岸测值逐渐变小，两岸基本对称。水位快速变化期，径向位移与上游水位近似呈线性关系，大坝处于准弹性工作状态，增量位移如图 6.7-5 所示，典型坝段径向位移过程线如图 6.7-6～图 6.7-9 所示，实测值都处在监控指标范围内，拱坝变形正常。

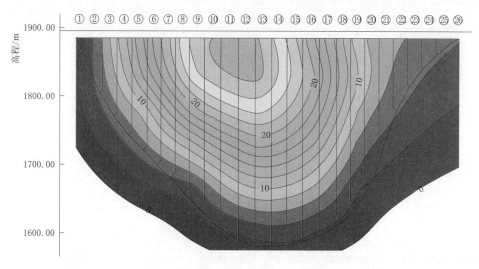

图 6.7-5　大坝第六次加载上游面径向位移增量分布图（单位：mm）

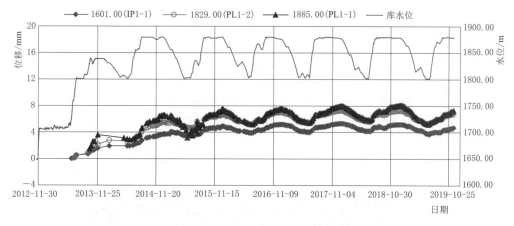

图 6.7-6　1 号坝段径向位移过程线

拱坝切向位移与水位有一定的相关性，以位移量最大的 11 号坝段为例，两者相关系数为 0.62～0.88。水位上升时切向位移方向向两岸，水位下降时切向位移方向向河床，左岸侧切向位移稍大于右岸。截至 2019 年 10 月 31 日，切向位移最大值为 12.18mm，出现在 11 号坝段高程 1730.00m 部位，表现为向左岸。

坝体垂直位移与水位有良好的相关性，以位移量最大的 14 号坝段为例，两者相关系

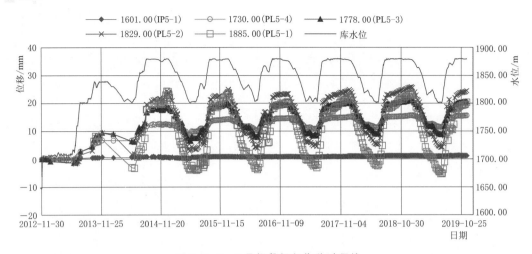

图 6.7 - 7 5 号坝段径向位移过程线

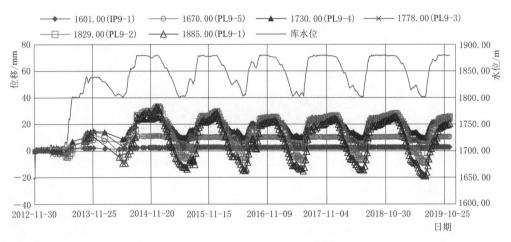

图 6.7 - 8 9 号坝段径向位移过程线

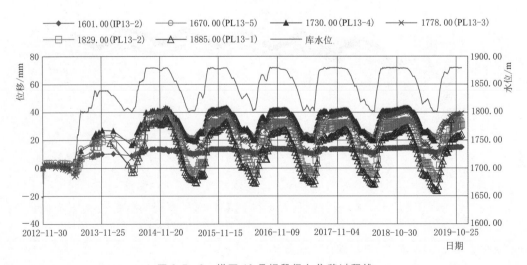

图 6.7 - 9 拱冠 13 号坝段径向位移过程线

数为-0.84~-0.95，库水位上升，坝体呈沉降趋势；库水位下降，坝体呈回弹趋势。坝体垂直变位呈拱冠大、向两岸逐渐减小的特征，相邻坝段沉降变形协调。2014 年 8 月首蓄正常蓄水位以来，坝体垂直位移随水位升降呈弹性变化特征，截至 2019 年 10 月 31 日，1664m 高程 14 号坝段沉降量最大，为 13.4mm。

综上所述，在采用了系统加固处理后，坝基变形模量显著提高，坝基的变形量小且蓄水后变形平稳，坝体变形与库水位变化有很好的相关性，拱坝和坝基总体都表现出很好的弹性变形特征，说明采取的综合加固方案是合理有效的，加固效果达到预期目标。

第 7 章

复杂坝基特高拱坝防裂研究

拱坝作为高次超静定的壳体结构，能充分利用混凝土材料的抗压强度，具有很高的结构超载安全潜力，有较强的自我调整能力，能适应复杂坝基地质条件和几何缺陷，合理的拱坝体形、混凝土强度及坝基处理设计，能使得拱坝具有较高的抗裂安全性。

拱坝结构开裂是由超静定结构向静定结构、静不定结构的转化，虽然与开裂部位的混凝土强度密切相关，但在结构层面上是个整体受力问题，不仅关联大坝体形、混凝土强度和坝基处理设计，还涉及大坝与地基相互作用、相互适应及调整。拱坝结构性裂缝表现为混凝土材料开裂，实际可能涉及结构地基非线性问题，需要从结构整体非线性受力性态的角度进行研究。

锦屏一级拱坝坝基地质条件复杂，地形地质条件不对称，主要分布有 f_2、f_5、f_8、f_{13}、f_{14}、f_{18} 断层和煌斑岩脉，坝高 305m，在 300m 水头和约 1350 万 t 水推力作用下，这些坝基薄弱区使得拱坝存在开裂风险。为此，采用三维数值仿真计算，研究基于弹性有限元法的抗裂安全系数和基于非线性有限元法不平衡力集中区的开裂风险识别方法，分析锦屏一级拱坝开裂风险区及开裂机理，研究并采取针对性防裂措施，降低拱坝开裂风险。

7.1 拱坝开裂主要影响因素

7.1.1 拱坝开裂情况和影响因素

拱坝开裂是一种比较常见的现象，通过统计国内外数十座拱坝的开裂资料并综合分析，拱坝开裂主要因素如下。

1. 地质缺陷

(1) 坝基地质条件较差，且处理措施不够。美国马蒂利加坝（Matilija，坝高 50m）坝基地质条件差，加上混凝土劣化等原因，坝体开裂破损而局部拆除，后因泥沙淤积，有效库容进一步减少，最终全部拆除。

(2) 地形地质条件不对称。西班牙阿塔尔坝（El Atazar，134m）左坝肩单薄且未进行加固，而右坝肩进行过加固，抗力体和加固措施不对称导致蓄水后坝肩变位不对称，左岸变形大，导致拱坝开裂。

(3) 坝肩变形。瑞士泽乌齐尔拱坝（Zeuzier，156m），1957 年建成蓄水，运行 21 年后，因附近公路施工扰动坝基下部承压水层，坝基沉陷，横缝张开，在坝体下游面形成周边裂缝。秘鲁艾弗雷坝（El Fraile，61m）左坝肩变形移动导致拱坝开裂。四川荣县马蹄沟拱坝因右坝肩附近煤矿开采作业导致坝肩变形，引起坝顶至坝基贯穿性裂缝。

(4) 坝基渗透破坏。南斯拉夫伊达尔坝（Iddar，38m）地基管涌等导致坝基渗透破坏而坝体开裂。法国马尔帕塞拱坝（Malpasset，66m）在蓄水后，左坝肩内基础滑块上因渗透压力增加导致显著变形，引起坝体相对于大坝右端转动导致大坝开裂并最后溃决。

(5) 坝基蓄水软化。法国奥特法瑞坝（Hautefage，54m）河床底部结晶岩和左岸上部的云斜煌岩蓄水软化，导致坝体开裂。

2. 结构设计缺陷

奥地利科恩布赖茵拱坝（Kolnbrein，200m）运行期在上游面基岩以上 18m 出现了一条延伸长度达 100m 的张开裂缝。隆巴迪（Lombardi G）分析认为，其体形单薄、结构刚度弱是首要原因。该坝坝址河谷开阔，坝体厚度薄，拱坝柔度系数达 17.5；底部平坦，拱的作用小，梁向承受荷载较大；坝所承受的总水压力巨大，河床建基面附近混凝土平均剪应力已接近混凝土的极限抗剪强度；施工期引起的下游面裂缝削弱了大坝有效断面，最终使得坝体出现裂缝。

法国托拉坝（Tolla，坝高 90m）坝底厚 2m，厚高比为 0.022，体形单薄是坝体开裂的主要原因。

葡萄牙卡勃里尔坝（Cabril，132m）为满足交通要求，改变原拱坝体形，在坝顶高 7.0m 范围内，将梁断面宽度从 3.0m 增加到 8.0m，在顶部形成一个刚度很大的拱圈，改变了拱坝受力性态，导致坝顶 10～20m 范围内水平施工缝裂开。

3. 其他原因

除地质与结构设计缺陷外，温度控制、施工原因、碱骨料反应、地震等均可能导致拱坝开裂。苏联萨扬-舒申斯克拱坝（Sayan Shushensk，242m）在施工和运行期由于温控不力产生很多裂缝，包括河床坝段上游面低高程水平裂缝、坝踵沿建基面及基岩内的各种裂缝。法国勒加日拱坝（Le Gage，48m）由于施工质量原因，蓄水后施工缝和坝基陆续出现裂缝，持续发展，上下游坝面大面积裂缝，导致渗漏量大而最终废弃。广东长沙拱坝（55.5m）混凝土浇筑质量差造成抗裂性能降低，寒潮袭击时无有效保温措施等因素造成坝体开裂。澳大利亚的泰姆瓦斯拱坝（Tammwarth，20m）因夏季干枯无水、冬季遇冷收缩而开裂。安徽丰乐拱坝（55m），遇到 1978 年高温空库、坝体长时间遭受烈日暴晒的极端运行条件，坝体下游面产生平行岸坡向的裂缝。法国尚本拱坝（Chambon，137m）由于混凝土碱骨料反应导致拱坝开裂。美国帕卡伊玛拱坝（Pacoima，114.3m）和秘鲁埃尔弗雷尔拱坝（El Fryle，67m）由于强震产生开裂。

7.1.2 锦屏一级拱坝防裂的不利因素

根据以上拱坝开裂案例的资料分析，结合锦屏一级工程特点，拱坝防裂的不利因素主要有以下三个方面：

（1）地形因素。锦屏一级坝址整体上左岸建基面较右岸平缓，左岸高程 1820.00～1900.00m 以下大理岩出露段，地形完整，坡度为 55°～70°，上部砂板岩出露段坡度为 35°～45°；右岸为大理岩，岸坡陡峻，坡角约为 70°～90°，右岸高程 1830.00m 以上地形出现突扩，即坡角由下部 70°左右，变成 40°～50°。左、右岸地形不对称，使得拱坝体形产生较大不对称性，建基面形态不平顺，容易出现应力集中。

（2）地质因素。锦屏一级坝基左右岸、上下高程间的地质条件差异较大，极不对称。地质条件不对称主要体现在建基岩体的特性差异，左岸中上高程坝基由砂板岩构成，岩体风化卸荷拉裂，完整性差，变形模量较低，而低高程坝基由新鲜大理岩构成，变形模量较高；右岸坝基中上部由较完整—完整的大理岩构成，变形模量较高，而下部及其深部含较多绿片岩，变形模量较低。地质条件不对称带来结构抗力不对称，不利于拱坝受力性态和拱结构自适应调整。

坝基发育有大量地质缺陷，左岸主要有 f_2、f_5 和 f_8 断层，煌斑岩脉，深部裂缝，顺坡裂隙，层内的挤压带，绿片岩层面；右岸主要有 f_{18}、f_{13}、f_{14} 断层，顺层绿片岩透镜体夹层，NWW 向优势裂隙和近 SN 向陡倾裂隙。坝基地质缺陷会降低地基局部刚度，恶化大坝局部受力，并影响渗流稳定。

（3）荷载因素。拱坝最大挡水高度 300m，高水头及带来的高渗压梯度，增大地质缺陷软化程度和渗透破坏的风险。水推力达约 1350 万 t，巨大水推力使得地形地质条件对结构受力的不利影响更加突出。

综上，由于拱坝坝高、荷载大、应力水平高，坝址区地形地质条件不对称，同时存在大量地形地质缺陷，将造成大坝受力条件的恶化，可能导致坝体开裂，为此，针对地形地质缺陷，开展了锦屏一级拱坝防裂措施研究。

7.2　特高拱坝开裂分析方法

7.2.1　开裂分析方法简述

常规开裂分析是研究结构在外荷载作用下由连续介质转变为连续—非连续介质的力学响应。混凝土坝的开裂分析，是研究混凝土和岩体在外载作用下，混凝土开裂、地基结构面贯通形成完全非连续介质的抗滑失稳及大坝-地基系统的渐进破坏过程，是当今岩土工程领域极具挑战性的课题之一。

目前混凝土开裂的研究方法主要为数值分析方法，辅以少量的开裂参数测试试验。开裂分析的数值方法通常包括三大类：①连续介质力学方法，包括有限差分法、有限元法和边界元法等；②离散介质力学方法，包括离散单元法、非连续变形分析法、流形元法和颗粒体离散元法等；③连续与离散介质耦合方法，包括有限差分-离散元耦合法、有限元-离散元耦合法和边界元-离散元耦合法等。以有限元法为代表的连续介质力学方法应用较普遍。

连续介质数值方法将分析的系统简化为数学意义上的连续体来表示，常用的有限差分法、有限元法、边界元法以及这些方法的耦合等，有限法应用最为广泛。根据节理岩石、混凝土的不同性状，提出多类有限元力学模型：①以弹性力学为基础的非线性弹性理论模型；②以经典塑性力学为基础的弹塑性理论模型；③以连续损伤力学为基础的介质弹塑性损伤模型；④以断裂力学为基础的非线性断裂力学模型；⑤以黏性材料本构理论为基础的内时理论模型等。弹塑性有限元模型适用于完整岩石与混凝土，非线性损伤断裂模型适宜模拟岩石混凝土断裂各种行为，非线性接触模型适宜模拟岩石节理裂隙与混凝土接缝，界面元模型适宜模拟连续与非连续介质。

传统的材料强度准则在评价岩石、混凝土断裂行为时遇到了尖端应力奇异性，因而导致离散网格敏感性问题的困扰。经典的线弹性断裂力学虽然跨越了裂纹尖端应力奇异的障碍，但难以反映岩石混凝土非线性损伤、应变软化等力学特征，且结构应力强度因子计算与断裂韧度的测量都要预设一定初始裂缝才能实现，这与实际材料的损伤破坏评价并不协调。在连续介质小变形力学框架下研究非连续介质力学问题，在求解介质损伤断裂时，也往往遇到局部化破坏、网格敏感性、计算稳定性等问题。在应用有限元模拟岩石、混凝土断裂扩展过程中，要求不断进行单元重剖分以反映裂缝在域内的扩展，网格重构极大地影响了有限元计算断裂问题的效率。传统有限元法和有限元-离散元法结合方式研究混凝土开裂-扩展的非连续问题，存在两个关键的问题，一是裂缝前沿的识别定位问题，二是裂缝的扩展问题，而这两个问题目前理论上都还在探索中，直接用于工程上拱坝防裂设计还存在困难。

7.2.2 拱坝开裂风险区识别方法

拱坝地质力学模型超载试验等成果表明，拱坝受力破坏过程一般会经历弹性工作状态、非线性工作状态和极限工作状态到最终坍塌，如图 7.2-1 所示。高拱坝起裂一般出现 1.5～2.0 倍水荷载加载阶段，起裂位置不尽相同。拱坝防裂设计需要根据拱坝-地基系统的特点，找到大坝起裂位置，也就是潜在开裂风险区位置，分析该开裂风险区的开裂机理和主控因素，拟定相应的防裂设计方案，建立相应的数值计算模型，分析比选防裂方案，综合评价各开裂风险区防裂措施的效果，确定拱坝防裂措施。

锦屏一级拱坝开裂风险区识别采用了多种方法，这里主要介绍线弹性有限元点安全度识别方法和非线性有限元不平衡力集中区识别方法。

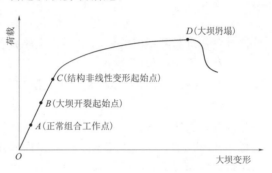

图 7.2-1 大坝一般性受力—破坏过程

7.2.2.1 线弹性有限元开裂风险区识别方法

固体材料受力破坏一般有拉破坏、剪破坏和压破坏三种型式。混凝土岩石试件的压破坏的裂纹形态多为 X 形，可认为其实质是剪破坏。剪破坏中包含压剪破坏、纯剪和拉剪破坏三种，其中拉剪破坏是最危险的模式，需要特别注意。总结起来，混凝土岩石类材料破坏模式大体有拉裂破坏、压剪破坏和拉剪破坏，破坏形式如图 7.2-2 所示，相应地有抗裂安全度，主要包含抗拉、压剪和拉剪的安全储备。

根据弹性有限元法的计算成果，锦屏一级拱坝抗裂设计提出了三个抗裂点安全指标，包括抗拉点安全系数 T、压剪点安全系数 S 和拉剪点安全系数 K，进行开裂风险区识别。

(1) 抗拉点安全系数。混凝土抗拉安全要求 $\sigma_1 \leqslant [\sigma_t]$，$I = (1,2,3)$，$\sigma_1$ 为主应力，$[\sigma_t]$ 为容许抗拉强度。若 $\sigma_3 \leqslant \sigma_2 \leqslant \sigma_1$，则要求 $\sigma_1 \leqslant [\sigma_t]$。由此 $[\sigma_t]/\sigma_1$ 则代表混凝土抗拉安全度，以式 (7.2-1) 取抗拉点安全系数为

$$T = [\sigma_t]/\sigma_1 \tag{7.2-1}$$

(2) 压剪点安全系数。应力状态为受压同时受剪，要求潜在滑动破坏面上的阻滑力大于滑动力，因此压剪点安全系数 S 为

$$S = (0.5|\sigma_1 + \sigma_3|\tan\varphi + C)/(0.5|\sigma_1 - \sigma_3|) \tag{7.2-2}$$

式中：σ_1 为最大主应力；σ_3 为最小主应力；φ 为摩擦角；C 为黏聚力。

(3) 拉剪点安全系数。应力状态为受拉同时受剪，剪切破坏面呈受拉状态，是剪破坏中最危险模式，拉剪点安全系数 K 计算公式为

$$K = 2[\tau]/|\sigma_1 - \sigma_3| \tag{7.2-3}$$

式中：σ_1 为最大主应力；σ_3 为最小主应力；$[\tau]$ 为容许抗剪强度。

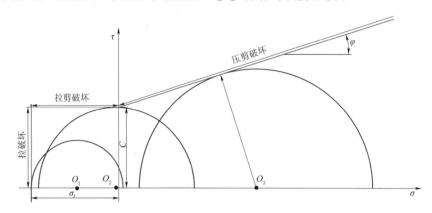

图 7.2-2　岩石类剪切型材料莫尔-库仑准则破坏示意

　　根据各个抗裂安全指标的计算公式，以及线弹性有限元法的计算成果，计算并绘制出等值线图，进行开裂风险区的识别。坝体抗拉点安全系数 T、压剪点安全系数 S 和拉剪点安全系数 K 中任一系数小于 1.0，该区域混凝土就有开裂的风险。

7.2.2.2　非线性有限元开裂风险区识别方法

　　在给定外荷载作用下，结构将通过变形趋于一个新的平衡状态，如果这个变形过程是纯弹性的，最终的平衡状态符合弹性结构的最小势能原理或最小余能原理，如果这个变形过程是非弹性的，伴随着结构内部的损伤演化则情况极为复杂，要区分材料应力应变曲线的阶段，峰前段即硬化阶段遵循 Drucker 稳定材料公设，峰后段即软化段不符合 Drucker 稳定材料公设。在硬化阶段材料非线性变形主要为塑性变形及连续损伤变形，属于连续非线性变形；在软化阶段材料会出现局部化损伤，包括剪切带和开裂，属非连续非线性变形。这样结构新的平衡状态可能处于三种变形阶段：弹性变形阶段Ⅰ；连续非线性变形阶段Ⅱ；非连续非线性变形阶段Ⅲ。

　　这三个阶段是损伤发展的三个特征阶段：无损伤（Ⅰ）、连续性损伤（Ⅱ）、损伤局部化（Ⅲ）。这三个阶段之间的内在联系可用一个不证自明的最小损伤原理来概括：对给定外荷载的结构，其最终的平衡态必处于损伤最小的变形阶段。例如结构若能处于无损的弹性状态（Ⅰ），则绝不会处于损伤阶段（Ⅱ或Ⅲ）；若能处于连续性损伤阶段（Ⅱ），则绝不会处于损伤局部化阶段（Ⅲ）。在弹塑性有限元分析中，一般都先取弹性解作为一个试探解，如果试探解符合屈服条件，就认为弹性解是真解，否则才进行非线性迭代计算，这种计算策略反映的就是最小损伤原理的思想。对复杂结构三种变形阶段存在向下兼容的特点，如第Ⅲ阶段的结构变形除包含非连续非线性变形外，也包含第Ⅰ和第Ⅱ阶段的变形特征。在第Ⅱ阶段结构同时存在弹性承载部分（弹性区）和塑性损伤承载部分（塑性损伤区），最小损伤原理要求弹性承载最大化而塑性损伤承载最小化。

　　开裂是非连续非线性变形阶段（Ⅲ）的损伤特征，直接立足于第Ⅲ阶段开展开裂分析理论上是可行的，但要引入损伤局部化模式，如扩展有限元、相场模型、近场动力学模型等，三维分析实施难度很大且计算结果也不稳定。本研究的基本思路是立足于第Ⅱ阶段分析，通过采用弹塑性硬化模型来分析结构是否开裂，以及开裂程度和部位：如果非线性有限元分析解存在，结构损伤必然是连续的，结构不开裂；如果解不存在，结构会出现非连续的局部化损伤，即开裂。非线性有限元分析解不存在对应于计算不收敛，出现无法转移的不平衡力，所以可用不平衡力来判别结构是否开裂，以及开裂程度和部位。

对一个给定荷载及边界条件的结构边值问题，其解主要为应力场和位移场，需要满足平衡条件、变形协调条件、本构关系。在有限元分析中，平衡条件可表述为

$$F = \sum_e \int_{Ve} \boldsymbol{B}^{\mathrm{T}} \boldsymbol{\sigma}^{1} \mathrm{d}V \tag{7.2-4}$$

式中：F 为结构外荷载等效节点力；$\boldsymbol{\sigma}^{1}$ 为结构应力场；$\boldsymbol{B}$ 为应变矩阵；下标 e 为对所有单元求和。

变形协调条件要求位移场一阶导数连续，从而可用几何条件从位移场中计算出应变场，进而使位移场和应力场通过本构关系联系起来。在基于位移法的有限元分析中，变形协调条件自然满足。弹塑性本构关系的建立需要考虑屈服条件、一致性条件和正交流动法则。

非线性有限元分析要通过迭代计算来求解：①通过位移法有限元可求得满足平衡条件应力场 $\boldsymbol{\sigma}^{1}$，这个过程中变形协调条件、应力应变关系得到满足，第一个迭代步的荷载就是外荷载增量；②应力场 $\boldsymbol{\sigma}^{1}$ 一般不逐点全面满足屈服条件，可以根据一致性条件和正交流动法则确定与应力场 $\boldsymbol{\sigma}^{1}$ 最接近且全面满足屈服条件的应力场 $\boldsymbol{\sigma}$；③迭代收敛目标就是要使这两个应力场趋同，使得最终应力场 $\boldsymbol{\sigma}^{1} = \boldsymbol{\sigma}$ 同时满足平衡条件、屈服条件、一致性条件和正交流动法则；④在某个迭代步中若两个应力场不相同，其差值应力增量场 $\Delta \boldsymbol{\sigma}^{p} = \boldsymbol{\sigma}^{1} - \boldsymbol{\sigma}$ 的等效节点力就是不平衡力，以不平衡力作为外荷载，它推动结构到新的平衡应力场，再从第②步开始，直到收敛为止。

第②步具体实施步骤为：如果 $f(\boldsymbol{\sigma}^{1}) > 0$ 由 $\boldsymbol{\sigma}^{1}$ 可求得满足屈服条件和本构关系的应力场 $\boldsymbol{\sigma}$，如图 7.2-3 所示。

定义塑性余能范数 $E(\boldsymbol{\sigma})$ 来衡量两个应力状态 $\boldsymbol{\sigma}^{1}$ 与 $\boldsymbol{\sigma}$ 之间的距离：

$$E(\boldsymbol{\sigma}) = \frac{1}{2} (\boldsymbol{\sigma}^{1} - \boldsymbol{\sigma}) : \boldsymbol{C} : (\boldsymbol{\sigma}^{1} - \boldsymbol{\sigma}) \tag{7.2-5}$$

式中：$\boldsymbol{C}$ 为柔度张量。对给定的应力状态 $\boldsymbol{\sigma}^{1}$，在满足 $f(\boldsymbol{\sigma}) = 0$ 的约束条件下，通过要求塑性余能 $E(\boldsymbol{\sigma})$ 最小化来确定应力状态 σ，由此确定应力状态 σ 方法对应于正交流动法则。这种确定方法就是返回映射（returning mapping）中的最近点投影法。如果 $f(\boldsymbol{\sigma}^{1}) \leqslant 0$，则 $\boldsymbol{\sigma} = \boldsymbol{\sigma}^{1}$。这样对每一个平衡应力场 $\boldsymbol{\sigma}^{1}$，就可求得满足屈服条件和本构关系的应力场 $\boldsymbol{\sigma}$。

第④步具体实施步骤为：这两个应力场差值就是塑性应力增量场 $\Delta \boldsymbol{\sigma}^{p} = \boldsymbol{\sigma}^{1} - \boldsymbol{\sigma}$，塑性应力增量场 $\Delta \boldsymbol{\sigma}^{p}$ 的等效节点力就是结构不平衡力 ΔQ：

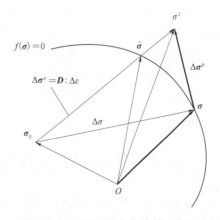

图 7.2-3 弹塑性应力调整示意图

$$\Delta Q = \sum_e \int_{Ve} \boldsymbol{B}^{\mathrm{T}} \Delta \boldsymbol{\sigma}^p \, \mathrm{d}V \qquad (7.2-6)$$

把不平衡力作为外荷载加在结构上，可求得位移增量 ΔU，进而求得应变增量 $\Delta \varepsilon$，由此变形协调条件得到满足；再由增量应力应变关系求得应力增量 $\Delta \boldsymbol{\sigma}^p$。应力增量 $\Delta \boldsymbol{\sigma}^p$ 的等效节点力与不平衡力 ΔQ 相平衡，应力场 $\boldsymbol{\sigma} + \Delta \boldsymbol{\sigma}^p$ 的等效节点力也与外荷载 F 相平衡，故可将 $\boldsymbol{\sigma} + \Delta \boldsymbol{\sigma}^p$ 视为一个新的平衡应力场 $\boldsymbol{\sigma}^1$，可返回第②步开始新的一轮迭代。

如第③步所述，如果迭代最后两个应力场相同，即 $\boldsymbol{\sigma}^1 = \boldsymbol{\sigma}$，则迭代收敛，否则计算不收敛，解不存在。在式（7.2-5）的基础上，可以定义结构塑性余能范数 ΔE：

$$\Delta E = \frac{1}{2} \int_v (\boldsymbol{\sigma}^1 - \boldsymbol{\sigma}) : \boldsymbol{C} : (\boldsymbol{\sigma}^1 - \boldsymbol{\sigma}) \mathrm{d}V \geqslant 0 \qquad (7.2-7)$$

可以证明对满足 Drucker 稳定材料公设的硬化塑性模型，当计算不收敛、解不存在时，迭代过程中结构塑性余能范数 ΔE 总是趋向一个最小值，该最小值对应的不平衡力就是无法转移的残余不平衡力。最小损伤原理意味着：①在进入局部化损伤前，结构将把连续损伤的调整能力发挥殆尽，以最大限度减少开裂范围和程度；②沿着残余不平衡力的位置开裂，可以最小的开裂（局部化损伤）趋向平衡。

将 $\boldsymbol{\sigma}^1 = \boldsymbol{\sigma} + \Delta \boldsymbol{\sigma}^p$ 及式（7.2-6）代入式（7.2-4）得

$$F = \sum_e \int_{Ve} \boldsymbol{B}^{\mathrm{T}} \boldsymbol{\sigma} \, \mathrm{d}V + \Delta Q \qquad (7.2-8)$$

调整后的应力场 $\boldsymbol{\sigma}$ 全面满足屈服条件，其等效节点力可视为结构的自承力，式（7.2-8)说明在节点力水平上，结构内力可分为结构自承力和不平衡力之和。对结构施加一个与不平衡力 ΔQ 大小相等方向相反的加固力，即为 $-\Delta Q$。

拱坝地基体系中，建基面几何突变或岩体性质薄弱等原因易于导致局部应力恶化，引起开裂。开裂破坏了结构变形协调性，反映到数值计算上，相应区域出现不平衡力，也影响到非线性有限元计算收敛性，不平衡力分布区即该部位存在局部不利受力性态。连续分布不平衡力的区域体现该区域结构受力性态不利，是结构开裂风险区。

不平衡力分布范围和大小，体现了不同荷载条件下拱坝地基体系开裂风险区范围和大小。如前所述，拱坝非线性有限元整体稳定分析和地质力学模型试验统计表明，坝受力破坏过程一般会经历弹性工作状态、非线性工作状态和极限工作状态到最终坍塌，拱坝的起裂超载安全度多为 1.5～2.0，因此，此荷载工况下出现的连续不平衡力分布区，也是拱坝起裂破坏风险区。根据锦屏一级非线性有限元法整体稳定分析和地质力学模型试验成果，采用了起裂安全度对应的 2.0 倍超载工况下的不平衡力集中区，作为开裂风险区，以此进行拱坝防裂设计。

7.3 拱坝开裂风险区识别

采用前述的开裂风险区识别方法，识别大坝易开裂风险区，结合地质力学模型试验、地质条件影响分析和工程类比等成果，分析开裂风险的受力机理和开裂机制。

7.3.1　开裂风险区的识别

1. 计算模型和工况

计算模型的模拟范围，上游大于 1.5 倍坝高，下游大于等于 3 倍坝高；左右两岸大于 2 倍坝高，坝基深度大于 1 倍坝高，反映了河谷地形主要特征，考虑了拱肩槽开挖坡。模拟了大坝和坝基整体结构，精细模拟了 f_2、f_5、f_8、f_{13}、f_{14}、f_{18} 断层和煌斑岩脉等软弱地质结构，和坝区分布的各种岩层和相应的岩类，各种基础处理措施包括左岸垫座，5 条抗剪传力洞和 f_5、f_8、f_{13}、f_{14} 断层的混凝土置换网格。

线弹性有限元法的开裂风险区识别，按照规范进行多工况计算，以基本组合 I 为代表开展开裂风险区分析。非线性有限元法的开裂风险区识别，计算工况包括基本组合 I，并通过不断增加库水容重以 0.5 倍水荷载逐级增大上游库水推力，最终在基本组合 I 基础上，达到上游 N 倍正常蓄水位相应水荷载的超载工况，其中 N 为 1.5～7.5。计算中，模拟大坝浇筑和蓄水加载过程。

2. 线弹性有限元开裂风险区的识别

坝体最大顺河向位移为 9.23cm；建基面顺河向位移，左岸最大值为 1.98cm，右岸最大值为 1.88cm。坝体上游面最大主拉应力为 1.14MPa，位于高程 1810.00m 右坝踵；下游面最大主压应力为 −11.0MPa，位于高程 1790.00m 左坝趾。

采用基于线弹性有限元法的开裂风险区识别方法，得到锦屏一级拱坝拉裂、压剪和拉剪开裂风险区，如图 7.3-1 所示。

（1）拉裂风险区。抗拉安全系数小于 1 的区域如图 7.3-1（a）所示。拉裂风险区包括河床坝踵、右岸中部建基面附近和左岸中部建基面附近三个区域，分布范围与拉应力区范围一致。右岸中部拉裂风险区稍大。

（2）压剪开裂风险区。压剪安全系数小于 1 的区域如图 7.3-1（b）所示。压剪风险区包括河床坝踵、右岸中部和左岸中部建基面附近。

（3）拉剪开裂风险区。拉剪安全系数小于 1 的区域如图 7.3-1（c）所示，拉剪风险区包括河床坝趾、右岸中部和左岸中部三个区域，右岸拉剪风险区深度大于左岸。

由此识别出锦屏一级拱坝河床和左右岸建基面附近开裂风险区。

3. 非线性有限元法开裂风险区的识别

锦屏一级拱坝在正常荷载工况下拱坝处于弹性工作状态，超载法地质力学模型试验和非线性有限元整体稳定分析，大坝起裂在 2.0 倍水荷载工况，因此考察在 2.0 倍水荷载下坝体和坝基不平衡力集中区，能够判断出大坝起裂部位，不平衡力集中区如图 7.3-2 和图 7.3-3 所示。不平衡力主要集中在河床坝踵和断层附近，包括河床坝踵区、右岸 f_{18} 断层附近、右岸中部高程建基面附近、左岸 f_2 断层附近和左岸中部高程建基面附近，这些区域是锦屏一级拱坝开裂风险区。

建基面屈服区分布如图 7.3-4 所示。由图可见，屈服区主要分布在坝踵附近，河床坝踵区范围较大，与不平衡力集中区有较好的对应关系，从另一个角度反映了这些部位的开裂风险。

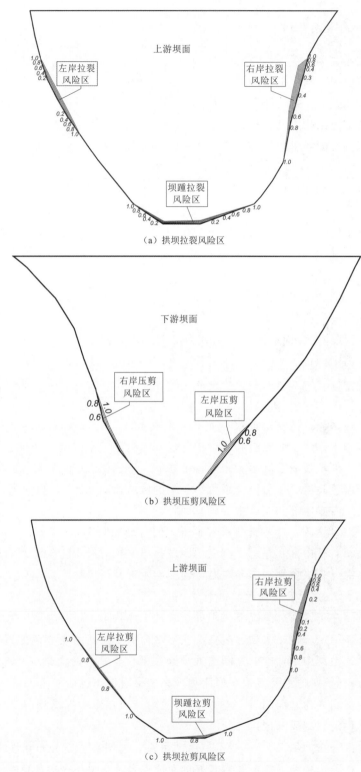

（a）拱坝拉裂风险区

（b）拱坝压剪风险区

（c）拱坝拉剪风险区

图 7.3 - 1　拱坝开裂风险区

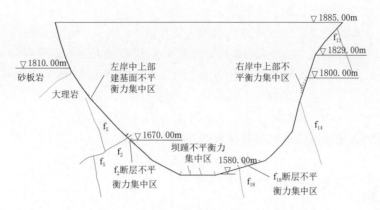

图 7.3-2 上游坝面不平衡力集中区（超载 2.0 倍）

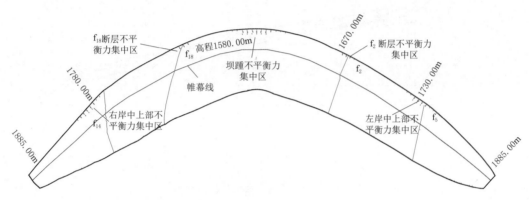

图 7.3-3 建基面上不平衡力集中区（超载 2.0 倍）

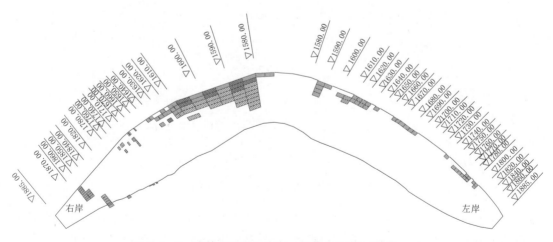

图 7.3-4 建基面屈服区分布（超载 2.0 倍）（单位：m）

7.3.2 开裂风险区分析

根据线弹性和非线性有限元法识别的开裂风险区，结合有限元应力分析成果，综合分析各开裂风险区受力特性,其特点如下。

(1)河床坝踵开裂风险区。线弹性和非线性有限元法的开裂风险区识别分析表明,河床坝踵高程1580.00~1600.00m建基面拉剪安全系数较低,并有不平衡力集中区分布,存在开裂风险。弹性有限元计算成果中,高程1580.00~1600.00m建基面附近坝踵部位有梁向拉应力分布,受角缘应力集中的影响,局部达到1.78MPa,如图7.3-5所示,拉应力范围小于8%坝厚。坝踵附近坝体主拉应力方向与建基面成45°,如图7.3-6所示,非线性有限元计算显示在该区域屈服区和不平衡力集中分布。

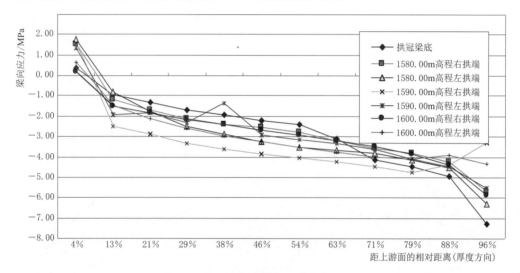

图 7.3-5 河床建基面梁向应力分布

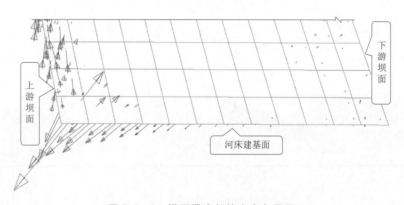

图 7.3-6 拱冠梁底部拉应力矢量图

河床部位拱的中心角较小,拱效应不明显,另外河床部位变形模量不对称,左侧综合变形模量为21.53GPa,右侧综合变形模量为11.91GPa,拱作用受到抑制,加上底部靠右侧部位出露的f_{18}断层,进一步减弱拱的作用。梁分担的荷载增加,拱坝底部更多地靠材料的抗剪能力抵抗水推力,使得大坝底部水平面上的剪力作用增加,建基面上游侧拉剪破坏风险增加,造成与建基面斜交的主拉应力,增大了河床坝踵拉破坏开裂风险。

(2)右岸中上部开裂风险区。线弹性分析表明在右岸高程1800.00~1830.00m附近上游坝踵存在拉裂和拉剪风险区，高程 1800.00～1820.00m 附近坝趾存在压剪风险区，非线性分析在高程 1790.00～1800.00m 建基面附近分布有不平衡力集中区。右岸高程 1829.00m 以上部位建基面在立面上呈现突扩，使得拱坝弦长突增，导致高程 1829.00m 以上拱圈柔度陡然加大，在变形协调作用下，高程 1800.00m 附近坝体刚度相对较大，承担更多的外部荷载，出现了高应力集中区及高梯度应力区，形成了开裂风险区。

（3）左岸 f_2 断层附近风险区。开裂风险区识别分析表明，左岸高程 1670.00m 附近 f_2 断层分布有不平衡力集中区。f_2 断层破碎带一般宽为 10～30cm，上下盘 10～15m 范围内共有一组 4 条层间挤压错动带，组成物质主要为片状岩、少量糜棱岩及强风化绿片岩，属 V_1 类岩体，变形模量低。该部位大致位于拱坝 1/3 坝高处，是坝基的主要承力区域，承受的水推力大。坝基条件和结构受力特点不匹配，反映到计算中表现为不平衡力集中，形成了开裂风险区。

（4）左岸中上部开裂风险区。线弹性有限元法的开裂风险区识别分析表明，左岸高程 1810.00m 附近坝踵有拉裂和拉剪风险区，坝趾附近存在压剪风险区。左岸坝基高程 1800.00m 附近存在砂板岩与大理岩分界，分界线以上坝基岩体砂板岩卸荷严重，存在 f_5 断层、煌斑岩脉等地质构造，综合变形模量仅为 1.25～5.4GPa，分界线以下为 III_1 类大理岩，综合变形模量达 13.99GPa。左岸上部软弱岩体采用垫座进行处理，垫座底部高程 1730.00m 混凝土与岩体分界，垫座混凝土变形模量在 20GPa 以上。大坝和垫座地基材料分界部位容易发生不均匀变形，造成垫座和坝体开裂，形成开裂风险区。

7.4 拱坝防裂措施研究

开裂风险区制约了拱坝发挥拱结构的安全潜力，导致这些区域大坝自身调整能力不足，成为大坝具有更高安全性的短板，因此需针对各开裂风险区的开裂机制，拟定各风险区的防裂设计方案，对各方案进行计算比较并选定方案，分析评价各风险区防裂措施的效果，确定拱坝防裂设计。

7.4.1 河床坝踵防裂方案研究

由于河床底部坝体梁断面较小，以及受 f_{18} 断层影响导致河床部位的拉剪破坏，可以通过增加坝体底部梁断面尺寸，即在坝体下游河床坝趾部位增加贴脚，如图 7.4-1 所示，来增大该部位坝体梁断面，降低坝踵开裂风险。

1. 方案拟定

拟定了两种坝趾贴脚范围，即分别贴至高程 1610.00m 和 1630.00m，并考虑贴脚和坝体不同连接方式。共研究了 4 种方案：方案 1-1，贴脚至高程 1610.00m，贴脚和坝体一起浇筑；方案 1-2，贴脚至高程 1610.00m，贴脚和坝体分开

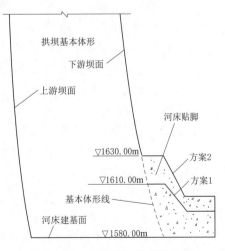

图 7.4-1 河床坝趾贴脚示意图

浇筑；方案 2-1，贴脚至高程 1630.00m，贴脚和坝体一起浇筑；方案 2-2，贴脚至高程 1630.00m，贴脚和坝体分开浇筑。

2. 接触面模拟

采用六面体网格模拟贴脚，如图 7.4-2（a）所示，采用接触面单元模拟大坝与贴脚的接触面，如图 7.4-2（b）所示，考虑整体和分开的混凝土浇筑方式。

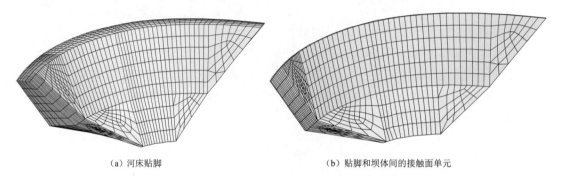

（a）河床贴脚 　　　　　　　　　　　　　　　（b）贴脚和坝体间的接触面单元

图 7.4-2　高程 1630.00m 河床贴脚计算网格示意图

接触面单元采用库仑剪切屈服模型，存在两种状态：相互接触和相对滑动。根据库仑抗剪强度准则可以得到发生相对滑动所需的切向力 F_{smax} 为

$$F_{smax} = C_{if}A + F_n\tan\phi_{if} \qquad (7.4-1)$$

式中：C_{if} 为接触面的黏聚力；A 为接触面的面积；F_n 为法向力；ϕ_{if} 为接触面摩擦角。

当接触面上的切向力大于最大切向力（$|F_s| \geqslant F_{smax}$），接触面将发生滑动，在滑动过程中，剪切力保持不变（$|F_s| = F_{smax}$），但剪切位移会导致有效法应力的增加：

$$\sigma_n' = \sigma_n + \frac{|F_s|_o - F_{smax}}{Ak_s}k_n\tan\psi \qquad (7.4-2)$$

式中：ψ 为接触面的膨胀角；$|F_s|_o$ 为修正前的剪力大小；k_s 为切向刚度；k_n 为法向刚度。

计算中，在缝张开时法向刚度 k_n 取一个小值（1.0×10^5 Pa/m），闭合时取 5.0×10^{10} Pa/m。切向刚度 k_s 取法向刚度的 40%。

3. 各方案分析比较

（1）方案比较。贴脚显著降低了坝体中下部位移、坝踵主拉应力和坝趾主压应力，显著增加点安全度。不设贴脚时拱冠梁高程 1670.00m 顺河向位移为 99.97mm，贴脚方案 1-1、方案 2-1 分别为 60.82mm 和 58.2mm，减小幅度达 1 倍。不设贴脚时拱冠梁高程 1590.00m 河床坝踵主拉应力为 2.17MPa，贴脚方案 1-1、方案 2-1 分别为 -0.68MPa 和 -0.69MPa；不设贴脚时拱冠梁高程 1590.00m 坝趾主压应力为 -10.32MPa，贴脚方案 1-1、方案 2-1 分别为 -3.99MPa 和 -4.91MPa。不设贴脚时高程 1580.00m 河床坝踵受应力集中影响，点安全度只有 0.15，贴脚方案 1-1、方案 2-1 分别为 1.49 和 1.66；不设贴脚时坝踵高程 1590.00m 点安全度 1.38，贴脚方案 1-1、方案 2-1 分别为 4.56、5.13。拱冠梁坝趾不设贴脚的点安全度为 1.17，贴脚方案 1-1、方案 2-1 分别为 2.00 和 2.28，详见表7.4-1和图7.4-3～图7.4-5。因此，相比无贴脚，河床坝趾贴脚能有效地改善拱坝河床部位的受力条件，降低坝体开裂风险。

表 7.4-1　　　　　　　　　　　　河床坝趾贴脚加固方案计算成果比较表

项　目		方案 0	方案 1-1	方案 1-2	方案 2-1	方案 2-2
方案要点		无贴脚	1610.00m 整体浇筑	1610.00m 分开浇筑	1630.00m 整体浇筑	1630.00m 分开浇筑
顺河向位移/mm	高程 1670.00m	99.97	60.13	60.73	58.20	60.42
应力/MPa	高程 1590.00m 坝踵主拉	2.17	-0.68	-0.62	-0.91	-0.69
	高程 1590.00m 坝趾主压	-10.32	-4.91	-6.24	-3.99	-6.02
点安全度	高程 1590.00m 河床坝踵	1.38	4.56	4.42	5.13	4.56
	高程 1580.00m 河床坝踵	0.15	1.49	1.40	1.66	1.45
	拱冠梁坝趾	1.17	2.00	1.51	2.28	1.53

注　正号为拉应力，负号为压应力。

相比高程 1610.00m 的小贴脚方案 1-1，高程 1630.00m 方案 2-1 能进一步降低应力位移、增加坝踵坝趾点安全度，但效果不是很显著。方案 1-1、方案 2-1 顺河向位移分别为 60.13mm 和 58.2mm，高程 1590.00m 河床坝踵主拉应力分别为 -0.68MPa 和 -0.91MPa，拱冠梁高程 1590.00m 坝趾主压应力分别为 -4.91MPa 和 -3.99MPa，高程 1580.00m 河床坝踵点安全度分别为 1.49 和 1.66，坝踵高程 1590.00m 点安全度分别为 4.56、5.13，坝趾高程 1580.00m 点安全度分别为 2.00 和 2.28。

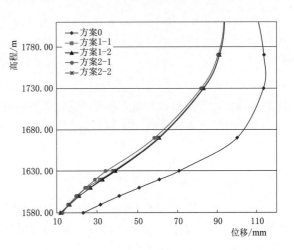

图 7.4-3　拱冠梁顺河向位移

从防裂措施的目的改善坝踵受力角度，高程 1610.00m 贴脚方案 1-1 的效果已很显著，贴脚顶高继续升高所增加的加固效果不太显著。

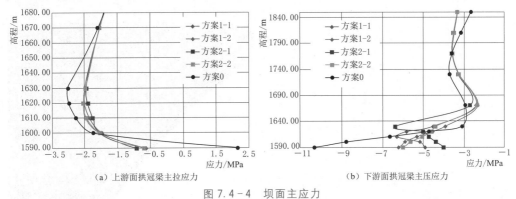

（a）上游面拱冠梁主拉应力　　　　　　　　　　（b）下游面拱冠梁主压应力

图 7.4-4　坝面主应力

（2）浇筑方式比较。相比贴脚与大坝分开浇筑方案 1-2，整体浇筑方案 1-1 降低应力位移、增加点安全度高程效果相对较好。方案 1-1、方案 1-2 在 1670.00m 高程拱冠梁顺河向位移分别为 60.13mm、60.73mm，高程 1590.00m 坝踵主拉应力分别为

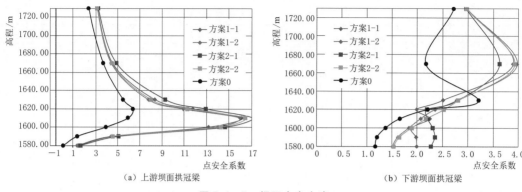

(a) 上游坝面拱冠梁　　　　　　　　　(b) 下游坝面拱冠梁

图 7.4-5　坝面点安全度

-0.68MPa、-0.62MPa，高程 1590.00m 坝趾主压分别为-4.91MPa、-6.24MPa，高程 1590.00m 河床坝踵点安全度分别为 4.56、4.42，高程 1580.00m 河床坝踵点安全度分别为 1.49、1.40，高程 1580.00m 坝趾点安全度分别为 2.00、1.51。整体浇筑方式对应力和点安全度改善更明显，整体浇筑后高程 1580.00m 浇筑仓面顺河向最大长度由 63m 增加到 79m，经过温控分析，能满足温度应力控制标准。

综合比较，锦屏一级河床坝踵防裂措施选定为在高程 1610.00m 以下设置贴脚，贴脚与坝体整体浇筑。

7.4.2　右岸中上部防裂方案研究

右岸高程 1830.00m 以上地形突扩，坝体在该处以上刚度降低较大，为增加坝体上部刚度，拟在右岸上部加贴脚的方式增大高程 1830.00m 以上的坝体刚度，改善坝体受力条件。拟定了 3 个方案，如图 7.4-6 所示。方案 1 在高程 1850.00m 以上的下游坝面设置贴脚，贴附于 25 号和 26 号坝段；方案 2 在高程 1830.00m 以上的下游坝面设置贴脚，贴附于 24～26 号坝段；方案 3 在方案 2 的基础上，增加上游贴脚，即在高程 1830.00m 以上的坝踵和坝趾设置贴脚。

采用六面体实体单元模拟 3 个方案，计算模型见 7.3.1 节，上部贴脚网格如图 7.4-7 所示。

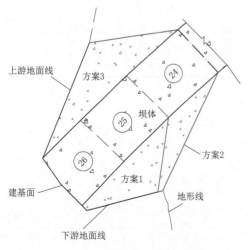

图 7.4-6　拱坝右岸上部贴脚

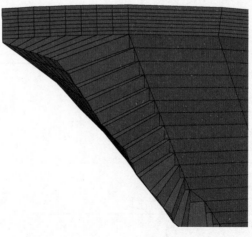

图 7.4-7　拱坝右岸上部贴脚计算网格

加贴脚后，右拱端下游沿建基面的位移如图 7.4 - 8 所示。高程 1830.00m 各方案的顺河向位移分别为 13.86mm、13.84mm、13.55mm，横河向位移分别为 -5.76mm、-5.91mm、-5.98mm，总体上，各方案的顺河向、横河向位移，差异不大。

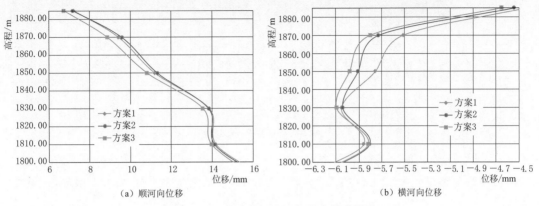

(a) 顺河向位移　　　　　　　　　(b) 横河向位移

图 7.4 - 8　沿建基面下游坝体右拱端位移

沿建基面上游右拱端附近的拉应力，3 个贴脚方案都显著降低，如图 7.4 - 9 所示，无贴脚时高程 1810.00m 拉应力为 0.71MPa，各方案依次分别为 0.47MPa、0.43MPa、0.42MPa，降幅达 34%～41%。3 个方案右拱端下游面建基面附近的压应力都显著降低，无贴脚时高程 1830.00m 附近为 -4.98MPa，各方案分别为 -1.53MPa、-1.65MPa、-1.69MPa，降幅为 66%～69%。3 个贴脚方案相比，上下游右拱端的应力水平较接近，差异较小。

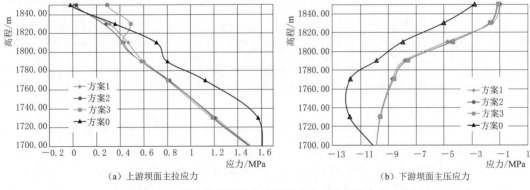

(a) 上游坝面主拉应力　　　　　　　(b) 下游坝面主压应力

图 7.4 - 9　沿建基面坝体右拱端主应力（单元形心点应力）

沿建基面上下游坝的左拱端、拱冠梁的点安全度，三个贴脚方案变化不大，坝体上下游坝面右拱端高程 1810.00m 以下点安全度有所增加，如图 7.4 - 10 所示。无贴脚时高程 1730.00m 点安全度为 1.97，各方案分别为 2.27、2.26、2.28，提高 15% 左右；高程 1810.00m 以上点安全度有所降低，但都在 3.0 左右，体现了贴脚的均化作用。下游坝面的右拱端点安全度均有提高，无贴脚时高程 1670.00m 为 1.84，各方案分别增加到 2.02、2.09、2.08，反映出贴脚改善了坝趾区的受力条件。从点安全度方面比较，3 个方案差异不大。

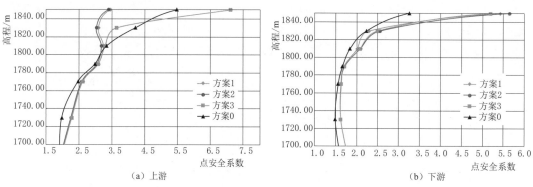

图7.4-10 沿建基面坝体右拱端点安全度

　　3个加固方案均能改善右岸上部坝体受力条件，效果相差不大，方案1工程量最小，经综合比较，采用方案1，即在25号坝段、26号坝段设置贴脚，贴脚与大坝混凝土整体浇筑。

7.4.3　左岸中上部防裂方案研究

1. 防裂方案

　　左岸高程1800.00m附近存在砂板岩与大理岩分界，同时，垫座底部高程1730.00m是垫座混凝土与岩体的分界，坝基材料突变，变形模量差异突出，容易发生不均匀变形，并可能导致坝体或垫座发生剪切破坏。为防止可能的裂缝对拱坝影响，借鉴格鲁吉亚英古里（Inguri，坝高272m）、葡萄牙毕可地、法国圣地可乐易士、墨西哥那索德得等拱坝"以缝治缝"的设计经验，在材料分界部位的坝体和垫座内，设置冷缝。冷缝面为混凝土浇筑层面，上部混凝土浇筑之前层面不凿毛，设置有效的止水措施，防止冷缝张开后库水入渗。拟定坝体和垫座分别设冷缝的两套限裂方案。

　　坝体冷缝拟定了2个方案。方案1在高程1730.00m拱圈全断面设冷缝，方案2在高程1730.00m第5～第7号坝段、1712.00m高程第6～第7号坝段设置水平冷缝，冷缝布置如图7.4-11所示。

　　垫座冷缝拟定了4个方案，方案1在高程1814.00m设冷缝，方案2在高程1778.00m设冷缝方案，方案3在高程1742.00m设冷缝方案，方案4在高程1814.00m、1778.00m和1742.00m设冷缝，还比较了不设冷缝的方案即方案0，如图7.4-11所示。

2. 计算模型和工况

　　利用三维快速拉格朗日分析程序FLAC 3D能计算结构大变形特点，用来模拟分析冷缝受力性态。研究选取适当的参数模拟冷缝的低弹模、传递剪力和不抗拉的特性。综合分析后，冷缝的力学参数取值：弹性模量E为0.05GPa，泊松比μ为0.35，摩擦系数f为0.65，黏聚力C为0.1MPa。

　　计算考虑的荷载包括地应力、坝体自重、水荷载、泥沙荷载、温度荷载和渗流荷载，仿真模拟了坝体混凝土浇筑和封拱施工过程。

3. 坝体冷缝方案分析

　　坝体设置冷缝，坝体顺河向和横河向位移各方案的分布规律基本相同，左岸拱端高程

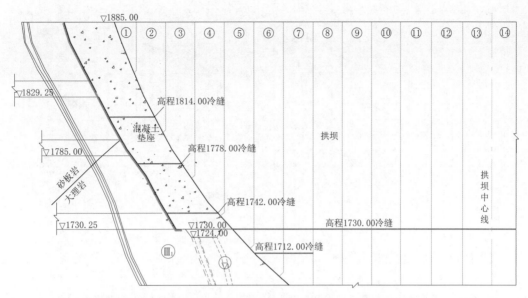

图 7.4-11　坝体和垫座设置冷缝方案示意图（单位：m）

1670.00～1850.00m 位移有微量增加，其他部位影响不大。不设冷缝时高程 1730.00m 顺河向位移为 17.37mm，方案 1、方案 2 分别为 17.83mm、17.71mm，增幅分别为 3%、2%，如图 7.4-12（a）所示；不设冷缝时高程 1730.00m 横河向位移为 5.78mm，方案1、方案 2 分别为 6.23mm、6.14mm，增幅分别为 8%、6%，如图 7.4-12（b）所示。

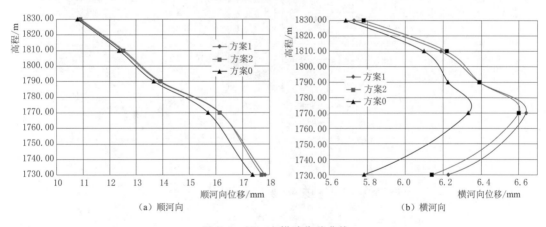

（a）顺河向　　　　　　　　　　　（b）横河向

图 7.4-12　左拱端位移曲线

　　坝体布设冷缝后，上游面左拱端附近高程 1830.00m 以上主拉应力略有增加，高程 1680.00～1770.00m 的主拉应力显著下降，如图 7.4-13（a）所示，不设冷缝时高程 1730.00m 为 0.66MPa，方案 1、方案 2 分别 0.06MPa、0.38MPa，降低幅度分别为 91%、42%。坝体冷缝使下游面左拱端附近高程 1670.00～1770.00m 的主压应力明显增加，不设冷缝时高程 1730.00m 为 −11.39MPa，方案 1、方案 2 分别为 −21.15MPa、−21.2MPa，增幅分别达 86%、87%，如图 7.4-13（b）所示。

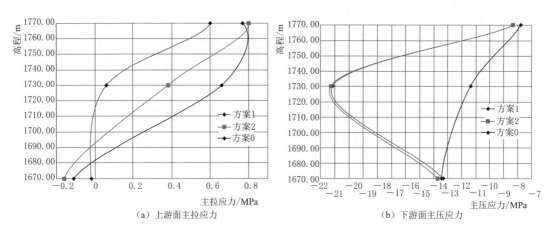

（a）上游面主拉应力　　　　　　　　　　（b）下游面主压应力

图 7.4-13　左拱端应力

坝体设置冷缝后，中部高程 1730.00m 上下游坝面的左拱端点安全度有显著降低。上游左拱端点安全度，不设冷缝时为 3.23，方案 1、方案 2 分别为 2.17、1.97，如图 7.4-14（a）所示；下游面左拱端点安全度，不设冷缝时为 1.48，方案 1、方案 2 分别为 1.18、1.2，如图 7.4-14（b）所示。非线性计算成果表明，设置坝体冷缝后，缝面附近点安全度均有所下降，随着超载倍数增加，与无冷缝的差别增大。在 3.5 倍水荷载下，左拱端附近部位，出现了点安全度小于 1.2 的区域，如图 7.4-15 所示。

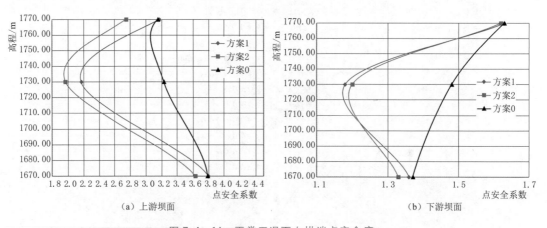

（a）上游坝面　　　　　　　　　　　　（b）下游坝面

图 7.4-14　正常工况下左拱端点安全度

总体来看，设置冷缝后，坝体位移总体变化不大，冷缝附近位移有所增加，幅度较小；上游面主拉应力显著减小，下游面主压应力显著增大，点安全度相应降低；冷缝面处于受压状态，冷缝上下面有微小错动，最大值约为 0.4mm，如图 7.4-16 所示，会给大坝梁结构连续性和拱坝整体性带来不利影响，因此不采用坝体设置冷缝的防裂措施。

4. 垫座冷缝方案分析

设置垫座冷缝后，坝体位移分布总体规律和最大值基本不变，各方案的坝体顺河向位移均由建基面向坝面中部增大，方案 0～方案 4 下游坝面顺河向位移最大值均在高程 1810.00m，为 94.85～94.93mm。不设冷缝时高程 1750.00m 左拱端顺河向位移为

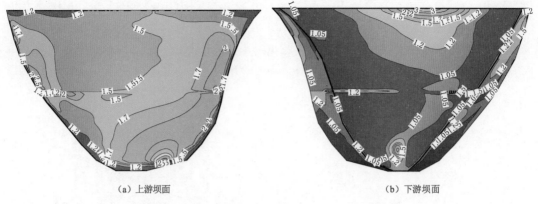

(a) 上游坝面　　　　　　　　　　　　(b) 下游坝面

图 7.4－15　冷缝方案 1 超载 3.5 倍时坝面点安全度

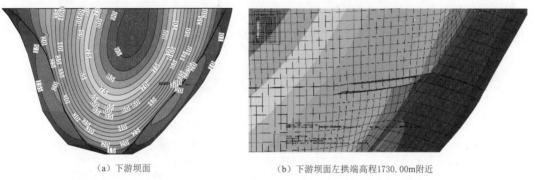

(a) 下游坝面　　　　　　　　　(b) 下游坝面左拱端高程 1730.00m 附近

图 7.4－16　冷缝方案 2 的下游坝面顺河向位移（单位：mm）

16.54mm，方案 4 为 16.9mm，增幅 2%，如图 7.4－17（a）所示。左拱端横河向位移高程 1790.00m 为 7.62mm，方案 4 为 8.31mm，增大 0.69mm，增幅 9%，如图 7.4－17（b）所示。

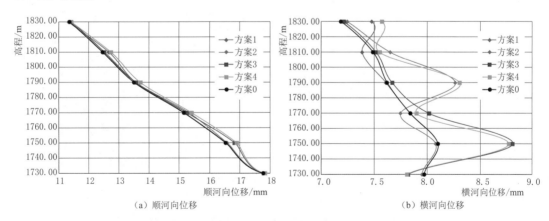

(a) 顺河向位移　　　　　　　　　　(b) 横河向位移

图 7.4－17　下游坝面左拱端位移

　　各方案设缝前后的坝体应力分布规律相同，拱冠梁和右拱端的应力量值基本一致。冷缝对坝体应力影响仅限于缝面附近，降低了缝面附近坝踵拉应力。未设缝时左坝踵高程

1750.00m 的主拉应力为 1.87MPa，方案 3、方案 4 分别为 1.76MPa、1.79MPa。高程 1810.00m 的主拉应力为 0.39MPa，方案 1、方案 4 分别为 0.32MPa、0.30MPa，如图 7.4-18（a）所示。冷缝对左拱端坝趾影响也局限在缝面附近，降低了缝面附近坝趾主压应力，未设缝时高程 1750.00m 左坝趾主压应力为 -14.11MPa，方案 1、方案 4 分别为 -12.83MPa、-12.84MPa。

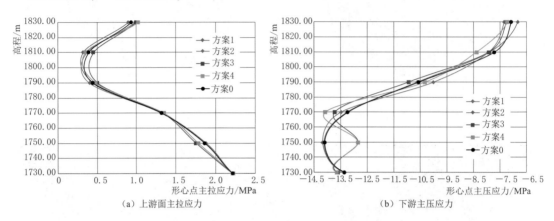

（a）上游面主拉应力　　　　　　（b）下游主压应力

图 7.4-18　大坝左拱端形心点主应力

　　垫座设置冷缝后，左拱端缝面附近点安全度略有降低。高程 1810.00m 上游面左拱端由 4.69 降低到方案 4 的 4.29，降幅 9%，如图 7.4-19（a）所示。同高程坝趾由 1.64 降低到方案 4 的 1.52，降幅为 7%，如图 7.4-19（b）所示。

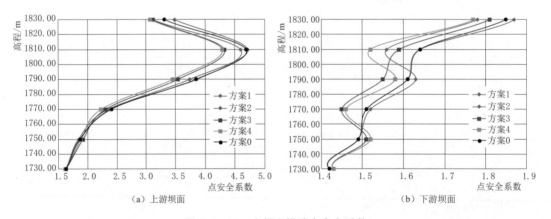

（a）上游坝面　　　　　　（b）下游坝面

图 7.4-19　大坝左拱端点安全系数

　　垫座设置冷缝后，对坝体、垫座整体应力、位移、点安全度等影响较小，主要影响了左拱端与冷缝交接部位的受力条件，出现了局部位移增大、点安全度降低等不利影响，对拱坝整体稳定是不利的因素，故不设置冷缝。

　　综上所述，坝体和垫座设置冷缝措施仅对左拱端缝面附近有影响，降低了缝面部位附近的拉应力，但增大该部位的位移、减小缝附近的点安全度。冷缝使得垫座基础岩性分界及垫座混凝土与基岩材料不均匀的差异影响集中到缝面附近，进而体现到缝端的坝体，因此未采用设置冷缝的措施。

为抑制岩性分界造成刚度差异带来的左岸中上部开裂风险，采用加大垫座尺寸，增大垫座规模，降低垫座建基高程，垫座基础高程由 1750.00m 降到 1730.00m，混凝土总方量增加 40%，增加了拱坝基础垫座刚度，同时通过配置垫座混凝土钢筋，加强砂板岩固结灌浆，防止垫座和坝体开裂。垫座与基础交接部位纵、横方向配 $\Phi 32$ 钢筋，钢筋间距 20cm，考虑 f_5、f_8 断层等因素，在靠下游侧的垫座与基础交接面纵、横方向配双层 $\Phi 32$ 钢筋，钢筋间距 20cm。

7.4.4　左岸 f_2 断层加固防裂措施

f_2 断层破碎带宽为 10~30cm，组成物质主要为片状岩、少量糜棱岩及强风化绿片岩，产状 N25°E/NW∠40°，中等倾角倾向山里，f_2 断层两侧同向发育 4 条层间挤压错动带，f_2 断层和层间挤压错动带在坝基面的出露范围约 20m。

f_2 断层及层间挤压错动带部位坝基变形模量低，与相邻部位的综合变形模量差异大，该部位大致位于拱坝 1/3 坝高处，是坝基的主要承力区域，坝体应力水平高，不平衡力集中分布，存在拉剪开裂风险，有必要加强处理，提高该部位的综合变形模量。

为提高综合变形模量，需要尽可能地扩大置换范围。考虑到 f_2 断层和层间挤压错动带在较大的范围同向分布，以及产状上中等倾角倾向山里，无法在建基面扩大开挖获得较大的置换范围，也不便通过置换斜井等方式进行置换，因此在建基面进行常规的置换处理，在深部采用高压冲洗灌浆，将断层和挤压错动带的充填物质置换为浓浆，再结合高压固结灌浆提高整体性、均匀性。f_2 断层和层间挤压错动带，在较高渗透压力下会发生软化泥化，为避免在实际挡水运行时断层遇水软化致使该部位参数降低，导致抗变形能力不满足要求，还应加强该部位的防渗处理，避免其长期承受较高的渗压作用。为此，采用水泥-化学复合灌浆处理，同时利用大坝基础排水廊道和坝肩抗力体排水廊道加密布置排水孔。f_2 断层的综合加固措施详见 6.5.5 节。

在采取了以上综合加固措施以后，该部位的坝基综合变形模量从约 12GPa 提高到 17.6GPa，变形模量显著提高，也提高了坝基的均匀性。

7.4.5　坝趾抗力体加固分析

1. 坝趾加固分析方法

拱坝把水推力传向坝肩，在坝趾部位形成一个压剪应力集中区，从混凝土-岩石剪切破坏型材料普遍适用的 D-P 屈服准则来看，平均应力 $\bar{\sigma}=(\sigma_1+\sigma_2+\sigma_3)/3=I_1/3$ 对提高三向受力结构的抗剪安全度有直接贡献。坝趾抗力体部位的 σ_3 方向一般近于平行拱推力，中间主应力 σ_2 或者小主应力 σ_1 垂直于拱推力方向。坝趾嵌深相对于坝踵较浅，坡体表部法向应力较小，三维非线性有限元法计算得出的坝趾不平衡力，其方向也基本以大角度与边坡相交。按照不平衡力布置锚索的坝趾加固设计，提高坝趾抗力体部位岩体的侧向锁固力，进而提高坝趾附近的平均应力水平，是提高坝趾抵抗压剪破坏能力的有效手段。意大利瓦依昂拱坝在遭受巨大的滑坡涌浪的冲击下，大坝和坝基基本完整，事后总结原因认为，除拱坝具有很强的超载特性外，拱坝坝趾锚固也起到了重要作用。李家峡拱坝是典型的复杂地基上的高拱坝，采用了坝趾锚固方案，1996 年蓄水以来运行良好。沙牌拱坝在满库运行条件下安全抵御汶川大地震，坝趾近百束预应力锚索的柔性锁固结构发挥了重要作用。

式（7.2-8）给出了对给定外荷载下非线性计算中的不平衡力就是结构体系所需要的加固力。最小塑性余能原理说明，非线性有限元结构计算中，结构总是趋于加固力最小化而自承力最大化的变形状态，最终无法转移的残余不平衡力就是加固力。坝趾加固首先通过非线性有限元计算，坝趾加固力计算考虑两种工况：①在正常工况下，使坝趾抗力体岩体处于弹性工作状态；②对应于超载法地质力学模型试验和非线性有限元法的大坝非线性整体安全度 3.5 的情况下，坝趾抗力体岩体保持稳定。锚固力应同时满足这两种要求，即两者所要求加固力的包络，即在正常工况下，坝趾抗力体岩体处于弹性工作状态的初始不平衡力，以及整体安全度 3.5 时经充分迭代的结构残余不平衡力。

2. 不平衡力计算范围

对某一岸某一高程段，x、y、z 三向总不平衡力 F_x、F_y、$\dot{F}_z$ 由下式确定：

$$\begin{cases} F_x^0 = \dfrac{1}{2}\sum_{i=1}^n |\Delta Q_{ix}|, & F_y^0 = \dfrac{1}{2}\sum_{i=1}^n |\Delta Q_{iy}|, & F_z^0 = -\dfrac{1}{2}\sum_{i=1}^n |\Delta Q_{iz}| \\[2mm] \Delta F_x = \dfrac{1}{2}\sum_{i=1}^n \Delta Q_{ix}, & \Delta F_y = \dfrac{1}{2}\sum_{i=1}^n \Delta Q_{iy}, & \Delta F_z = \dfrac{1}{2}\sum_{i=1}^n \Delta Q_{iz} \\[2mm] F_x = F_x^0 + \Delta F_x, & F_y = F_y^0 + \Delta F_y, & F_z = F_z^0 + \Delta F_z \end{cases} \qquad (7.4-3)$$

式中：n 为某一高程段某一岸统计范围内的节点数；i 为其中某一节点号；ΔQ_{ix} 为第 i 节点 x 向不平衡力。

对左岸 F_x^0 取负值。若由计算所得的 ΔF_x 为负值，则 $F_x = F_x^0 + \Delta F$，否则 $F_x = F_x^0$，右岸的情况同左岸相反；若由计算所得的 ΔF_y 为正值，则 $F_y = F_y^0 + \Delta F_y$，否则 $F_y = F_y^0$；若由计算所得的 ΔF_z 为正值，则 $F_z = F_z^0 + \Delta F_z$，否则 $F_z = F_z^0$。

不平衡力计算范围如图 7.4-20 所示，计算中可根据计算成果对范围的敏感性分析确定实际范围。

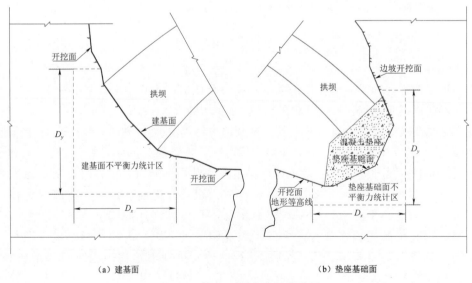

（a）建基面　　　　　　　　　　　（b）垫座基础面

图 7.4-20　不平衡力计算范围

相比坝趾弹性工作状态初始不平衡力，不平衡力受坝趾非线性整体安全度 3.5 倍结构残余不平衡力控制，锦屏一级拱坝 3.5 倍水荷载时左岸坝趾抗力体不平衡力集中在下游顺河向 60～80m、横河向 50～60m 范围内，如图 7.4-21（a）所示；右岸坝趾抗力体不平衡力横河向范围在 50m 范围内，上下游方向在 80m 范围内，如图 7.4-21（b）所示。

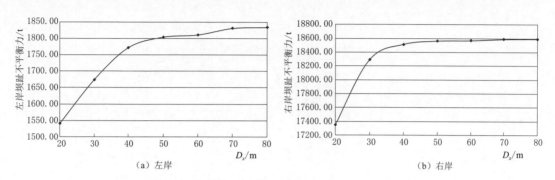

（a）左岸　　　　　　　　　　　　　　（b）右岸

图 7.4-21　坝趾抗力体不平衡力随横河向深度 D_x 的变化曲线（3.5 倍水荷载，$D_y = 80$m）

3. 坝趾抗力体锚索布置

左右岸计算的不平衡力分别为 2100t 和 9727t，考虑左岸坝基分布有卸荷松弛岩体以及 f_2、f_5 断层，右岸有 f_{13}、f_{14} 断层，且建基面上部突扩，这些地质缺陷对拱坝开裂带来不利影响，另外兼顾两岸边坡稳定安全，增加了坝趾锚固吨位。左岸坝趾及抗力体锚索加固量调整为 1.97 万 t，右岸坝趾锚索调整为 3.18 万 t。锚索布置及参数详见表 7.4-2 及图 7.4-22 和图 7.4-23。

表 7.4-2　　　　　　　　　　坝趾抗力体锚固锚索布置及参数

岸别	高程/m	不平衡力/t				结合边坡支护的坝趾锚索布置	加固力/t
		F_x	F_y	F_z	合力		
左岸	1885.00～1730.00	−1360	778	−814	1769	垫座下游侧结构混凝土上坝趾加固 300t，45m 长锚索共计 21 束。左岸抗力体地下洞室中坝趾加固 400t，70～80m 长锚索共计 20 束	14300
	1730.00～1670.00	−220	120	−190	320	拱肩槽下游侧坡开口线～第一道横河向排水幕之间，高程 1720.00m、1710.00m、1700.00m、1690.00m、1680.00m、1670.00m 等 6 个高程布置 300t，$L = 80$m 锚索 18 束	5400
右岸	1885.00～1820.00	140	110	−130	220	坝趾下游侧 60m 范围布置边坡加固 200t，40～60m，锚索 30 束	6000
	1820.00～1710.00	3557	1083	−1140	3943	坝趾下游侧 60m 范围内边坡加固 200～300t，45～80m，锚索 41 束	9500
	1710.00～1661.00	1921	560	−356	2034	坝趾下游侧 60m 范围内边坡加固 200～300t，50～80m，锚索 30 束	6670
	1661.00～1610.00	1644	1943	−2441	3530	坝趾下游侧 60m 范围内边坡加固 300t，50～70m，锚索 32 束	9600

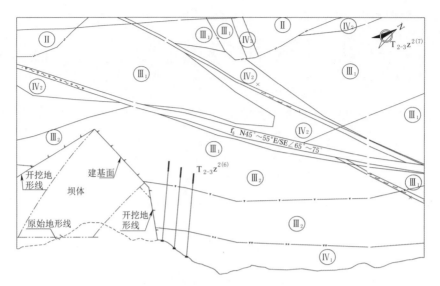

图 7.4 - 22 左岸坝趾锚索加固示意图

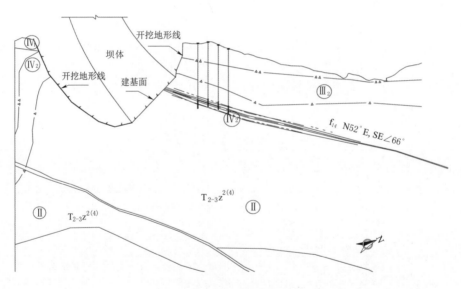

图 7.4 - 23 右岸坝趾锚索加固示意图

7.5 拱坝防裂加固效果分析

综合防裂措施包括以上的河床贴脚、右岸贴脚、f_2 断层综合处理、垫座底部钢筋和坝趾锚索，采用三维有限元分析方法，从位移、应力、点安全度、整体安全度、屈服区和不平衡力等方面与加固前进行比较，分析综合措施的防裂加固效果。

坝体顺河向位移量值从建基面至坝面中部逐渐增大，最大值为 82.8mm，位于高程 1800.00m 拱冠梁偏左部位。左右拱端最大位移是 24.6mm、21.2mm，分别位于高程

1710.00m、1740.00m。与未加固相比，三者分别减小3.5mm、1.6mm和0.4mm。拱冠梁高程1710.00m以上横河向位移指向右岸，最大值-8.5mm；高程1710.00m以下，拱冠梁横河向指向左岸，最大值1.1mm。左、右拱端最大位移指向山里，分别为8.0mm、6.1mm，与未加固相比，左岸减小0.6mm，右岸保持不变。

坝面绝大部分范围内处于受压状态，受角缘应力集中影响，上游坝面建基面附近坝踵部位有主拉应力，最大主拉应力为2.94MPa，出现在1610.00m右拱端；下游坝面在高程1800.00~1885.00m附近坝面中部以及顶拱右拱端，存在小范围、小量值的拉应力区，最大拉应力为0.90MPa，出现在1740.00m右拱端，对比加固前，上游面河床中部坝踵拉应力从2.5MPa减小到2.0MPa，降低幅度达20%，下游面变化不大。上游坝面高主压应力区位于坝面中部，在高程1750.00~1830.00m拱冠梁附近有-4~-5MPa的应力分布，最大压应力为-5.62MPa，出现在高程1755.00m拱冠梁；下游坝面高主压应力区位于高程1600.00~1810.00m建基面附近，量值达到-9~-14MPa，下游坝面最大压应力为-17.24MPa，出现在高程1665.00m左拱端，对比加固前，上游面变化不大，下游坝面最大压应力减少-1.65MPa，降幅约9.57%。

上下游坝面点安全度总体较高，受应力集中的影响，河床建基面附近的点安全度较低。综合加固后，拱冠梁坝踵的点安全度从1.64提高到1.80，约提高10%；高程1580.00m右拱端从1.30提高到1.50，提高幅度为15%；拱冠梁坝趾的点安全度从1.50提高到2.25，提高50%。

非线性整体超载安全计算表明，加固后拱坝起裂安全系数K_1约为2，非线性变形安全系数K_2为3.5~4.5，极限超载安全系数K_3约为7.5，对比加固前的起裂安全系数1.5和极限超载安全系数度K_3约7.0，有明显提高。

防裂措施加固前后不同水荷载倍数下的总屈服区体积如图7.5-1所示，综合加固后，超载1.5倍时，屈服区体积减小4.0%，超载4.0倍时，屈服区体积减小4.6%，拱坝不同水荷载倍数下的总屈服区体积都有所减小。对比加固前后下游坝面的屈服区扩展情况，以超载3.0倍时的屈服区分布为例，如图7.5-2所示，综合加固后，拱坝下游坝面屈服区分布的部位基本不变，高高程左右两翼及坝底的屈服区均相对减小。由此说明，坝趾综合加固可以一定程度抑制坝体屈服区的发展，改善了拱坝的受力状态。

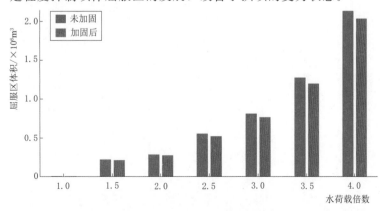

图7.5-1 综合加固前后各水荷载倍数下坝体屈服区体积对比柱状图

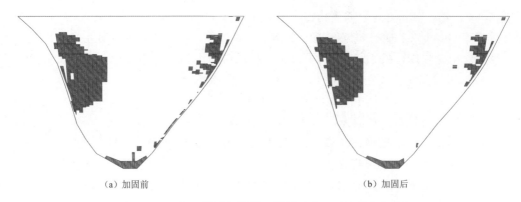

(a) 加固前　　　　　　　　　　　　　　(b) 加固后

图 7.5 - 2　加固前后下游坝面屈服对比图（超载 3.0 倍）

超载 2.0 倍作用下综合防裂加固前后的建基面不平衡力如图 7.5 - 3 所示，加固后不平衡力分布范围有所减小，部位基本不变，最大值由 242.9t 减小为 10.7t，降低幅度 95%，综合加固有效降低了坝踵区域开裂风险。

242.9t　　　　　　　　　　　　　　10.7t

(a) 加固前　　　　　　　　　　　　　　(b) 加固后

图 7.5 - 3　防裂加固前后建基面不平衡力分布对比图（超载 2.0 倍）

综上所述，采用防裂加固措施后，锦屏一级拱坝的防裂安全度得到明显提高。

第 8 章

左坝肩边坡变形对拱坝的影响研究

坝址区天然边坡高度超过 1500m，工程边坡高度达 530m，左坝肩高高程边坡在坝轴线上下游近千米的大范围内倾倒变形，边坡岩体卸荷强烈，边坡深部卸荷在左岸中下部深达 300m，岸坡发育有断层、层间挤压带、深部裂缝等地质缺陷，地质条件极为复杂，在国内外水电工程中十分罕见。坝肩边坡自 2005 年 9 月开始开挖，2009 年 8 月开挖支护完成，开挖期变形相对较大，支护完成后至 2012 年 11 月水库蓄水前边坡变形减弱，首次蓄水期，边坡变形速率增大，蓄水至正常蓄水位后，经过多次库水位涨落循环，边坡变形速率逐渐降低，但部分区域仍未完全收敛。

坝肩边坡变形对拱坝结构受力有直接影响，为了确保大坝长期运行安全，开展了左岸坝肩边坡长期稳定性及其对大坝的安全影响研究，进行岩体流变试验和弱化试验，根据边坡变形特征反演参数，分析开挖卸荷、蓄水弱化、库水渗流、蠕变等因素对高边坡变形的影响及贡献，研究蓄水后库水-边坡-拱坝相互作用的左岸坝肩高陡边坡变形机制，采用多种方式分析评价左岸边坡长期变形对拱坝安全的影响。

8.1　左坝肩边坡稳定性及变形特征

8.1.1　边坡基本情况

坝区谷坡陡峻，基岩裸露，相对高差千余米，为典型的深切 V 形谷。右岸高程 1810.00m 以下坡度为 70°～90°，以上约 40°。左岸高程 1810.00～1900.00m 以下大理岩出露段，地形完整，坡度为 55°～70°，上部砂板岩出露段坡度为 35°～45°。岩层走向与河流流向基本一致，左岸为反向坡、右岸为顺向坡。

坝基主要由中上三叠统杂谷脑组（$T_{2-3}z$）变质岩组成，另外还可见少量后期侵入的煌斑岩脉。变质岩分成三段：第一段（$T_{2-3}z^1$）绿片岩，在建基面 90m 以下；第二段（$T_{2-3}z^2$）大理岩，分布于右岸谷坡、河床及左岸谷坡高程 1820.00m 以下，坝区主要建筑物地基和地下洞室围岩多由该段岩层组成；第三段（$T_{2-3}z^3$）砂板岩，出露于左岸高程 1810.00～2300.00m 之间，左岸坝肩中高高程涉及该段岩体。

坝区岩体以裂隙式风化为主，表现为裂面锈染，岩石风化轻微，左岸砂板岩弱风化水平深度一般为 50～90m，中低高程大理岩水平深度为 20～40m，右岸弱风化岩体水平深度一般小于 20m，河床部位弱风化岩体铅直厚度为 5～10m。坝肩边坡卸荷表现为强卸荷、弱卸荷和深卸荷，左岸卸荷深度深，左岸砂板岩强卸荷深度一般为 50～90m，中低高程大理岩达 10～20m，右岸为 5～10m；左岸砂板岩弱卸荷深度一般为 100～160m，中低高程大理岩达 50～70m，右岸为 20～40m；左岸发育有深卸荷，在砂板岩深达 200～300m，中低高程大理岩为 150～200m，右岸无深卸荷。左岸坝肩高程 1990.00m 以上岩体倾倒拉裂变形现象发育。

枢纽区断层较发育，主要发育 NNE—NE 向、NEE—EW 向和 NW—NWW 向三组，其中以 NNE—NE 向组最为发育，且断层规模较大。左岸坝肩边坡开挖后揭示规模较大的 f_5、f_8、f_2、f_{38-6}、f_{42-9} 和 f_{38-2} 等断层。由 f_{42-9} 断层作为底滑面，煌斑岩脉作为后缘切割面，近 SN 向陡倾角拉裂带 SL_{44-1} 作为侧向切割面，构成变形拉裂体，滑块体方量 340 万 m^3，简称"左坝肩大块体"或"大块体"，其中 f_5 以外岩体为阻滑岩体，f_{42-9} 断层剪出口最低高程约 1790.00m。SL_{44-1} 产状在空间上有起伏变化，取走向为 SN 向和 $N20°W$，分别构成滑块 A 和滑块 B，如图 8.1-1 所示。

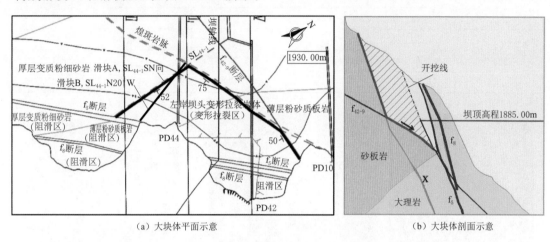

图 8.1-1　左坝肩大块体示意图

枢纽区左岸拱肩槽及缆机平台边坡开口高程为 2100.00m，工程开挖边坡为 $60°\sim80°$，顺河长度约 2000m。开挖高度达到了 530m，从上至下可分为高程 1960.00m 以上缆机平台边坡、高程 1885.00～1960.00m 坝肩边坡及高程 1885.00m 以下拱肩槽边坡等三个区段。高程 1960.00m 缆机平台以上边坡大部分为倾倒变形岩体，强卸荷深度达到 70～100m，极易发生滑移—拉裂破坏，左岸大块体稳定是控制左岸整体稳定的关键问题。

8.1.2　左坝肩边坡稳定性

边坡整体滑块规模大，为Ⅰ级边坡。针对控制左岸边坡稳定的大块体变形—拉裂的失稳模式，采用三维刚体极限平衡法、三维离散元法和有限差分法等多种方法进行了稳定分析。

1. 左坝肩自然边坡稳定性

采用三维刚体极限平衡分析程序 3D-SLOPE，分析了大块体在天然状况下稳定性。成果表明，大块体滑块 A 天然状态下安全系数为 1.183，地震工况为 1.02，滑块 B 的安全系数稍高，左岸边坡基本稳定，坝肩边坡开挖未支护情况下，大块体外侧的阻滑岩体被挖除，剪出口完全出露，各工况下稳定安全系数均小于 1.0，见表 8.1-1。

为了掌握工程边坡的变形特征，采用三维离散元法，模拟左岸坝肩边坡开挖过程，开展未支护坝肩边坡的变形分析，边坡变形特征如图 8.1-2 所示。成果表明，顺河向，拉裂变形体范围产生了最大 15mm 的倾向上游的变形；横河向，在断层 f_{42-9} 和断层 f_5 之间的区域出现了倾向坡外的变形，变形量值达到了 40mm；铅直向，断层 f_{42-9} 和煌斑岩脉之间的区域发生了近 20mm 的下沉变形。拉裂变形体的变形方向与 f_{42-9} 断层的产状一致，越接近 f_{42-9} 断层的区域变形量值越大，说明 f_{42-9} 断层对大块体的变形起控制性的作用，需重点对 f_{42-9} 断层进行加固处理。

表 8.1-1 三维刚体极限平衡分析成果表

块体组合	工况	稳定控制标准	天然边坡	开挖后未加固	开挖加固后
滑块 A	正常工况	1.25	1.183	0.985	1.344
	降雨工况	1.15	1.104	0.882	1.244
	地震工况	1.05	1.020	0.845	1.271
滑块 B	正常工况	1.25	1.419	0.934	1.340
	降雨工况	1.15	1.341	0.853	1.243
	地震工况	1.05	1.208	0.815	1.267

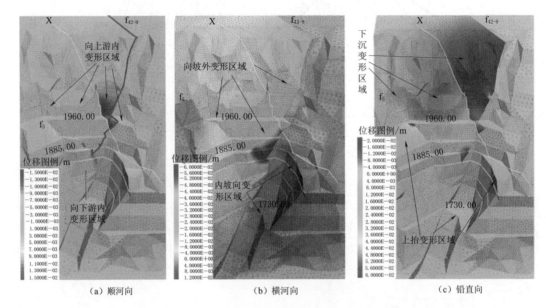

（a）顺河向　　　　　　　（b）横河向　　　　　　　（c）铅直向

图 8.1-2 模拟软弱结构面情况下边坡位移

2. 工程边坡稳定性

针对边坡复杂地质条件，对工程边坡进行系统稳定加固处理。边坡采用 300t 级 80m、200t 级 60m 预应力锚索，f_{42-9} 断层设置三层混凝土抗剪置换洞（9m×12m），坡面采用锚杆、贴坡混凝土、挂网喷混凝土和排水孔，深部设置排水洞，开口线外布置主动防护网、被动防护网等加固措施，确保边坡稳定安全。

左岸边坡采用系统加固措施后，大块体滑块 A 和滑块 B 的安全系数都得到显著提高，滑块 B 正常工况下安全系数为 1.340，地震工况为 1.174，降雨工况为 1.243，滑块 A 的安全系数略高于滑块 B，各种工况左坝肩大块体安全系数均满足规范要求，边坡稳定分析成果见表 8.1-1。

为进一步分析左岸坝肩边坡加固措施的加固效果，采用了三维弹塑性有限差分法计算程序 Flac 3D，建立了边坡三维计算模型，模拟了边坡主要软弱结构面以及边坡开挖过程，计算边坡开挖后未支护和支护加固后的边坡变形特征。加固后断层 f_{42-9} 在开挖面出露处附近沉降值为 2～3mm，相对于未加固明显降低，边坡控制性断面塑性区面积减小了 80%，且没有形成贯通至坡面的屈服带，如图 8.1 - 3 所示。抗剪洞能够减小大块体沿剪切面的变形，并有效控制边坡塑性区的发展，确保边坡的稳定性。

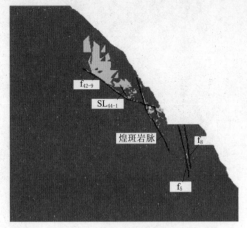

（a）开挖未加固　　　　　　　　　　（b）开挖加固后

图 8.1 - 3　两种情况下边坡控制性断面塑性区分布对比图

综上，针对大块体采用锚喷支护、锚索加固、抗剪洞阻滑及立体排水等综合加固措施，计算结果表明，加固后左岸拱肩整体稳定安全系数均满足设计要求，说明边坡的支护设计是有效的，局部滑块稳定安全系数均满足规范要求。

8.1.3　左岸边坡监测变形特征

根据坡体地质条件和边坡变形特征，按照地质结构分界、荷载作用关联、变形响应一致、结构安全相关的分区原则，左坝肩边坡划分为 6 个区域（图 8.1 - 4）：1 区为开口线附近及以上自然边坡，为高位倾倒变形区；2 区为上游山梁 f_5、f_8 断层残留体变形区；3 区为坝肩上游开挖边坡；4 区为拱坝坝肩边坡，为 f_{42-9} 断层下盘坡体；5 区为拱坝抗力体边坡；6 区为水垫塘雾化区边坡。

左坝肩边坡上部的 1 区为倾倒变形体，表现为长期持续的重力倾倒变形，尚未收敛；3 区的下游端边坡以 f_{42-9} 断层为边界，坝肩上游开挖边坡位于 f_{42-9} 断层上盘，是深部裂缝的影响区，卸荷裂隙发育，表现为缓慢的长期变形；4 区为拱坝坝肩边坡，位于 f_{42-9} 断层下盘岩体，基本稳定。

1. 左岸边坡表面变形特征

左岸边坡各分区表面变形位移均以指向临空面的水平位移为主，但各分区变形特征不尽相同，总体上边坡可分为开挖施工期（以下简称：开挖期）、首次蓄水期（以下简称：首蓄期）、初期运行期、运行期等阶段。开挖期自 2005 年 12 月 1 日开始观测，持续至 2012 年 11 月 30 日右岸导流洞下闸，水库开始蓄水；首蓄期起自 2012 年 11 月 30 日，持续至 2014 年 8 月 24 日水库首次蓄水至正常库水位 1880.00m；初期运行期指正常运行的前五个年周期，即 2014 年 8 月至 2019 年 8 月；在此之后为运行期。

左岸边坡各分区变形统计见表 8.1 - 2 和图 8.1 - 5，主要特征如下：

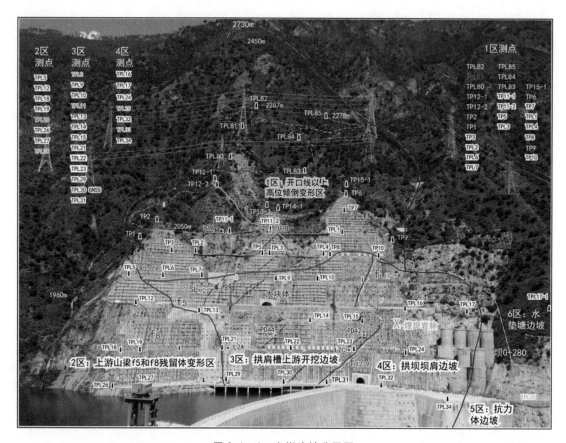

图 8.1-4 左岸边坡分区图

表 8.1-2 左岸边坡各分区变形统计表（截至 2020 年 6 月 30 日）

分 区	平均累计位移/mm			各阶段位移速率/(mm/月)				
	N—S	E—W	H	开挖期（2005 年 12 月至 2009 年 8 月）	开挖完至蓄水前（2009 年 8 月至 2012 年 11 月）	首蓄期（2012 年 11 月至 2014 年 8 月）	初期运行期前 3 年（2014 年 8 月至 2017 年 8 月）	2017 年 8 月之后
1 区开口线以上高位倾倒变形区	−75.2	174.0	89.8	1.63	1.11	0.75	0.75	0.57
2 区上游山梁 f_5 和 f_8 残留体变形区	−26.0	64.8	−18.7	1.20	0.40	0.97	0.64	0.31
3 区坝肩上游开挖边坡	−36.7	73.5	17.9	1.00	0.52	0.67	0.58	0.37
4 区拱坝坝肩边坡	−12.8	34.4	−7.1	0.68	0.47	0.61	0.26	0.15
5 区拱坝抗力体边坡	−0.8	5.3	0.5	—	—	0.27	0.10	0.06
6 区水垫塘雾化区边坡	0.3	3.5	−2.1	—	—	0.12	0.08	0.02

（1）1 区开口线以上高位倾倒变形区。自开挖以来，临空向实测最大值为 205.0mm（TP12-1），受蓄水影响不明显，表现为长期持续的重力倾倒变形，处于蠕变阶

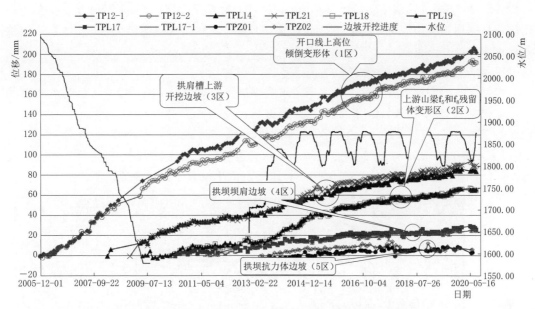

图 8.1-5 左岸边坡各分区 E—W 向典型测点过程线

段。开挖初期各测点位移速率最大达 2.07mm/月，平均位移速率为 1.63mm/月；开挖后期进入岩体应力调整期，变形速率减小；开挖完成后，变形速率相对稳定。首蓄期位移速率平均值约 0.75mm/月。初期运行期前三年，受水荷载影响，变形呈小幅周期波动现象。初期运行期第三年（2017 年）之后，位移速率减小到 0.57mm/月，变形尚未收敛。

（2）2 区上游山梁 f_5 和 f_8 断层残留体变形区。开挖期变形速率约 1.20mm/月，首蓄期位移速率平均值约 0.97mm/月，初期运行期前三年变形速率减小到 0.64mm/月，受水荷载影响，变形呈小幅周期波动现象。2017 年之后，大部分测点临空向位移速率为 0.31mm/月，变形速率减小，趋于收敛，该区变形不影响边坡整体稳定。

（3）3 区坝肩上游边坡区。开挖期位移速率大多在 1.00mm/月，开挖后期减小。首蓄期变形主要受蓄水影响，受库水位上升引起岩体有效应力降低和岩体软化的影响，各测点继续向山外变形，水位上升期变形速率较大，水位平稳期，变形速率较小，水位下降期测点向河床位移减小，平均位移速率到 0.67mm/月。初期运行期前三年位移速率下降为 0.58mm/月，受水荷载影响，变形呈小幅周期波动现象。2017 年之后，位移速率为 0.37mm/月，变形速率有所减少，趋于收敛。整体稳定控制性拉裂变形大块体及其边界影响带均属于 3 区，变形区域在 f_{42-9} 断层的上盘范围，不影响坝肩稳定。

（4）4 区拱坝坝肩边坡。开挖期变形速率较大，为 0.68mm/月，开挖后期减小。首蓄期受蓄水影响，变形速率有所增大，为 0.61mm/月。初期运行期前三年以来变形速率减小到 0.26mm/月，运行期位移速率为 0.15mm/月，变形速率已趋平缓，基本收敛。

（5）5 区拱坝抗力体边坡和 6 区水垫塘雾化区边坡位移量值较小。首蓄期位移速率为 0.12~0.27mm/月，初期运行期前三年以来变形速率减小到 0.08~0.10mm/月，2017 年之后位移速率为 0.02~0.06mm/月，已处于收敛状态。

综上，开口线附近及以上高位倾倒变形区（1 区）变形处于调整阶段，尚未收敛；上

游山梁 f_5 和 f_8 断层残留体变形区（2 区）和坝肩上游开挖边坡（3 区）仍处于变形减缓趋于收敛；拱坝坝肩边坡（4 区）、拱坝抗力体边坡（5 区）和水垫塘雾化区（6 区）边坡处于稳定状态，变形收敛。

2. 左岸坝肩边坡深部变形特征

根据左岸坝肩边坡变形分区，左岸边坡在坝肩上游边坡（3 区）设置了深部变形监测设施，包括石墨杆收敛计、水准测点、测距墩、测斜孔、裂缝计等，坝肩上游边坡在 PD44、PD42 和高程 1915.00m 排水洞内设置深部变形观测，监测深度分别为 198m、251m 和 97m，位置示意如图 8.1 - 6 所示。坝肩边坡在坝肩高程 1885.00m 灌浆平洞、高程 1829.00m 排水平洞、高程 1785.00m 排水平洞内也设置了深部变形观测。

图 8.1 - 6 坝肩上游边坡深部变形测点位置示意图

坝肩上游开挖边坡深部变形在时间上大体可分成：开挖施工期、蓄水调整期和变形收敛期三个阶段，如图 8.1 - 7 所示。坝肩上游边坡深部变形石墨杆收敛计揭示不同阶段的位移及速率对比见表 8.1 - 3 和图 8.1 - 8。开挖施工期卸荷回弹变形较明显，变形速率较大，截至 2020 年 6 月 30 日，PD44、PD42、高程 1915.00m 排水洞石墨杆收敛计累计位移分别为 87.1mm、54.9mm、28.5mm，蓄水以来位移增量分别为 34.6mm、31.1mm、22.0mm。

表 8.1 - 3　坝肩上游边坡深部石墨杆收敛计位移及速率统计表（截至 2020 年 6 月 30 日）

测段	总位移 /mm	蓄水以来位移增量 /mm	各阶段速率/(mm/月)				
			开挖期（2005 年 12 月至 2009 年 8 月）	开挖完至蓄水前（2009 年 8 月至 2012 年 11 月）	首蓄期（2012 年 11 月至 2014 年 8 月）	初期运行期前 3 年（2014 年 8 月至 2017 年 8 月）	2017 年 8 月之后
PD44	87.1	34.6	1.92	0.32	0.57	0.52	0.30
PD42	54.9	31.1	1.08	0.28	0.54	0.50	0.29
高程 1915.00m 排水洞	28.5	22.0	—	0.12	0.47	0.43	0.21

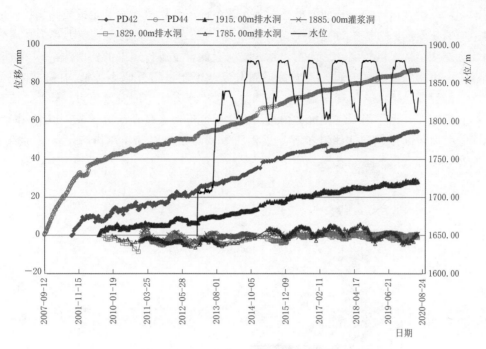

图 8.1-7　坝肩上游边坡深部石墨杆收敛计位移过程线

　　PD44 和 PD42 开挖期位移速率分别达到 1.92mm/月、1.08mm/月，开挖完成后变形速率减小；蓄水后，边坡岩体进入应力调整期，变形速率有所增大，但经过四个蓄水周期的调整，2017 年之后，变形速率开始呈减小趋势，2017—2020 年三条测线的变形速率 0.21～0.30mm/月，变形仍在调整，趋于收敛。

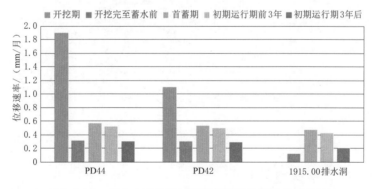

图 8.1-8　坝肩上游边坡石墨杆收敛计位移速率对比图

　　拱肩槽边坡帷幕灌浆廊道内进行了深部变形监测，高程 1885.00m 拱向荷载较小，石墨杆收敛计已趋于稳定，高程 1829.00m、高程 1785.00m 石墨杆收敛计受水位影响呈弹性变化，水位降低拱向荷载降低，石墨杆收敛计呈拉伸趋势，水位升高拱向荷载增大，石墨杆收敛计呈压缩趋势，变形规律正常。

　　3. 左坝肩边坡变形机理

　　左岸边坡变形受"开挖卸荷松弛—上部持续倾倒—深部张裂调整—蓄水作用"共同作

用影响，左岸边坡运行期的长期变形是在蓄水新条件下由左岸坝头特定地质结构控制的一种自适应调整变形。边坡整体变形模式如图8.1-9所示，变形机理表现为：①高高程坡体为反倾层状结构，以倾倒变形为主，是开挖引起的自重场作用下的长期调整；②坡表部外倾缓带，由岩锚墙和抗剪洞的强支护加固有效地限制了沿外倾主控结构的滑移变形条件；③深部裂隙松弛区，呈现松弛和张裂调整；④库水升降中的有效应力、软化、流变等的影响长期存在蓄水作用效应。抗剪洞至围岩之间变形协调过程已近完成，但f_{42-9}断层软弱岩带的垂向压缩至侧向膨胀（扩容）过程受边坡与坝体协调作用影响，存在周期性活动，会影响深部变形的持续发展。

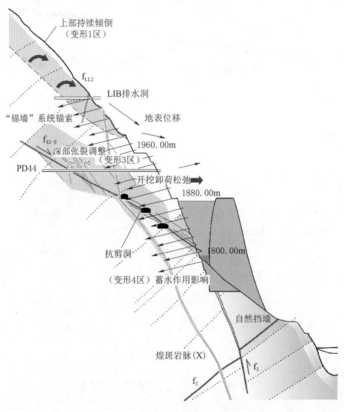

图8.1-9 左岸边坡整体变形模式图

8.1.4 坝肩边坡谷幅监测变形

1. 监测布置

枢纽区河谷利用两岸观测平洞设置谷幅测线，大坝上游侧布置3条谷幅测线，即PDJ1—TPL19线、TP11—PD44线、PD21—PD42线，位于坝肩上游开挖边坡；大坝下游侧布设8条，高程1829.00m、1785.00m、1730.00m、1670.00m各2条，位于拱坝抗力体边坡附近，如图8.1-10所示。

2. 坝肩上游谷幅变形

坝上游侧三条谷幅线在各阶段的变形速率变化过程如图8.1-11所示，谷幅变形监测

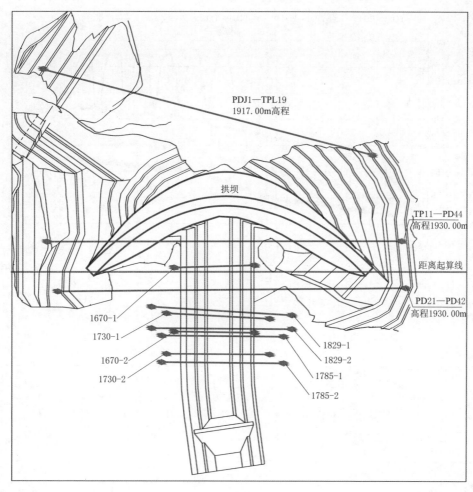

图 8.1-10 谷幅跨江段监测布置图

成果见表8.1-4。各测线总体上呈收缩变形，在开挖期变形速率较大，PD21—PD42 为 －1.97mm/月，初期运行前三年变形速率有所降低，PD21—PD42、TP11—PD44、PDJ1—TPL19 分别为－0.61mm/月、－0.52mm/月、－0.72mm/月，运行期 2017 年之后谷幅线变形进入平缓状态，变形速率分别为 －0.32mm/月、－0.30mm/月、－0.34mm/月。谷幅线累计测值虽未完全收敛，但是速率呈减小趋势。截至 2020 年 6 月 30 日，PD21—PD42 谷幅线跨江段缩短 124.40mm，TP11—PD44 谷幅线跨江段缩短 92.60mm，PDJ1—TPL19 谷幅线跨江段缩短 65.70mm。

从跨江段谷幅变形与左岸深部变形特征过程来看，如图 8.1-12 所示，PD21—PD42 谷幅收缩，与 PD42 石墨杆收敛计测得左岸深部变形量值和规律基本一致，另两条谷幅测线的特征相同，锦屏一级坝址谷幅变形基本由左岸边坡变形组成。

从 PD44 石墨杆收敛计的左岸深部变形分布来看，见表 8.1-5 和图 8.1-13，变形集中在洞口以里的 72～118m、118～147m 和 147～180m 监测区段，该区段内有煌斑岩脉、断层 f_{42-9} 和深部裂隙带分布，是边坡变形的主要区段，占深部变形量的 93%。

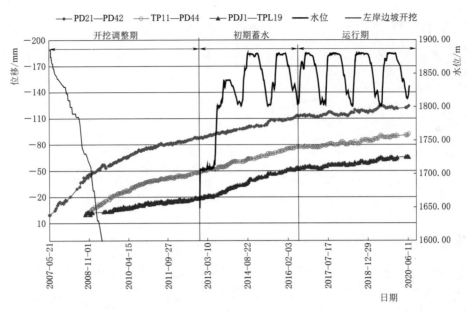

图 8.1－11 上游谷幅跨江段变形过程线

表 8.1－4   谷幅变形监测成果（截至 2020 年 6 月 30 日）

测段	高程 /m	总位移 /mm	各阶段速率/(mm/月)				
			开挖期（2005 年 12 月至 2009 年 8 月）	开挖完至蓄水前（2009 年 8 月至 2012 年 11 月）	首蓄期（2012 年 11 月至 2014 年 8 月）	初期运行期前 3 年（2014 年 8 月至 2017 年 8 月）	2017 年 8 月之后
PD21—PD42	1930.00	−124.4	−1.97	−0.67	−0.63	−0.61	−0.32
TP11—PD44	1930.00	−92.6	/	−0.63	−0.57	−0.52	−0.30
PDJ1—TPL19	1915.00	−65.7	/	−0.34	−0.73	−0.72	−0.34

表 8.1－5   TP11—PD44 谷幅测线中左岸深部变形监测成果统计

项目	合计位移 /mm	各测段位移量/mm					
		8～47m	47～72m	72～118m	118～147m	147～180m	180～198m
总位移	87.1	1.3	3.7	32.1	35.0	14.0	1.0
蓄水以来位移增量	34.6	0	2.7	10.4	13.8	6.8	0.9

3. 大坝下游谷幅变形

坝后谷幅线变形过程线如图 8.1－14 所示，谷幅变形总体上呈收缩变形，各条谷幅测线在开挖期变形速率较大，之后变形速率有所降低，谷幅线趋于收敛。

高程 1829.00m 两条谷幅线测值接近，见表 8.1－6，开始蓄水至 2020 年 6 月 30 日，测线 1829－1、1829－2 的位移总量为 −63.7mm、−65.4mm，开挖调整期的位移速率分别为 −1.02mm/月、−0.99mm/月，首蓄期分别为 −0.36mm/月、−0.30mm/月，初期运行期分别为 −0.03mm/月、−0.03mm/月，运行期已趋于稳定。

高程 1785.00m 及以下谷幅测线测值都较小。截至 2020 年 6 月 30 日，蓄水以来

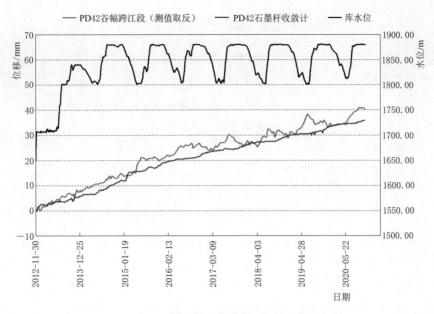

图 8.1-12　PD21—PD42 谷幅变形时间过程线

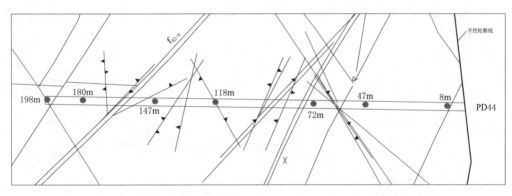

图 8.1-13　TP11—PD44 谷幅测线在左岸洞内测点位置与断层软弱岩关系

1670.00 谷幅线、1785.00 谷幅线位移总量在－8mm 左右波动，1730.00 谷幅线位移增量在－10mm左右波动，各高程谷幅测线测值 2019—2020 年的变化不大，运行期已趋于稳定。

表 8.1-6　　　　　　　　　　下游谷幅变形监测成果统计

编号	高程/m	总位移/mm	各阶段位移值及位移速率/(mm/月)		
			开挖调整期	首蓄期	初期运行期
1829-1	1829.00	－63.7	－1.02	－0.36	－0.03
1829-2	1829.00	－65.4	－0.99	－0.30	－0.03

综上，坝肩上游谷幅在初期运行期部分谷幅线变形进入平缓状态，速率呈减小趋势，谷幅变形主要由左岸边坡变形组成，集中在左岸边坡深部煌斑岩脉、断层 f_{42-9} 和裂隙带附近。坝肩下游谷幅变形小，已收敛。

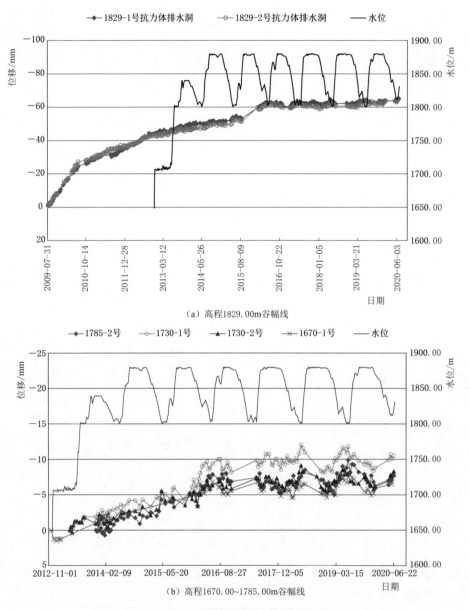

(a) 高程1829.00m谷幅线

(b) 高程1670.00~1785.00m谷幅线

图 8.1 - 14 下游谷幅跨江段变形过程线

8.2 左坝肩边坡长期变形分析方法

8.2.1 边坡变形对拱坝影响的研究思路

蓄水至正常蓄水位后，边坡变形速率逐渐降低，经过多次库水位涨落，边坡的变形速率进一步降低，但部分区域仍未完全收敛。坝肩边坡长期变形，可能对拱坝结构受力有不利影响，需要持续关注、跟踪分析。研究思路如下：

（1）开展现场流变试验与弱化效应研究，以试验成果为基础，并采用工程类比方法，识别确定左岸坝肩边坡岩体的流变力学模型。

（2）依据左岸坝肩边坡变形监测数据，结合试验研究成果，采用变形反馈智能分析方法，反演获得左岸坝肩边坡岩体流变参数。

（3）水库蓄水后，会出现坝肩渗流场变化、岩体参数软化、边坡及大坝结构应力调整，采用黏弹塑性有限元法，开展蓄水期边坡变形影响因素的分析。

（4）考虑边坡变形的主要影响因素，采用流变反演参数，开展左岸坝肩边坡长期变形的预测以及稳定性的评价。

（5）依据左岸坝肩边坡长期变形趋势的预测成果，开展边坡长期变形对于拱坝结构的影响分析。考虑不同长期变形作用荷载施加方式，包括参数降强、边坡流变、模型边界加载位移等，研究边坡长期变形对于拱坝结构的影响。

（6）依据边坡长期变形预测成果，采用边坡位移荷载超载的方式，研究边坡变形作用的拱坝极限承载能力，评价拱坝长期运行安全性。

8.2.2　边坡长期变形分析方法

左岸坝肩边坡的变形总体上可分为开挖卸荷变形期、初期蓄水变形调整期和长期时效变形收敛期三个阶段。

（1）开挖卸荷变形期。边坡变形主要包括岩体卸荷松弛、回弹和蠕变变形。

（2）初期蓄水变形调整期。水库蓄水后，库水对边坡的影响主要包括：①库水位上升时库水向坡内入渗，产生指向坡内的变形，反之亦然；②边坡岩体内孔隙水压力增高，有效应力降低，引发边坡变形调整；③岩体强度和变形模量降低，引起边坡软化变形；④拱坝推力引起坝肩边坡的压缩变形。

（3）长期时效变形收敛期。长期变形主要影响因素可能是边坡的流变变形。

时效变形从边坡开挖开始就被观测到，依据现场流变试验和开挖、首次蓄水、库水涨落等各阶段监测数据，考虑采用材料岩体劣化的黏弹塑性流变模型能合理分析、预测边坡的时效变形。高应力、高水头和涨落条件下的坝肩裂隙岩体内的渗流情况是边坡变形分析的基础，针对锦屏一级高坝大库复杂地质条件提出的岩体孔隙弹塑性理论，揭示蓄水期谷幅变形是多因素综合作用结果，裂隙水压力改变岩体平衡状态是蓄水后坝址区岩体产生塑性变形的主要驱动力，这里介绍分析中主要用到的黏弹塑性流变模型和孔隙弹塑性理论。

1. 黏弹塑性流变模型

根据坝肩岩体卸荷流变试验成果、蓄水以来死水位以下边坡岩体一直处于饱水状态的特点以及水库涨落条件下边坡变形特征，锦屏一级边坡岩体流变特性适合三参数（H-K）黏弹-塑性模型，如图 8.2-1 所示，该模型可以同时反映开挖所引起的弹塑性变形和开挖完成后弹性后效，以及饱水后岩体的时效变形。

图 8.2-1 中，E_0 为弹性模量；G_0 为剪切模量；E_1 为黏弹性模量；G_1 为黏弹性剪切模量；C 为岩石的黏聚力；ϕ 为内摩擦角；η_1 为黏滞系数；λ 为塑性流动参数。

三参数（H-K）黏弹-塑性模型本构方程见下式：

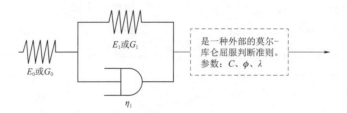

图 8.2-1 三参数 (H-K) 黏弹-塑性模型

$$\varepsilon = \frac{P}{3}\left[\frac{1}{G_1}\left(1-\exp\left(-\frac{G_1}{\eta}t\right)\right)+\frac{1}{3K}+\frac{1}{G_0}\right]+\sum\Delta\lambda\,\mathrm{sgn}P \qquad (8.2-1)$$

式中：P 为平均应力；G_0 为剪切模量；G_1 为黏弹性剪切模量；η_1 为黏滞系数；t 为时间；K 为体积模量；$\Delta\lambda$ 为塑性流动待求参数；sgn 为符号函数。

考虑干湿循环条件下岩体劣化效应，即干湿循环次数对岩石蠕变性质的影响，体现在蠕变本构方程上，即岩石的各个蠕变参数都是干湿循环次数的函数。

黏弹-塑性模型包含有 3 个蠕变参数，利用已得到的一维损伤演化方程，得到三维状态蠕变方程：

$$\varepsilon_{ij} = \frac{S_{ij}}{2G_0} \pm \frac{\sigma_m \delta_{ij}}{3K} + \frac{S_{ij}}{2G_1}\left[1-\exp\left(-\frac{G_1}{\eta}t\right)\right] \pm \varepsilon_{ij}^p \qquad (8.2-2)$$

$$\varepsilon_{ij}^p = \sum\Delta\lambda\,\frac{2g}{2\sigma_{ij}}$$

式中：σ_m 为球应力张量；S_{ij} 为偏应力张量；δ_{ij} 为克罗尼克符号；$\Delta\lambda$ 为塑性流动待求系数；g 为岩土体材料的流动法则。

参数的损伤规定为

$$\begin{cases} K^* = K[1-S_0'(N)] \\ G_0^* = G_0[1-S_0'(N)] \\ G_1^* = G_1[1-S_1'(N)] \\ \eta^* = \eta[1-S_2'(N)] \end{cases} \qquad (8.2-3)$$

式中：K^*、G_0^*、G_1^*、η^* 分别为不同干湿循环次数下的体积模量、剪切模量、黏弹性剪切模量和黏滞系数；S_0'、S_1'、S_2' 分别为对干湿循环的弹性模量损伤函数、黏弹性模量损伤函数和黏滞系数损伤函数，可以根据实验来确定。

基于上述推导，考虑干湿循环作用下岩体蠕变损伤模型的三维形式表示为

$$\varepsilon_{ij} = \frac{\sigma_m \delta_{ij}}{3K^*} + \frac{S_{ij}}{2G_0^*} + \frac{S_{ij}}{2G_1^*}\left[1-\exp\left(-\frac{G_1^*}{\eta^*}t\right)\right] \pm \varepsilon_{ij}^p \qquad (8.2-4)$$

式 (8.2-3) 中的损伤变量 $S_2'(N)$ 为后续反演计算的重点。

2. 孔隙弹塑性理论

弹性理论或塑性理论均为连续介质理论，要在连续介质框架内考虑水的力学作用，连续介质要拓展为充满孔隙的连续介质——孔隙介质 (porous media)。对孔隙介质的一个微元体，受力描述除二阶应力张量 σ_{ij} 外，还要考虑孔隙压力 p；变形除应变张量 ε_{ij} 外，还要考虑孔隙率 ϕ。在此基础上原有的弹性力学就拓展为孔隙弹性力学 (poroelasticity)，塑性力学

就拓展为孔隙塑性力学（poroplasticity），统称为孔隙力学（poromechanics）。在应用实践中，沙、砂岩、裂隙岩体均可视为孔隙介质，如图 8.2-2 所示，采用孔隙力学来处理。

（a）沙　　　　　　　　　　　（b）砂岩

（c）裂隙岩体

图 8.2-2　孔隙介质

弹性力学的基本本构方程为胡克定律，即

$$\sigma_{ij} = D_{ijkl}\varepsilon_{kl} \tag{8.2-5}$$

式中：D_{ijkl} 为弹性张量。

孔隙弹性理论由 Biot 创建，其中孔隙压力 p（以压为正）对胡克定律的影响通过 Biot 有效应力 σ'_{ij} 来间接反映：

$$\sigma'_{ij} = D_{ijkl}\varepsilon_{kl}, \quad \sigma'_{ij} = \sigma_{ij} - \alpha p\delta_{ij} \tag{8.2-6}$$

式中：α 为 Biot 系数；δ_{ij} 为克罗尼克符号，当 $i=j$ 时，$\delta_{ij}=1$，当 $i\neq j$ 时，$\delta_{ij}=0$。

页岩（Gulf Mexico）的 Biot 系数 α 可达 0.968，盐岩可达 0.11。当 $\alpha=1$ 时，Biot 有效应力退化为 Terzaghi 有效应力。

基于总应力的平衡方程为 $\sigma_{ij,j} + f_i = 0$，其中 f_i 为体积力。若将 Biot 有效应力代入其中，可得基于 Biot 有效应力的平衡方程，并引出渗透体积力 F_i：

$$\sigma'_{ij} + f_i + F_i = 0, \quad F_i = \alpha\frac{\partial p}{\partial x_i} \tag{8.2-7}$$

从左岸边坡和水位随时间变化关系曲线可以看出，至少在蓄水初期，水位下降时边坡变形不会随之减小，说明边坡变形中有很大的塑性变形成分。这说明需要用孔隙塑性力学来研究蓄水对边坡变形的影响。孔隙塑性力学主要由法国学者 Coussy 创建。塑性力学中最基本的本构关系是应力应变关系和屈服准则，可分别表示为

$$\sigma_{ij} = D_{ijkl}(\varepsilon_{kl} - \varepsilon_{kl}^{p}), \quad f(\sigma_{ij}) \leqslant 0 \tag{8.2-8}$$

式中：ε_{kl}^{p} 为塑性应变张量。

在孔隙塑性力学里，孔隙压力 p 的作用仍假设可通过有效应力来反映，但这两个本

构关系的有效应力是不同的，即

$$\sigma'_{ij} = D_{ijkl}(\varepsilon_{kl} - \varepsilon^p_{kl}), \quad f(\sigma''_{ij}) \leqslant 0 \qquad (8.2-9)$$

式中：σ'_{ij}仍为 Biot 有效应力；σ''_{ij}为塑性有效应力，$\sigma''_{ij} = \sigma_{ij} - \beta p\delta_{ij}$。

参数 β 的物理意义是 $\phi^p = \beta\varepsilon^p$，其中 ϕ^p 为塑性孔隙度，ε^p 为塑性体积应变；为数不多的几个实验说明可取 $\beta = 1$，即塑性有效应力大体可视为 Terzaghi 有效应力。塑性有效应力 σ''_{ij} 可基于 Biot 有效应力 σ'_{ij} 来表达，即

$$\sigma''_{ij} = \sigma'_{ij} - \gamma p\delta_{ij}, \quad \gamma = \beta - \alpha \qquad (8.2-10)$$

式（8.2-7）说明 Biot 有效应力导致渗透体积力；基于式（8.2-9）和式（8.2-10），屈服条件可改写为 $f(\sigma'_{ij} - \gamma p\delta_{ij}) \leqslant 0$，说明渗透压力对屈服有直接影响，对高水头水工建筑物影响更为显著，前提是 Biot 有效应力和塑性有效应力不一致。土力学一般认为变形和强度的有效应力都是 Terzaghi 有效应力，反映不出对屈服的影响。总之，孔隙渗透压力通过以下两种方式来发挥作用：①以外荷载（渗透体积力）的方式；②渗透压力改变屈服条件。

8.3 边坡长期变形及稳定性分析

左岸坝肩边坡长期变形，会受到边坡倾倒破碎岩体及蓄水后软弱岩体力学参数弱化影响，开展了岩体弱化试验以及蓄水前后边坡岩体力学参数反演，分析了影响蓄水后边坡变形的因素及边坡稳定性，采用经预测校正的反演参数，预测边坡长期变形，评价长期稳定性，研究边坡长期变形对拱坝的影响。

8.3.1 岩体弱化试验及劣化规律研究

1. 弱化试验及成果

现场采取 f_2、f_5、f_{13}、f_{14}、f_{18} 断层和 IV_2 类软弱岩体（大理岩、砂板岩），以及绿片岩、煌斑岩脉共 9 种软弱岩带试样，制备成能够反映这些软弱岩体（带）结构构造和物理力学特征的典型试件，进行三轴压缩试验和水岩耦合三轴压缩试验。

试件尺寸为 $\phi 50\text{mm} \times H 100\text{mm}$，为保证水能够在试件中的破裂网络中渗流，采用钻孔法在试件两端面各自钻一个钻孔，通过试件中的裂隙网络流向出口小孔，以保证在岩体试件中形成渗流场，如图 8.3-1 (a) 所示。

首先采用 60～100MPa 围压三轴压缩全过程试验进行第一阶段试验，目的是在较高的压力下缓慢将岩石块体压裂，使试件在一定的应力条件下破裂成包含岩块与结构面，同时又受到一定应力作用的岩体。此阶段直到轴向应力不随应变增加而变化时，即进入残余强度阶段，同时监测试件的变形模量，当变形模量与强度参数接近于天然 IV_2 类岩体时，此时岩体试件的力学性能主要由结构面体系控制，其力学性能接近天然 IV_2 类岩体。

为模拟地壳抬升与雅砻江下蚀，地应力分异而形成岸坡应力场的过程，将围压逐渐降低到后续弱化试验所需要的围压，这时轴压略高于围压（称为初始轴压）。考虑到需要获得强度参数和变形参数，同时围压又必须高于规定的最大水压 4MPa，因此将后续试验的围压确定为 5MPa、10MPa、15MPa、20MPa、25MPa、30MPa，每个围压对应一个试件。

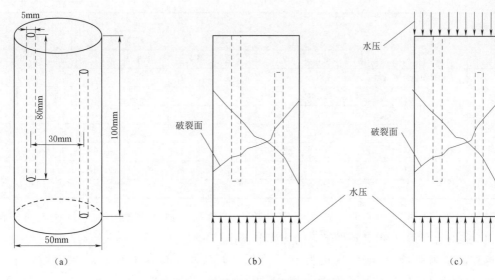

图 8.3-1 试样制备及试件饱和过程示意图

　　将围压降低到确定值后，加载到即将屈服时转为侧向应变控制，至应力-应变曲线转平后结束，获得天然状态下破裂岩体变形参数与强度参数。接着，保持围压与初始轴压，向岩体试件渗透水流进口端施加渗透水压 1MPa，出口端排气，如图 8.3-1（b），待试件中空气完全排除后关闭出口阀门，并监测进、出口端水压差，待该水压差为零，如图 8.3-1（c）所示，此时岩体试件饱和完成。

　　不同水压的弱化试验，按 1MPa、2MPa、3MPa、4MPa 逐级升高水压，对每级水压下进行试验。试验过程先采用力控制加载到应力差达到 10MPa 后转为侧向应变控制，至轴向应力不随应变增加而变化时结束；再将应力差降低到初始轴压，水压升高到下一级后重复试验，直至水压 4MPa 试验完成后结束全部试验。试验获得这些主要结构面和软弱岩的强度与变形模量参数的弱化率见表 8.3-1。

　　各断层的强度参数 f 随水压的变化非常微小，并具有水压越高有小幅波动，综合统计分析表明其平均弱化率不超过 7%，因此可认为断层类结构面强度参数 f 随水压的升降变化甚微。

表 8.3-1　　　　　　　　　　断层与软弱岩体力学参数弱化试验成果

名称	参数			天然状态	弱 化 试 验							
					1MPa		2MPa		3MPa		4MPa	
					量值	W/%	量值	W/%	量值	W/%	量值	W/%
	C/MPa			2.0	1.6	19.8	0.9	54.4	0.8	59.0	0.0	99.4
	f			0.41	0.41	0.0	0.43	−6.6	0.38	6.2	0.41	0.0
断层V类岩	τ_s /MPa	正应力 σ /MPa	5	4.1	3.7	9.9	3.1	24.7	2.7	33.3	2.1	49.4
			10	6.1	5.7	6.6	5.2	14.8	4.6	24.6	4.1	32.8
			15	8.2	7.8	4.9	7.4	9.8	6.5	20.2	6.2	24.5
			20	10.2	9.8	3.9	9.5	6.9	8.4	17.6	8.2	19.6
	E/GPa			1.8	1.3	28.1	1.1	38.2	0.8	53.9	0.5	69.7

续表

名称	参 数			天然状态	弱 化 试 验							
					1MPa		2MPa		3MPa		4MPa	
					量值	W/%	量值	W/%	量值	W/%	量值	W/%
软弱岩体VI₂	C/MPa			4.7	2.7	43.4	2.0	58.2	1.2	75.7	0.4	91.5
	f			0.40	0.38	6.80	0.37	8.10	0.39	4.30	0.35	13.00
	τ_s /MPa	正应力 σ /MPa	5	6.7	4.6	31.3	3.9	42.5	3.2	53.0	2.2	67.9
			10	8.7	6.5	25.3	5.7	34.5	5.1	41.4	3.9	55.2
			15	10.7	8.4	21.5	7.6	29.4	7.1	34.1	5.7	47.2
			20	12.7	10.3	18.9	9.4	26.0	9.0	29.1	7.4	41.7
	E/GPa			5.0	4.8	3.5	3.8	25.0	3.0	39.5	2.8	45.0

试验和统计分析结果表明，断层强度参数 C 随水压升高急剧减小，水压越大，弱化率越高，在工程水压 2MPa 条件下，弱化率 W 超过 50%。

断层的抗剪强度 τ_s 随水压的升高而降低，五条断层的综合统计结果表明，应力 10MPa 与水压 3MPa 的工程条件下，弱化率 W 大体在 20% 左右。

断层 V 类岩变形模量随水压的升高而减小，水压 3MPa 的工程条件下，减小约 50%；软弱岩体 IV₂ 减小约 40%，完整岩体的变形模量受水压影响较小。

各断层强度参数 f、C 及抗剪强度 τ_s 与水压的关系虽具一定离散性，但综合分析表明 f 随水压增高略有减小，C、τ_s 和 E 随水压升高降幅增大。

2. 蓄水参数劣化规律

为了水库涨落条件下水-岩作用对坝肩岩体的力学特性的影响，对锦屏一级坝肩砂板岩进行了浸泡—风干条件的力学参数研究。定义不同浸泡—风干循环次数砂岩力学参数的累积劣化程度为总劣化度 S_N，单次的浸泡—风干循环作用造成的力学参数劣化程度为阶段劣化度 ΔS_N，计算公式为

$$S_N = \frac{T_0 - T_N}{T_0} \times 100\% \qquad (8.3-1)$$

$$\Delta S_N = S_N - S_{N-1} \qquad (8.3-2)$$

式中：T_0 为初始饱水状态的力学参数；T_N 为 N 次浸泡—风干循环后的力学参数。

干湿循环作用下砂岩的弹性模量、单轴抗压峰值强度的劣化规律曲线如图 8.3-2 和图 8.3-3 所示。

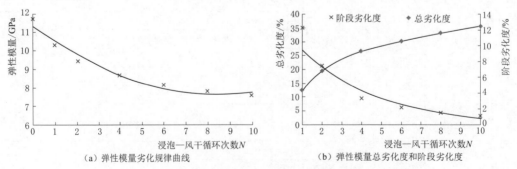

(a) 弹性模量劣化规律曲线　　　(b) 弹性模量总劣化度和阶段劣化度

图 8.3-2　干湿循环作用下砂岩弹性模量劣化规律

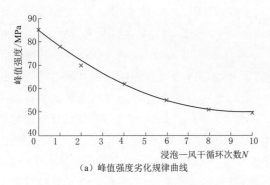
（a）峰值强度劣化规律曲线

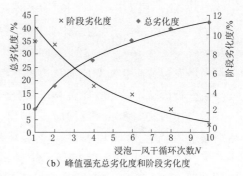
（b）峰值强充总劣化度和阶段劣化度

图 8.3-3　干湿循环作用下砂岩单轴抗压峰值强度劣化规律

图 8.3-2 可以看出，随着浸泡—风干循环次数增加，砂岩的弹性模量呈现明显的先陡后缓的劣化趋势，相对于初始饱水状态，1、2、4、6、8、10 次浸泡—风干循环作用后，弹性模量累积降低了 12.23%、19.68%、26.24%、30.39%、33.25%、35.45%，总体而言，前 6 次浸泡—风干循环作用对砂岩的弹性模量影响较大，占总劣化幅度的 85% 左右，其中前两次的浸泡—风干循环作用导致的劣化幅度明显较大。

从图 8.3-3 可以看出，随着浸泡—风干循环次数的增加，砂岩的单轴抗压强度呈现与弹性模量一致的劣化趋势，相对于初始饱水状态，1、2、4、6、8、10 次干湿循环作用后，峰值强度累积降低了 10.30%、15.65%、27.78%、36.82%、40.37%、42.13%，比较而言，前 6 次浸泡—风干循环作用导致砂岩的抗压强度劣化幅度较大，占总劣化幅度的 85% 左右，而后，砂岩的峰值强度劣化趋势逐渐趋于缓慢。

对于蓄水软化和干湿循环可能造成的结构面参数弱化效应，根据破碎岩体（IV$_2$、V）参数劣化规律，断层的强度参数 f 随水压和干湿循环次数的变化非常微小，而断层强度参数 C 随水压和干湿循环次数增加急剧减小。在工程水压（3MPa）条件下，软弱岩体变形模量平均弱化率约 40%，黏聚力弱化率超过 50%，与三峡工程的库区岩体软化规律相近。

由于拉裂变形体控制性底滑面 f_{42-9} 在坡面库水位以下的出露最低高程约为 1810.00m，小于 1MPa 水压，从偏于工程安全考虑，假定蓄水软化和干湿循环导致库水位以下 f_{42-9} 断层黏聚力 C 折减为原参数的 0.5 倍，即由 20kPa 变为 10kPa，摩擦系数 f 不变。对于组成拉裂变形体的侧裂面 SL$_{44-1}$，为硬性结构面，不受蓄水软化影响。

8.3.2　流变试验及参数反演

1. 流变试验及成果

可研阶段对坝区左岸 PD50 平洞内岩体及挤压破碎带，完成现场压缩蠕变试验，试验段工程地质分层为 T$_{2-3}$z$^{2(6)}$ 层，岩性属灰色层状大理岩，岩体结构为碎裂—镶嵌结构，宏观岩体分类为 III$_1$ 类。PD50 洞内 0+60m（E$_{LB}$-1）和 0+70m（E$_{LB}$-2）附近的岩体及构造破碎带是具有代表性的挤压破碎带，确定在这两处位置上开展岩体压缩蠕变试验研究。

对左岸边坡岩体开展了压缩原位蠕变试验，流变模型采用三参数模型，根据试验结果确定参数为：III$_2$ 类岩体弹性模量 E_0 为 7.33GPa，黏弹性模量 E_1 为 41.30GPa，黏滞系

数 η_1 为 $45.17 \times 10^4 \mathrm{GPa \cdot s}$，长期模量 E_∞ 为 $6.07\mathrm{GPa}$；IV_2 类岩体，弹性模量 E_0 为 $1.62\mathrm{GPa}$，黏弹性模量 E_1 为 $16.77\mathrm{GPa}$，黏滞系数 η_1 为 $14.22 \times 10^4 \mathrm{GPa \cdot s}$。

2. 流变参数反演

左岸坝肩边坡流变参数反演从边坡开挖阶段开始，以边坡变形监测为基础，建立三维边坡反馈分析模型，采用智能位移反馈分析方法，通过对整个边坡变形监测数据的反馈分析，获得岩体的流变参数。反演时段 2013 年 6 月 15 日至 2020 年 7 月 28 日共计 6 次库水涨落循环。在各区选取代表性测点，高程 1960.00m 缆机平台以上边坡 TP4、TP6、TPL1、TPL7、TPL10、TPL15；高程 1960.00～1885.00m 边坡 TPL21、TPL22、TPL29、拱肩槽下游抗力体边坡 TPL32 和 5 区 TPL43。蓄水后的边坡岩体变形参数反演结果见表 8.3-2，参与反演的典型外观测点横河向位移的实测值与反演参数计算过程线如图 8.3-4 所示。各外观测点横河向位移实测值与反演获得参数计算获得的过程线变化趋势一致、变形量值接近，说明利用反演获得的参数进行边坡流变计算获得的成果是可信的。

表 8.3-2　　　　　　　　　库水消落带边坡岩体变形参数反演结果

岩体类别	库水涨落循环次数	0	1	2	3	4	5	6
III_1 类	弹性模量/GPa	11.50	9.41	8.99	8.83	8.82	8.78	8.75
	黏弹性模量/GPa	13.40	10.96	10.47	10.29	10.28	10.23	10.20
	黏滞系数/(亿 GPa·s)	10.00	10.00	10.00	10.00	10.00	10.00	10.00
III_2 类	弹性模量/GPa	6.50	5.15	4.88	4.77	4.77	4.74	4.73
	黏弹性模量/GPa	7.60	6.02	5.70	5.58	5.58	5.54	5.53
	黏滞系数/(亿 GPa·s)	7.00	7.00	7.00	7.00	7.00	7.00	7.00
IV_1 类	弹性模量/GPa	3.00	2.30	2.16	2.10	2.10	2.09	2.08
	黏弹性模量/GPa	5.00	3.83	3.60	3.51	3.50	3.48	3.47
	黏滞系数/(亿 GPa·s)	4.00	4.00	4.00	4.00	4.00	4.00	4.00
IV_2 类	弹性模量/GPa	1.25	0.93	0.86	0.84	0.83	0.83	0.82
	黏弹性模量/GPa	1.20	0.89	0.83	0.80	0.80	0.79	0.79
	黏滞系数/(亿 GPa·s)	1.00	1.00	1.00	1.00	1.00	1.00	1.00
f_5、f_8、X、f_{42-9}、SL_{44-1}	弹性模量/GPa	0.375	0.27	0.25	0.24	0.24	0.24	0.23
	黏弹性模量/GPa	0.70	0.50	0.46	0.44	0.44	0.44	0.44
	黏滞系数/(亿 GPa·s)	0.80	0.80	0.80	0.80	0.80	0.80	0.80

库水涨落循环以来，IV_2 类岩体变形模量总共劣化 35% 左右，如图 8.3-5 所示，其中前 2 次库水涨落循环作用导致 IV_2 类岩体劣化幅度较大，占总劣化幅度的 80% 左右，而后，IV 类岩体的劣化趋势逐渐趋于缓慢。

3. 蓄水期边坡变形影响因素及权重分析

水库蓄水水位上升后，影响边坡变形的主要因素有：有效应力、参数软化、渗透力、拱推力及时效变形。各因素对边坡横河向变形量的贡献值见表 8.3-3，各因素对 $\mathrm{II}_1 - \mathrm{II}_1$ 剖面变形的贡献如图 8.3-6 所示。其中，岩体饱水后发生软化所引起的边坡变形值为 $6.39 \sim 45.1\mathrm{mm}$，占边坡变形总量的 15.3%～96.7%，最大软化变形发生在低高程蓄水位附近；岩体自身流变变形引起的边坡变形为 $3.22 \sim 42.0\mathrm{mm}$，占边坡变形总量的

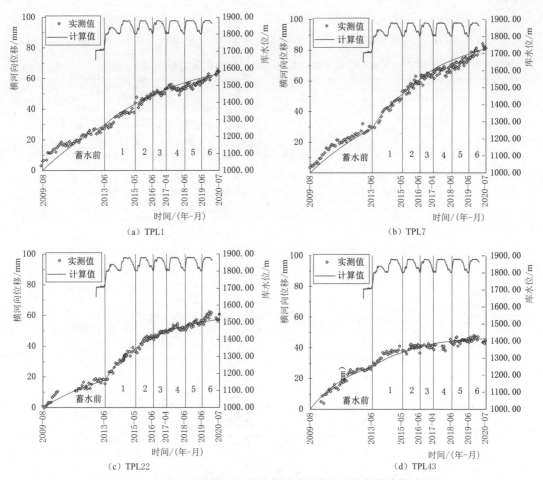

图 8.3－4　外观测点横河向位移实测过程线与反演参数计算过程线
（2009 年 8 月 15 日至 2020 年 7 月 28 日）

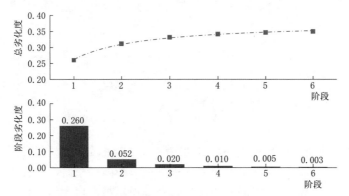

图 8.3－5　库水涨落循环下Ⅳ₂类岩体变形模量劣化过程

9.86％～85.90％，最大流变变形发生在高高程开口线以上倾倒变形体；拱推力引起的边坡变形为−0.26～−2.57mm，占边坡变形总量的0.62％～7.87％；有效应力所引起的边坡变形值为0.07～1.18mm，占边坡变形总量的0.16％～3.61％；渗透力引起的边坡变

形值为 −0.22~−0.75mm。由岩体软化、流变、拱推力、有效应力和渗透力引起的变形量依次降低。岩体饱水软化以及岩体自身时效变形是蓄水期边坡变形的主要因素。

表 8.3-3　各影响因素对边坡横河向变形的贡献值（2013 年 6 月至 2020 年 7 月）　　单位：mm

剖面	外观测点	有效应力	软化	流变	渗透力	拱推力	合计	监测
Ⅱ₁-Ⅱ₁	TP4	0.07	11.54	30.61	−0.22	−0.26	41.74	42.0
	TP5	0.1	12.24	28.18	−0.25	−0.39	39.88	44.9
	TPL9	0.14	14.91	15.10	−0.28	−0.49	29.38	32.7
	TPL22	0.41	28.73	10.99	−0.56	−0.99	38.58	45.3
	TPL30	0.62	35.76	8.12	−0.68	−1.46	42.36	—
	TPL40	0.82	45.10	6.35	−0.73	−2.2	49.34	—
	TPL48	1.18	31.59	3.22	−0.75	−2.57	32.67	58.2
V-V	TP6	0.08	7.48	42.00	−0.21	−0.36	48.99	43.5
	TP7	0.08	6.39	35.65	−0.22	−0.40	41.50	40.4
	TPL1	0.1	8.27	25.58	−0.23	−0.50	33.22	37.10
	TP8	0.12	7.32	23.35	−0.25	−0.61	29.93	33.8
	TPL11	0.15	8.10	24.89	−0.28	−0.81	32.05	—
	TPL15	0.25	11.32	24.44	−0.4	−1.01	34.60	38.9
	TPL23	0.48	18.17	15.21	−0.57	−1.70	31.59	38.5

注　边坡变形向坡外为正。

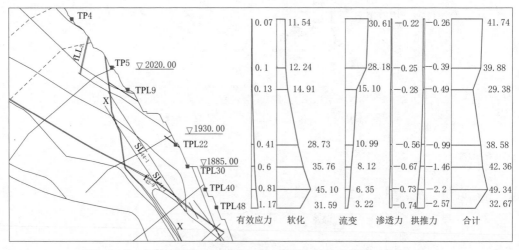

图 8.3-6　各影响因素对边坡 Ⅱ₁-Ⅱ₁ 剖面变形的贡献值（单位：mm）

从边坡沿高程的变形形态来看，蓄水期边坡总变形呈现出低高程变形增长快、高高程变形增长慢的趋势。由岩体软化所引起的变形呈现出高高程小而低高程大的特点，最大值位于蓄水位附近。由岩体流变引起的变形分布则呈现出高高程大而低高程小的特点，最大变形位于开口线外倾倒变形体之上。

从边坡沿河流方向的变形形态来看，蓄水期间，边坡上游侧总变形增长较快，而下游侧增长较慢。就岩体软化变形而言，蓄水后边坡软化变形主要发生在上游侧边坡，同时引起下游侧边坡岩体协调变形，其变形量级变形速率从上游至下游逐渐减小。就岩体自身时效变形而言，蓄水前边坡上游侧岩体自身的时效变形较下游侧大，蓄水后仍然以这种规律持续变形。

4. 运行期坝肩边坡稳定性复核

左坝肩稳定控制滑块（大块体）的底滑面 f_{42-9}，在库水位以下的出露高程最低约为 1810.00m，小于 1MPa 水压，从偏于工程安全考虑，假定蓄水软化和干湿循环导致库水位以下 f_{42-9} 断层黏聚力 C 折减为原参数的 0.5 倍，即由 20kPa 变为 10kPa。对于组成拉裂变形体的侧裂面 SL_{44-1}，为硬性结构面，不受蓄水软化影响。

电站运行期，库水位将在 1880.00～1800.00m 之间涨落，因此需要研究不同库水位、连续降雨以及地震作用下的岸坡稳定性问题。表 8.3-4 给出了正常蓄水位 1880.00m、死水位 1800.00m 情况下大块体的稳定分析成果。

表 8.3-4　　　　　　　运行工况刚体极限平衡法滑块安全系数成果表

块体组合	工　况	正常蓄水位 1880.00m		死水位 1800.00m	
		原参数	考虑弱化效应	原参数	考虑弱化效应
滑块 A	正常工况	1.390	1.381	1.344	1.336
	降雨工况	1.323	1.315	1.244	1.236
	地震工况	1.308	1.300	1.271	1.263
滑块 B	正常工况	1.355	1.347	1.340	1.332
	降雨工况	1.272	1.264	1.243	1.235
	地震工况	1.279	1.270	1.267	1.259

考虑 f_{42-9} 断层强度参数的弱化效应，即黏聚力由 20kPa 降低为 10kPa，当库水位在 1880.00m 正常蓄水位和 1800.00m 死水位运行时，拉裂变形体在各种工况条件下的安全系数降低约 0.01。考虑蓄水运行期底滑面强度参数的弱化效应后，拉裂变形体的稳定性能够满足运行期的整体稳定性要求。降低幅度很小，主要原因是 f_{42-9} 断层采用抗剪洞置换加固后，其综合抗剪强度参数主要由抗剪洞的强度参数提供，f_{42-9} 断层黏聚力对拉裂变形体稳定性影响较小。

8.3.3　边坡长期变形预测及稳定性分析

1. 边坡长期变形预测

根据左岸坝肩边坡变形监测数据，采用经预测校正的反演参数（表 8.3-2），考虑岩体流变及软化变形的影响，预测边坡长期变形，评价长期稳定性。左岸边坡各区代表测点从 2009 年 8 月至 2039 年 9 月的横河向位移变化过程如图 8.3-7 所示。分析表明，从 2009 年 8 月至 2013 年 6 月，各测点变形逐渐增大，变形速率缓慢减低，边坡蠕变变形呈现出收敛的趋势。当首蓄期水库蓄水至 1800.00m，边坡在库水的浸泡下发生软化，引起边坡整体加速向河谷变形，当水库逐渐蓄水至 1880.00m 时，随着软化范围的增大，左岸边坡再一次加速变形，在水库正常运行时，库水位在死水位 1800.00m 和正常蓄水位 1880.00m 之间变化，该范围内的岩体处于干湿循环作用下，当水位从死水位蓄水至 1880.00m，将引起边坡进一步发生变形，但变形量较前一次变形小，最终整个左岸边坡变形逐渐收敛。

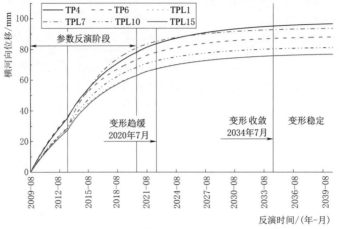

（a）高程1960.00m缆机平台以上边坡

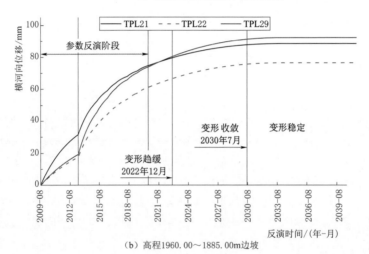

（b）高程1960.00～1885.00m边坡

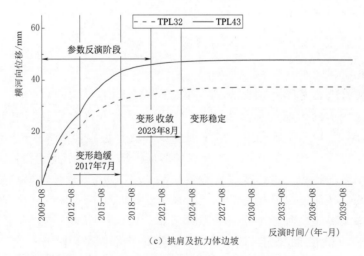

（c）拱肩及抗力体边坡

图 8.3-7 边坡长期变形预测过程线（2009 年 8 月至长期）

按照边坡变形发展趋势，依据水库边坡变形收敛监测的一般认识，边坡长期变形预测分析时，变形速率小于 0.15mm/月为变形趋缓，变形速率在 0.03mm/月时变形稳定并收敛。各外观测点变形收敛时间见表 8.3－5，各部位边坡变形预测收敛时间分述如下：

表 8.3－5 各外观测点变形预测收敛时间表

测点位置	测点编号	布置高程/m	变形趋缓		变形稳定	
			时间	位移增量/mm	时间	位移增量/mm
高程 1960.00m 缆机平台以上边坡	TP4	2086.00	2022 年 7 月	84.45	2034 年 7 月	99.17
	TP6	2105.00	2022 年 7 月	79.87	2034 年 7 月	95.19
	TPL1	2050.00	2022 年 7 月	68.55	2034 年 7 月	81.10
	TPL7	1990.00	2022 年 7 月	87.38	2034 年 7 月	102.25
	TPL10	1990.00	2022 年 7 月	73.19	2034 年 7 月	84.44
	TPL15	1959.00	2022 年 7 月	65.99	2034 年 7 月	73.14
高程 1960.00～1885.00m 边坡	TPL21	1915.00	2022 年 12 月	81.67	2030 年 7 月	96.37
	TPL22	1915.00	2022 年 12 月	66.58	2030 年 7 月	77.76
	TPL29	1885.00	2022 年 12 月	82.90	2030 年 7 月	101.73
坝肩下游坝肩边坡	TPL32	1885.00	2017 年 7 月	31.4	2023 年 8 月	36.3
	TPL43	1855.00	2017 年 7 月	43.1	2023 年 8 月	47.2

（1）高程 1960.00m 以上边坡，主要包括 1 区，至 2022 年 7 月边坡开始趋缓，边坡总体变形较 2009 年 8 月增加 68.6～87.4mm；至 2034 年 7 月，变形速率为速率小于 0.03mm/月，边坡变形收敛，边坡总体变形较 2009 年 8 月增加 73.1～102.3mm。

（2）高程 1885.00～1960.00m 边坡，主要包括 3 区，至 2022 年 12 月时边坡开始趋缓，边坡总体变形较 2009 年 8 月增加 66.6～82.9mm；至 2030 年 7 月变形速率为速率小于 0.03mm/月，边坡变形收敛，边坡总体变形较 2009 年 8 月增加 77.7～101.3mm。

（3）坝肩边坡，主要包括 4 区，至 2020 年 7 月时，边坡变形已经趋缓，边坡总体变形较 2013 年 6 月增加 12.3～13.3mm；至 2023 年 8 月边坡变形收敛，边坡总体变形较 2013 年 6 月增加 12.8～16.8mm。

（4）抗力体边坡，主要包括 5 区，至 2017 年 7 月时边坡变形已经趋缓，边坡总体变形较 2009 年 8 月增加 31.4～43.1mm；至 2023 年 8 月边坡变形收敛，边坡总体变形较 2009 年 8 月增加 36.3～47.2mm。

综上，坝肩抗力体边坡变形基本收敛，1960.00m 以上边坡 1 区和 1885.00～1960.00m 边坡 3 区边坡变形趋缓，开口线以上边坡发展还需继续观测。

2. 边坡长期稳定性分析

考虑边坡锚索锚固力部分损失以及参数弱化，进行蓄水后边坡稳定分析三维刚体极限分析，水位 1880.00m、1800.00m，考虑连续降雨和地震工况，大块体的安全系数能够满足运行期的整体稳定性要求，见表 8.3-6 和表 8.3-7，坝肩边坡长期处于稳定状态。

表 8.3-6　　　　　正常蓄水位 1880.00m 运行工况下极限平衡分析成果

块体模式	工况	锚索锚固力有效率				
		100%	95%	90%	85%	极端情况
滑块 A	正常工况	1.390	1.381	1.373	1.365	1.359
	降雨工况	1.323	1.315	1.307	1.300	1.294
	地震工况	1.308	1.300	1.293	1.285	1.280
滑块 B	正常工况	1.355	1.342	1.332	1.320	1.317
	降雨工况	1.272	1.260	1.250	1.238	1.234
	地震工况	1.279	1.268	1.257	1.247	1.243

注　极端情况假定缺陷锚索（由于锚索交叉、断丝断线、锚杆、承重柱施工等）共 105 束发生破坏，不提供预应力；并且其余锚索预应力值为设计值的 85%，预应力损失为 15%。

表 8.3-7　　　　　死水位 1800.00m 运行工况下极限平衡分析成果表

块体模式	工况	锚索锚固力有效率				
		100%	95%	90%	85%	极端情况
滑块 A	正常工况	1.344	1.336	1.329	1.322	1.316
	降雨工况	1.244	1.236	1.230	1.222	1.217
	地震工况	1.271	1.264	1.257	1.250	1.245
滑块 B	正常工况	1.340	1.328	1.317	1.307	1.303
	降雨工况	1.243	1.232	1.223	1.212	1.209
	地震工况	1.267	1.256	1.246	1.235	1.231

注　极端情况假定缺陷锚索（由于锚索交叉、断丝断线、锚杆、承重柱施工等）共 105 束发生破坏，不提供预应力；并且其余锚索预应力值为设计值的 85%，预应力损失为 15%。

采用三维非线性黏弹塑性模型分析表明，边坡从 2009 年 8 月 15 日起，经历 300 个月流变变形后，边坡的大部分区域为压应力区，仅在离表面局部小区域内存在零星的拉应力区，由于锚索的加固作用，使得边坡的拉应力得到缓解。此外，在 f_{42-9} 断层和深部裂缝局部部位也存在零星的拉应力区，由于抗剪洞的抗剪作用，使得该断层周围的应力状态得到改善，也缓解拉应力对边坡整体稳定性的不利影响。

对于边坡稳定后的塑性区分布，在 1880.00m 蓄水位以下，边坡的塑性区范围较不考虑蓄水作用有一定程度的增大，但由于组成拉裂变形体大块体的煌斑岩脉、拉裂隙 SL_{44-1} 以及 f_{42-9} 断层大多位于蓄水位 1880.00m 高程以上，组成拉裂变形体的边界并没有进入整体屈服，如图 8.3-8 所示，因此左岸边坡大块体整体长期是稳定的。

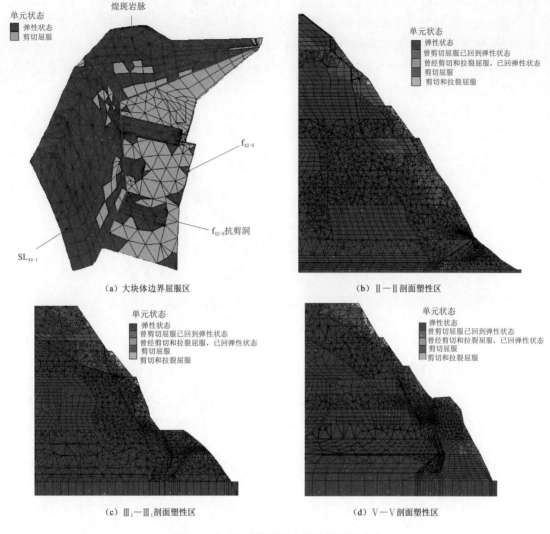

（a）大块体边界屈服区

（b）Ⅱ—Ⅱ剖面塑性区

（c）Ⅲ₁—Ⅲ₁剖面塑性区

（d）Ⅴ—Ⅴ剖面塑性区

图 8.3－8　变形收敛后大块体塑性区分布

8.4　边坡长期变形对拱坝结构的影响

8.4.1　分析模拟方式

　　边坡变形主要由岩体软化、流变、拱推力、渗透力和有效应力引起，边坡长期变形主要来自于边坡卸荷松弛岩体、软弱破碎带引起的流变变形。流变变形是缓慢的累积变形过程，分析边坡长期变形对拱坝安全的作用时，不考虑变形速率的影响。坝肩边坡变形对拱坝结构影响的分析采用以下两种方式：

　　（1）边坡长期变形的坝体-地基-边坡耦合作用的方式。在整体模型中，综合考虑岩体软化、拱推力、渗透力、有效应力和流变等多因素的耦合作用，分析水-坝-边坡相互作用下的拱坝的受力性态。该方式考虑了边坡变形的机理,比较符合实际情况。

(2)边坡长期变形附加边界位移作用的方式。在计算边界上解除部分约束,施加位移荷载,使得模型中边坡变形与长期变形预测值一致,如图8.4-1所示,分析边坡长期变形对拱坝结构安全的影响。该方式可以通过超载边界位移,分析拱坝对边坡变形的极限承载能力。

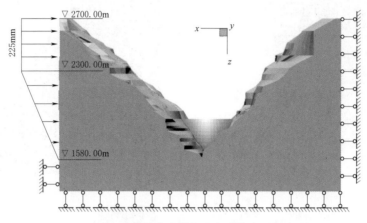

图 8.4-1 边界位移法模拟左岸边坡变形示意图

8.4.2 考虑耦合作用的边坡长期变形对拱坝结构的影响分析

计算时首先采用弹性模型计算地基在自重条件下初始应力状态;施加坝体自重,计算坝体自重条件下应力状态;施加正常水荷载和泥沙荷载,计算该荷载条件下的坝体变形和应力;清除坝体节点的位移,保持荷载进行流变计算,采用三参数(H-K)流变模型和8.3节中的反演参数,计算从正常蓄水完成后到边坡变形收敛后坝体位移和应力变化情况。

正常水位基本荷载组合工况,考虑边坡长期变形作用,坝体下游面位移增量见表8.4-1、图8.4-2和图8.4-3。边坡长期变形作用下,坝体产生向右岸横河向位移增量,左岸中上部变形大,向右岸逐渐减小,最大变形增量为6.26mm,位于坝顶高程左拱端。坝体产生向上游的顺河向位移,坝面高高程中部变形大,最大变形量出现拱冠梁顶部左1/4拱,量值为5.19mm。

表 8.4-1   左岸边坡长期变形作用下坝体下游面位移增量

序号	高程/m	左拱端/mm		拱冠梁/mm		右拱端/mm	
		顺河向	横河向	顺河向	横河向	顺河向	横河向
1	1885.00	−1.46	−6.26	−5.19	−3.38	−0.18	0.33
2	1860.00	−1.88	−5.61	−4.35	−2.99	−0.16	0.31
3	1830.00	−2.49	−4.4	−4.2	−2.54	−0.14	0.31
4	1800.00	−3.02	−3.11	−4.14	−2.07	−0.11	0.29
5	1770.00	−3.4	−2.3	−3.66	−1.65	−0.09	0.28

序号	高程/m	左拱端/mm		拱冠梁/mm		右拱端/mm	
		顺河向	横河向	顺河向	横河向	顺河向	横河向
6	1740.00	−3.62	−2.11	−3.07	−1.22	−0.09	0.26
7	1710.00	−3.55	−0.88	−2.68	−0.94	−0.07	0.25
8	1680.00	−2.26	−0.22	−1.92	−0.72	−0.06	0.23
9	1650.00	−1.12	0.2	−1.15	−0.64	−0.05	0.23
10	1620.00	−0.55	0.74	−0.41	−0.64	−0.03	0.25
11	1580.00	−0.09	0.91	−0.03	−0.63	−0.03	0.66

注　顺河向位移（XDISP）向下游为正；横河向位移（YDISP）向左岸变形为正。

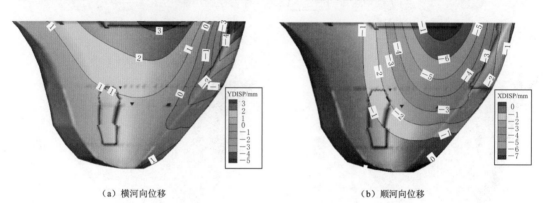

（a）横河向位移　　　　　　　　　　　　（b）顺河向位移

图 8.4 - 2　边坡长期变形作用下的坝体位移增量图

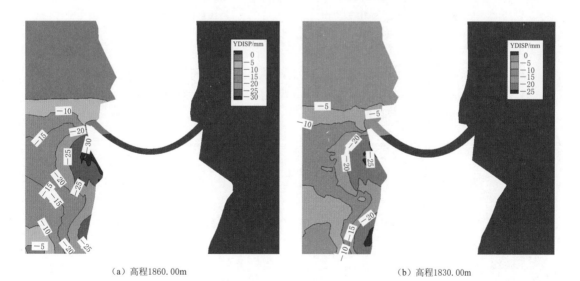

（a）高程1860.00m　　　　　　　　　　　　（b）高程1830.00m

图 8.4 - 3　坝体和边坡横河向位移平切图

考虑左岸边坡长期变形后大坝上下游面应力分布规律不变，如图 8.4 - 4 所示。坝体总体处于受压状态，上游坝面基本受压，最大主压应力达−6MPa 左右，位于坝面中部；

201

仅在坝踵附近极小范围内主拉应力有分布，受应力集中影响，极值增加 1～2MPa；下游坝面未见主拉应力，最大压应力分布在坝趾附近，下游最大压应力为 -10.64MPa。与未施加左岸边坡位移相比，坝体最大主拉应力和主压应力值变化不大，长期变形整体加载方式比较均化，对坝体受力改变不明显。

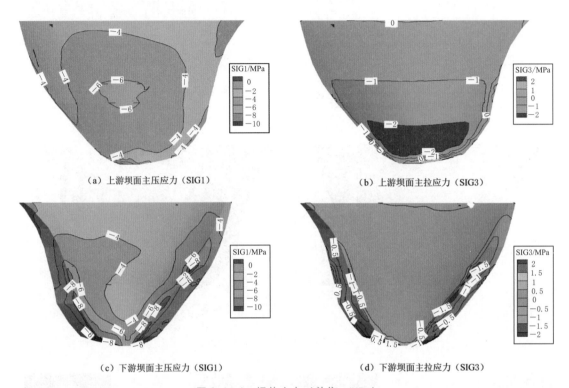

（a）上游坝面主压应力（SIG1）　　　　　　（b）上游坝面主拉应力（SIG3）

（c）下游坝面主压应力（SIG1）　　　　　　（d）下游坝面主拉应力（SIG3）

图 8.4-4　坝体应力（单位：MPa）

综上，与未施加左岸边坡位移相比，坝体最大主拉应力和主压应力值变化不大，长期变形整体加载方式比较均化，量值也较小，对坝体整体受力状态影响很小。左岸长期变形作用下，坝体仍处于安全运行状态。

8.4.3　边界位移作用对拱坝结构的影响分析

采用三维弹塑性有限元法，以及反演后的坝体和岩体参数，计入正常荷载组合作用，在计算边界上解除部分约束，施加位移荷载，通过调整边界位移荷载的高程范围、位移大小等参数，使得计算模型中边坡变形与长期变形预测值一致，分析边坡长期变形对拱坝结构安全的影响，结果分析如下。

1. 位移分析

正常水位 1880.00m 基本荷载组合上游坝面位移如图 8.4-5 所示，施加边坡长期变形后的位移增量如图 8.4-6 所示。坝体位移的特征值如下：

水位 1880.00m 的正常工况下，拱坝上游面左坝肩横河向位移值为 4.8mm，指向山体。拱坝上游面顺河向位移最大值位置在拱冠梁 1790.00m 高程附近，量值为 52.9mm，

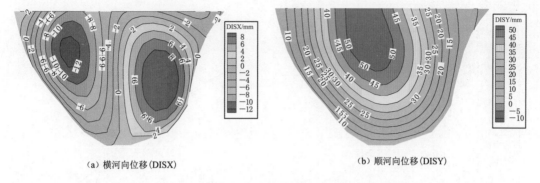

(a) 横河向位移（DISX）　　　　　　　　　　　(b) 顺河向位移（DISY）

图 8.4-5　上游坝面位移等值线图（水位 1880.00m）

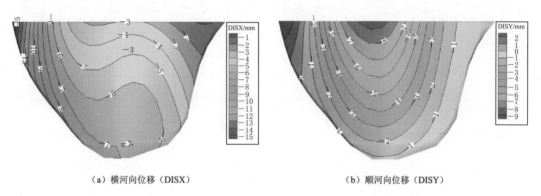

（a）横河向位移（DISX）　　　　　　　　　（b）顺河向位移（DISY）

图 8.4-6　上游坝面位移增量等值线图（水位 1880.00m）

指向下游。左拱端坝顶高程处顺河向位移为 6.7mm。

水位 1880.00m 的正常工况下，施加边坡长期变形，拱坝上游面横河向位移增量集中于左岸，增量最大值出现在左拱端坝顶高程，量值为 16.6mm，指向河床。顺河向位移增量最大值出现在拱冠梁坝顶高程附近，最大值为 9.6mm，指向上游，占顺河向位移最大值的 18.1%。左拱端坝顶高程处顺河向位移增量指向下游，但量值较小，最大值为 3.3mm。

2. 应力分析

1880.00m 水位正常工况边坡长期变形作用前后坝体上下游的应力全量、增量图见图 8.4-7～图 8.4-9 和表 8.4-2。

水位 1880.00m 的正常工况下，不考虑边坡长期变形的作用，坝体上游面最大主拉应力约 2.93MPa，位于 1600.00m 高程右岸坝踵。坝体下游面最大主压应力约为−21.88MPa，位于 1634.00m 高程的右岸坝趾。

水位 1880.00m，考虑边坡长期变形作用，坝体上游面最大主拉应力约为 2.47MPa，位于高程 1670.00m 左岸坝踵，相对于正常工况最大拉应力有所减小，但同时坝体左、右坝肩 1885.00m 高程处拉应力值分别由 0.70MPa 和 1.25MPa 增加到 0.88MPa 和 1.39MPa。坝体下游面最大主压应力约为−21.39MPa，位于 1634.00m 高程的右岸坝趾，相对于正常工况减小了 0.49MPa，但坝体左拱端 1750.00m 高程处压应力由−16.41MPa 增加到−17.43MPa。

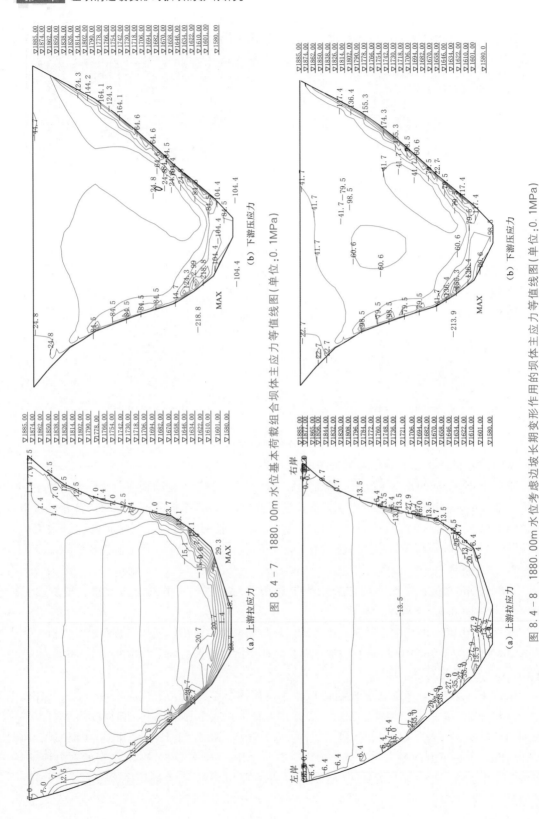

（a）上游拉应力

（b）下游压应力

图 8.4-7 1880.00m 水位基本荷载组合坝体主应力等值线图（单位：0.1MPa）

（a）上游拉应力

（b）下游压应力

图 8.4-8 1880.00m 水位考虑边坡长期变形作用的坝体主应力等值线图（单位：0.1MPa）

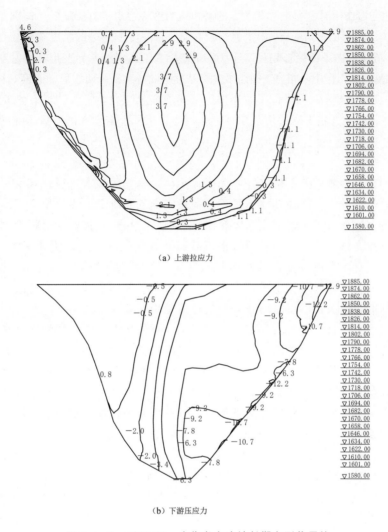

（a）上游拉应力

（b）下游压应力

图 8.4-9　1880.00m 水位考虑边坡长期变形作用的
坝体应力增量等值线图（单位：0.1MPa）

表 8.4-2　　　　　　1880.00m 水位及考虑边坡长期变形坝面最大应力表

项 目		1880.00m 水位	1880.00m 水位考虑边坡长期变形
上游最大拉应力	数值/MPa	2.93	2.47
	位置	1600.00m 高程右岸坝踵	1670.00m 高程左岸坝踵
上游最大压应力	数值/MPa	−13.80	−13.68
	位置	1610.00m 高程左岸坝踵	1610.00m 高程左岸坝踵
下游最大拉应力	数值/MPa	0.93	2.96
	位置	1670.00m 高程左岸坝趾	1670.00m 高程右岸坝趾
下游最大压应力	数值/MPa	−21.88	−21.39
	位置	1634.00m 高程右岸坝趾	1634.00m 高程右岸坝趾

边坡长期变形作用对大坝正常荷载下的高拉应力区应力水平有所降低，特别是右岸中下部的坝踵拉应力，如前所述，由于左岸拱弧长较右岸长，左岸上部基础刚度相对较小，坝体在水推力作用下，除了有向下游变形趋势，还产生了左岸大于右岸的差异变形，小量左岸边坡变形对拱坝以及坝基有挤压作用，相当于提高了左岸基础刚度，改善了两坝肩的刚度对称性，减小了两岸的顺河向变形差异，从而降低了右岸中下部的坝踵拉应力，提高了河床底部壳体拱效应，改善了河床坝踵的受力状态。边坡长期变形作用也带来了上游坝面的拱冠梁附近的拉应力。

8.4.4 边坡长期变形作用下的拱坝极限承载力

边坡长期变形预测具有不确定性，为研究坝体能承受的最大边坡长期变形，进行了左岸边坡变形的超载分析，即在坝体承受正常荷载工况的基础上，逐倍增大左岸边坡长期变形的量值，研究拱坝对左岸边坡变形的极限承载能力。拱坝整体稳定分析将大坝和坝基作为一个整体系统进行分析，一般是通过水荷载超载或降强的方式，研究坝体-基础的极限承载能力。拱坝对左岸边坡变形的极限承载能力采用类似拱坝超载分析的三种状态来评价，及通过边坡变形超载过程中拱坝出现开裂、大变形和极限破坏时的超载倍数，评价边坡变形对拱坝的影响以及拱坝对边坡变形的适应能力。

大坝起裂边坡位移，是边坡位移超载情况下，坝体出现集中的塑性区，在坝体厚度方向延伸至帷幕，横河向方向连续分布，以此为判断依据所对应的边坡位移。大坝非线性变形边坡位移，是边坡位移超载情况下，坝体出现大面积屈服，整体位移和塑性余能范数也出现拐点，以此为判断依据所对应的边坡位移。大坝极限边坡位移，是边坡位移超载情况下，坝体屈服区贯通、坝体整体丧失承载力，以此为判断依据所对应的边坡位移。

1. 大坝起裂边坡位移

图 8.4-10 为 1880.00m 水位下，边坡长期位移超载 1.0～4.0 倍时上游坝面点安全度等值线与屈服区图。由图可知，位移超载 2.0 倍时，上游坝面开始出现屈服区，位于左右岸坝顶位置，但区域较少；超载到 4.0 倍时，左拱顶出现较为明显的屈服区，同时在上游坝面中部出现较大面积的拉应力区，如图 8.4-11 所示。由上述分析，大坝起裂边坡位移约为 68mm。

2. 大坝非线性变形边坡位移

1880.00m 水位工况左拱端顶顺河向位移随超载倍数变化曲线如图 8.4-12 所示。表 8.4-3 为 1880.00m 水位下位移超载时坝体余能范数和坝体屈服区体积的变化情况。图 8.4-13 为 1880.00m 水位工况坝体塑性余能范数和屈服区图。

表 8.4-3　　　　　　　　位移超载过程中坝体余能范数与屈服区体积情况

位移超载倍数	余能范数/(t·m)	屈服区体积/m³	屈服区体积占比/%
1.0	0	8.893	0.0
2.0	0	295.142	0.0
3.0	0	1592.104	0.0
4.0	0.001	6490.51	0.1
6.0	0.05	54268.23	1.2
8.0	0.385	130174.3	2.8
10.0	1.442	298992.8	6.4
12.0	3.84	759928.4	16.2

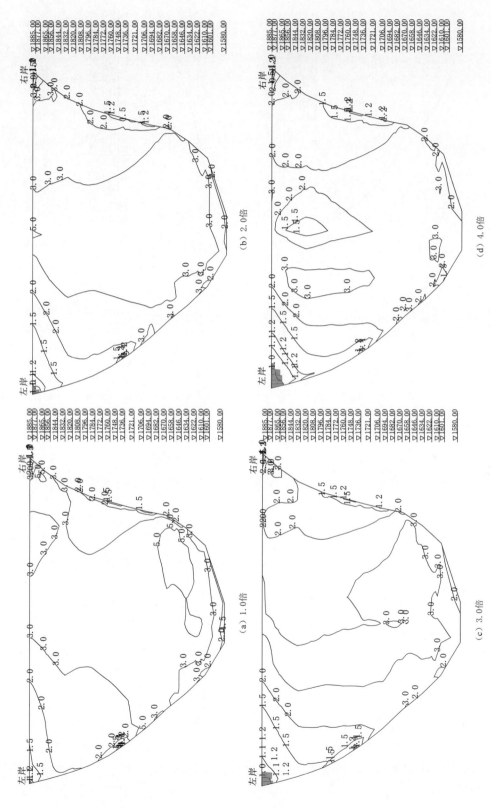

图 8.4-10 上游坝面点安全度等值线与屈服区图（1.0～4.0倍长期变形）

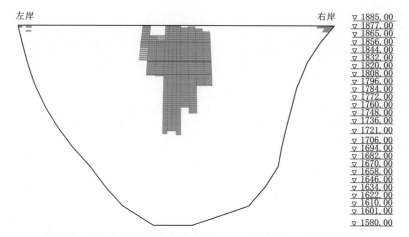

图 8.4－11 上游坝面拉应力大于 1MPa 区域（4.0 倍长期变形）

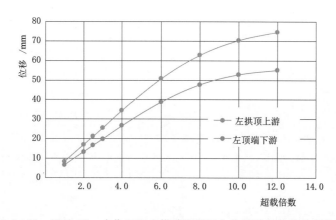

图 8.4－12 1880.00m 水位工况左拱端顶顺河向位移随超载倍数变化曲线

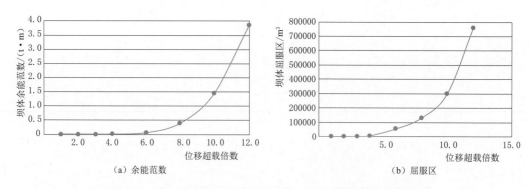

（a）余能范数

（b）屈服区

图 8.4－13 1880.00m 水位工况坝体塑性余能范数和屈服区图

　　从左拱端坝顶顺河向位移、坝体塑性余能范数和屈服区随位移超载的过程线看，计算表明 6 倍位移超载后，左拱端坝顶顺河向位移出现线性到非线性的变化，屈服区突增，塑性余能范数曲线也出现突变，表明坝体整体失去了线性变化的趋势，因此大坝非线性变形边坡位移为 102mm。

3．大坝极限边坡位移

在超载 12 倍位移时，坝体及坝基中已经形成比较大的屈服区；左拱端顶部高程的屈服区上下游基本贯通且向中部高程有较大的扩展。超载 12 倍之后，坝体屈服区迅速增大，上下游侧均出现大面积的屈服区，尤其是下游侧屈服区扩展较快且有贯通的趋势，且右岸建基面屈服区开始明显增多，大坝极限边坡位移为 204mm。

8.5　边坡长期变形对拱坝结构安全的影响评价

自开挖结束后，左岸坝肩边坡的变形总体上可分为开挖卸荷变形期、初期蓄水变形调整期和长期时效变形收敛期三个阶段。开口线以上高位倾倒变形区变形尚未收敛；上游坝肩开挖边坡仍处于长期时效变形收敛期，趋于收敛；拱坝坝肩边坡、拱坝抗力体边坡和水垫塘雾化区边坡处于稳定状态，变形已收敛。上游坝肩开挖边坡跨江段谷幅监测变形主要来源于左岸岸坡变形，主要为深部变形，由断层、卸荷松弛及倾倒变形岩体产生，坝基及下游抗力体河段谷幅变形基本收敛。

开挖期边坡变形影响因素为开挖卸荷和流变，初蓄期库水位以下的影响因素主要有岩体软化、有效应力降低、渗透力和岩体流变等，其中岩体软化是初蓄期边坡变形的主要影响因素，经过多期水库水位涨落的蓄水软化和干湿循环作用下的断层等软弱岩体的变形模量和强度参数的弱化效应趋于收敛。边坡长期变形主要影响因素是坡体内断层和 IV_2 软弱岩体的流变和上部倾倒变形，左岸边坡高程 1960.00m 以上边坡预计 2034 年 7 月边坡流变稳定，1885.00～1960.00m 边坡预计 2030 年 7 月边坡流变稳定，坝肩下游坝肩边坡预计 2023 年 8 月边坡流变趋于稳定。大块体边界大多位于蓄水位以上，长期变形作用下大块体边界没有形成连通的屈服区，整体是稳定的。

由于地质、坡体结构的复杂性，边坡长期变形的预测具有不确定性，因此，采用考虑边坡长期变形的坝体-地基-边坡耦合作用方式和边坡长期变形附加边界位移作用的方式，开展边坡长期变形对大坝结构的影响研究，其成果规律基本一致。小量左岸边坡变形对拱坝及坝基有挤压作用，相当于提高了左岸基础刚度，改善了两坝肩的刚度对称性，减小了两岸的顺河向变形差异，提高了河床底部壳体拱效应，从而降低了右岸中下部的坝踵拉应力，改善了河床坝踵的受力状态。边坡长期变形作用也带来了上游坝面的拱冠梁附近拉应力。同时，左岸边界位移超载作用的对拱坝受力影响的研究表明，拱坝能够承受左岸边坡长期变形预测值超载 12 倍荷载（位移 204mm）的作用，锦屏一级拱坝有较好的承受边坡变形的能力。

第 9 章

拱坝整体稳定及安全性分析评价

9.1 拱坝整体安全评价体系

拱坝是一种空间复杂超静定结构，充分利用坝肩抗力共同抵御上游水推力等各种荷载，并随着荷载的改变，实时调整和传递坝肩推力，因此，如果将拱坝-坝肩系统分割成单独的拱坝结构和地基系统，就无法反映拱坝-坝肩是相互耦合，动态调整的承载系统。国内外拱坝开裂破坏乃至仅有的几起溃坝实践表明，大坝的失稳或破坏大多是由于坝的基岩或坝体建基面附近存在缺陷，在坝肩推力作用下产生较大变形，进而引起坝上的相应区域的受力状态恶化，大坝屈服、裂缝出现并扩展乃至最终开裂破坏，整个开裂破坏过程存在明显的因果关系和先后关系，而传统分析方法割裂了这种关系。因此，拱坝安全，是将大坝与坝基作为一个受力系统的整体安全。

拱坝整体安全研究需考虑拱坝超静定的结构特点，坝体、地基材料的屈服破坏类型，考虑材料和结构进入非线性工作阶段后系统的内力非线性调整过程，裂缝出现并扩展乃至最终开裂破坏，属于拱坝非线性设计范畴。分析方法主要为数值分析方法和模型试验方法。数值分析方法分成两类：连续介质力学方法，如有限元法、有限差分法、边界元法、无单元法等；非连续介质力学方法，如极限分析法、刚体弹簧元法、离散元法、DDA 以及数值流形等。模型试验方法分成地质力学模型试验、光弹试验等。上述方法中，非线性有限元法以及地质力学模型试验方法最为成熟，经验最为丰富、工程类比案例最多。拱坝整体非线性有限元计算程序较多，如 ABAQUS、TFINE、ANASYS 等，这些方法虽然均基于非线性有限元理论，但在算法上略有差异。地质力学模型试验的研究对象是拱坝工程结构与周围岩体相统一的实体，既可以精确模拟工程结构的特点，也能近似地模拟岩体及层理、节理、断层等地质因素对岩体工程稳定性的影响。

拱坝整体安全评价体系是衡量和评价拱坝-坝基系统的承载能力的指标。图 9.1-1 是高拱坝地质力学模型试验法得到拱坝整体系统从加载到破坏的过程曲线，反映出大坝在正常荷载以及超载作用下，拱坝-坝基系统屈服、开裂、裂缝贯穿、丧失承载能力的全过程。根据该曲线，可以提出拱坝整体安全度 K，通常采用三个安全指标进行控制：起裂超载系数 K_1，非线性变形超载系数 K_2 和极限超载系数 K_3。这三个超载安全指标同时适用于地质力学模型分析以及三维非线性有限元分析，并将两种方法的成果相互对照、互为补充，形成明确的安全控制指标，综合判定拱坝整体安全度。

（1）起裂超载系数 K_1。拱坝或基础局部开始开裂时的超载倍数，同时应要求在 K_1 超载状态下，坝踵开裂区屈服不击穿帷幕。

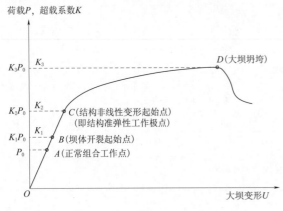

图 9.1-1 拱坝-地基系统变形特征示意图

（2）非线性变形超载系数 K_2。系统整体开始出现非线性屈服变形时的超载倍数。有限元计算分析中，对大坝拱冠梁、拱端的顺横河向位移进行统计，分析大坝、基础变形分布特征，并作出拱冠梁、拱端等特征部位点位移-荷载变化曲线，从而确定整体开始非线性变形的超载倍数。

（3）极限超载系数 K_3。系统整体失稳，表现为坝体底部屈服区贯穿、自然拱破损、开裂屈服区贯穿坝体及基础、非线性计算不收敛等。

评价内容包括：①正常工作状态评价：坝与坝基位移、坝体应力、点安全度和面安全度、坝踵开裂深度和范围等；②超载状态安全评价：屈服与开裂区域、超载安全度、不平衡力和塑性余能等。

根据近 30 年来拱坝地质力学模型成果和拱坝非线性有限元法整体稳定分析成果，基于地质力学模型试验的高拱坝整体安全系数建议值为 $K_1 \geqslant 1.5 \sim 2.0$、$K_2 \geqslant 3.0 \sim 4.5$、$K_3$ 代表大坝结构整体失稳，非线性有限元法的整体安全系数与地质力学模型试验法保持一致。

9.2 基于非线性有限元的拱坝整体稳定分析

9.2.1 分析方法

为研究大坝和基础受力特性和整体安全度，遵循仿真分析的原则，从几何、本构、受力和过程四个方面，用非线性有限元方法，对锦屏一级拱坝和坝肩岩体从开始承载到破坏的整个过程进行模拟和分析。计算程序包括清华大学水利系 TFINE 程序、四川大学水电学院 NASGEO 程序、河海大学土木工程学院 AAA（2004）程序以及大型结构通用计算软件 Flac 3D、ANSYS、ABAQUS 等。这里以 TFINE 程序为代表介绍相关计算成果。

非线性有限元仿真计算中考虑了拱坝的体形、坝区河谷、开挖槽的几何形态。针对不同材料，采用不同形式的屈服、破坏准则，对混凝土、岩体及软弱结构采用带抗拉强度的德鲁克-普拉格屈服准则（D-P 准则），即

$$f = \alpha I_1 + \sqrt{J_2} - k \leqslant 0 \qquad (9.2-1)$$

$$I_1 = \sigma_1 + \sigma_2 + \sigma_3$$

$$J_2 = \frac{(\sigma_1 - \sigma_2)^2 + (\sigma_2 - \sigma_3)^2 + (\sigma_3 - \sigma_1)^2}{6}$$

式中：σ_1、σ_2、σ_3 为主应力；α 和 k 为与岩石内摩擦角和黏聚力有关的实验常数，有多种取值方法，根据实际情况确定。通过拟合莫尔-库仑准则而得。在 π-平面上，当 D-P 准则为库仑六边形的外接圆，则

$$\alpha_1 = \frac{2\sin\varphi}{\sqrt{3}(3 - \sin\varphi)}, \quad k_1 = \frac{6c\cos\varphi}{\sqrt{3}(3 - \sin\varphi)}$$

式中：φ 和 c 为材料的摩擦角和黏聚力。

当 D-P 准则为库仑六边形的内接圆，则有

$$\alpha_2 = \frac{2\sin\varphi}{\sqrt{3}(3+\sin\varphi)}, \quad k_2 = \frac{6c\cos\varphi}{\sqrt{3}(3+\sin\varphi)}$$

TFINE 采用的 α 和 k 分别为

$$\alpha = \frac{1}{2}(\alpha_1 + \alpha_2), \quad k = \frac{1}{2}(k_1 + k_2)$$

混凝土和岩体为低抗拉材料，故有抗拉条件：

$$\sigma_1 \leqslant \sigma_t, \quad \sigma_2 \leqslant \sigma_t, \quad \sigma_3 \leqslant \sigma_t \tag{9.2-2}$$

式中：σ_t 为材料单轴抗拉强度。

采用点安全度 P 来描述拱坝地基系统中各点的安全程度，P 采用与 D-P 准则相一致的式（9.2-2）得到，即

$$P = \frac{k - \alpha I_1}{\sqrt{J_2}} \tag{9.2-3}$$

对任何应力状态，必有 $P \geqslant 1$。相应地，材料有四种状态：①弹性区，$P>1$；②压剪屈服，$P=1$；③拉-剪屈服，$P=1$；④拉屈服，对应于抗拉条件式（9.2-2）。

9.2.2 计算模型和工况

采用三维有限元计算模型进行分析，坐标系以坝顶拱冠梁上游点为坐标原点，向左岸为 X 轴正方向，向下游为 Y 轴正方向，竖直向下为 Z 轴正方向。上游模拟范围大于 1.5 倍坝高，下游模拟范围大于等于 3 倍坝高；左右两岸模拟范围大于 2 倍坝高；坝基模拟深度大于 1 倍坝高，坝顶高程以上模拟 50m 山体。模型精细模拟了 f_5、f_8、f_{13}、f_{14}、f_8、f_2 断层和煌斑岩脉等软弱地质结构、坝区分布的各种岩层和相应的岩类。精细模拟了各种基础处理措施包括左岸垫座、5 条抗剪传力洞和 f_5、f_8、f_{14} 断层以及煌斑岩脉的混凝土网格置换处理。模拟了坝体右岸大贴脚和河床大贴脚。

计算工况包括：①正常工况，以持久状况基本组合 I 为代表，即上游正常蓄水位＋相应下游水位＋泥沙压力＋自重＋温降；②超载工况，即荷载种类同基本组合，通过不断增加库水容重进行超载计算，超载组合：上游 N 倍正常蓄水位相应水荷载＋正常蓄水位相应下游水位＋泥沙压力＋自重＋温降，其中 $N=1.5\sim7.5$，以 0.5 倍水荷载逐级增大。计算中模拟大坝浇筑和蓄水加载过程。

9.2.3 正常工况下的坝体工作性态

坝体顺河向位移量值从建基面至坝面中部逐渐增大，最大值为 82.8mm，位于高程 1800.00m 拱冠梁偏左部位，左、右拱端最大位移分别为 24.6mm、21.2mm，分别位于高程 1710.00m、1740.00m，见表 9.2-1 和图 9.2-1。横河向位移在拱冠梁高程 1710.00m 以上指向右岸，最大值为 -8.5mm；高程 1710.00m 以下指向左岸，最大值为 1.1mm，左、右拱端横河向最大位移分别为 8.0mm、-6.1mm，分别位于高程 1800.00m 和 1740.00m，如图 9.2-2 所示。

表 9.2－1 正常荷载工况下坝体特征部位位移

高程/m	拱冠梁变位/mm		左拱端建基面位移/mm		右拱端建基面位移/mm	
	顺河向	横河向	顺河向	横河向	顺河向	横河向
1885.00	74.5	−8.5	12.4	6.7	5.6	−3.5
1860.00	78.2	−7.8	13.8	7.2	8.4	−4.8
1830.00	81.5	−6.5	16.2	7.7	11.6	−5.1
1800.00	82.8	−5.0	18.3	8.0	14.1	−5.0
1770.00	81.0	−3.3	20.0	7.8	16.9	−5.6
1740.00	76.3	−1.7	21.5	7.8	21.2	−6.1
1710.00	68.5	−0.3	24.6	7.2	19.7	−4.9
1680.00	57.6	0.6	22.7	6.3	18.3	−3.8
1650.00	43.5	1.1	18.2	4.5	16.4	−2.7
1620.00	26.8	1.0	14.6	3.0	13.6	−1.7
1580.00	9.7	0.6	9.6	1.2	9.6	0.3

注 顺河向变形向下游为正，横河向变形向左岸为正。

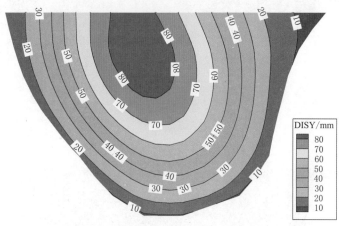

图 9.2－1 正常工况上游坝面顺河向位移（DISY，向下游为正）

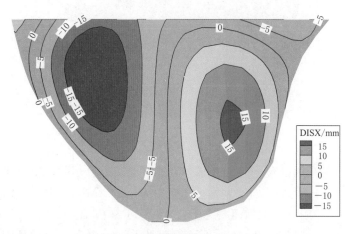

图 9.2－2 正常工况上游坝面横河向位移（DISX，向左岸为正）

坝面绝大部分范围内处于受压状态，上游坝面主拉应力仅分布于建基面附近坝踵部位，最大拉应力为 2.94MPa，出现在高程 1610.00m 右拱端，见表 9.2-2 和图 9.2-3。下游坝面在高程 1800.00～1885.00m 附近坝面中部以及顶拱右拱端，存在小范围、小量值的拉应力区，有小于 1.00MPa 的拉应力分布。最大拉应力为 0.90MPa，出现在高程 1740m 右拱端，如图 9.2-4 所示。

表 9.2-2   坝 体 的 应 力 特 征 值

位 置	拉 应 力		压 应 力	
	极值/MPa	部位	极值/MPa	部位
上游坝面	2.94	高程 1610.00m 右拱端	−5.62	高程 1755.00m 拱冠梁
下游坝面	0.90	高程 1740.00m 右拱端	−17.24	高程 1665.00m 左拱端

注　负号表示压应力。

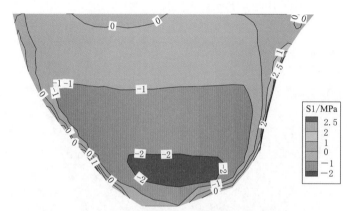

图 9.2-3　正常工况上游坝面主拉应力

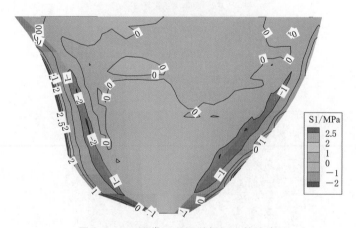

图 9.2-4　正常工况下游坝面主拉应力

上游坝面高主压应力区位于坝面中部，在高程 1750.00～1830.00m 附近拱冠梁附近有−4.00～−5.00MPa 的应力分布，最大压应力为−5.62MPa，出现在高程 1755.00m 拱冠梁，如图 9.2-5 所示。下游坝面高主压应力区位于高程 1600.00～1810.00m 建基面附近，量值达到−9.00～−14.00MPa，下游坝面最大压应力为−17.24MPa，出现在高程

1665.00m 左拱端，如图 9.2-6 所示。

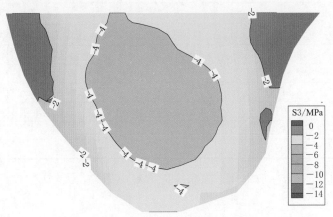

图 9.2-5　正常工况上游坝面主压应力

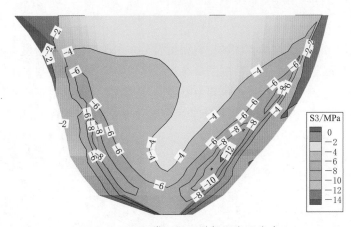

图 9.2-6　正常工况下游坝面主压应力

正常工况拱端特征点点安全度见表 9.2-3。上游拱端点安全度：左拱端最大值为 5.79，位于高程 1870.00m，最小值为 1.6，位于高程 1580.00m；右拱端上部相对较高，最大值为 6.39，位于高程 1870.00m，最小值为 1.78，位于高程 1590.00m。下游拱端点安全度：左拱端最小值为 1.06，位于顶拱拱端；右拱端最小值为 1.3，位于高程 1580.00m；总体上右拱端大于左拱端。

表 9.2-3　　　　　　　　　　正常工况拱端特征点点安全度

高程/m	左　拱　端		右　拱　端	
	上游坝踵	下游坝趾	上游坝踵	下游坝趾
1885.00	2.32	1.06	5.79	3.74
1870.00	5.79	1.59	6.39	5.81
1830.00	4.17	1.64	2.51	2.52
1790.00	3.05	1.46	4.33	1.49
1750.00	2.36	1.31	3.76	1.49

续表

高程/m	左 拱 端		右 拱 端	
	上游坝踵	下游坝趾	上游坝踵	下游坝趾
1710.00	3.76	1.57	4.24	1.53
1670.00	2.42	1.42	2.4	1.62
1630.00	6.51	1.34	2.17	1.36
1600.00	2.62	1.33	2.21	1.83
1590.00	2.21	1.38	1.78	2.26
1580.00	1.6	1.42	2.64	1.3

综上，大坝位移符合一般规律，除角缘应力集中部位，大坝应力水平满足设计要求，具有较高的点安全度，受力性态良好。

9.2.4 拱坝超载整体安全度分析

1. 坝体整体破坏过程

点安全度可以初步反映结构各区域抗剪裕度及分布情况，屈服区给出了结构中比较危险的区域。弹塑性有限元计算中，屈服区的分布和扩展规律较为稳定，基于屈服区的分布扩展规律来进行拱坝安全评价，已在许多工程中有效应用。锦屏一级拱坝不同荷载倍数下的建基面屈服区分布如图 9.2-7 所示，下游坝面的屈服区和点安全度分布如图 9.2-8 所示。

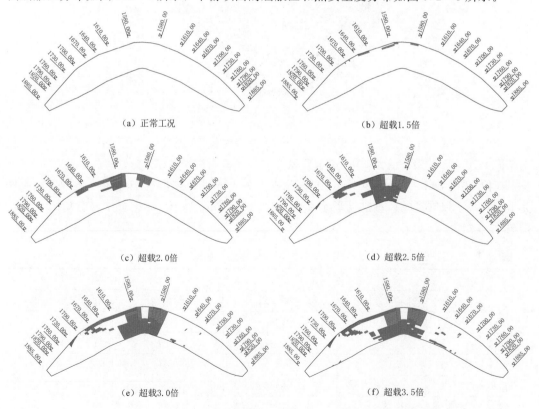

（a）正常工况

（b）超载1.5倍

（c）超载2.0倍

（d）超载2.5倍

（e）超载3.0倍

（f）超载3.5倍

图 9.2-7 锦屏一级拱坝建基面（坝体）不同荷载倍数下的屈服区

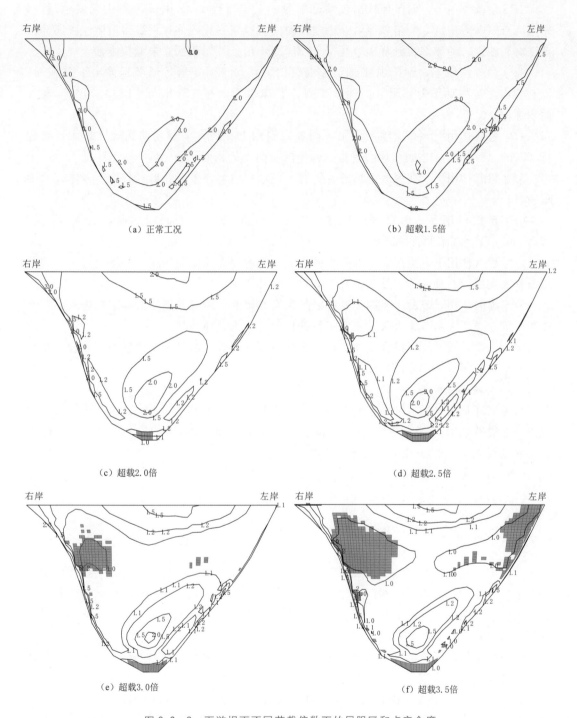

图 9.2-8　下游坝面不同荷载倍数下的屈服区和点安全度

持久状况基本组合作用即 $1P_0$ 下，坝体没有出现屈服，坝肩岩体除断层部位外无屈服区。

$2P_0$ 超载作用下，河床坝踵出现局部屈服，上游高程 1590.00m 左右拱端发生屈服，屈服区沿厚度方向近 0.4 倍坝厚，并沿建基面向右岸高高程延伸；下游面河床坝趾局部出现压剪屈服区。河床部位帷幕中心线位于坝厚 0.4 倍处，屈服区尚未触及帷幕。

$3P_0$ 超载作用下，河床坝踵屈服区继续扩大，向下游扩展，局部延伸至下游坝面；下游坝面坝趾局部压剪屈服区向两岸扩展，右岸拱端高程 1790.00～1830.00m 出现大面积屈服。

$4P_0$ 超载作用下，河床坝踵屈服区向坝内斜向上扩展；下游坝面屈服区扩大，高程 1790.00～1870.00m 之间出现沿建基面向坝内、向上的斜向屈服区。

$5P_0$ 超载作用下，屈服区继续稳定扩展。左坝肩岩体产生大变形，右坝肩岩体较大面积屈服。

$6P_0$ 超载作用下，屈服区继续稳定扩展。左坝肩岩体大面积屈服，右坝肩高程 1710.00m 以上岩体大面积屈服。

$7P_0$ 超载作用下，上游面下部屈服区扩展，下游坝面大面积屈服。左坝肩岩体拉裂剪切滑移大变形，右坝肩岩体坝肩出现较大拉裂滑移。

$8P_0$ 超载作用，下游坝面两翼屈服区的大面积贯通，表征着坝体大量区域进入了塑性破坏阶段，说明大坝基本丧失了正常工作的性能，大坝整体破坏。

下游坝面两翼屈服区的大面积贯通，表征着坝体大量区域进入了塑性破坏阶段，说明大坝基本丧失了正常工作的性能。

2. 坝体整体安全度

根据破坏过程、屈服区综合分析，$2P_0$ 荷载时大坝首次出现开裂，$3.5P_0 \sim 4.5P_0$ 荷载出现非线性变形，$7P_0 \sim 8P_0$ 荷载失稳破坏，相应起裂安全系数 K_1 为 2.0，非线性超载安全系数 K_2 为 3.5～4.5，极限荷载安全系数 K_3 为 7.0～8.0。

9.3 地质力学模型试验

9.3.1 试验方法

地质力学模型试验是基于相似原理对拱坝与地基整体系统进行缩尺研究的物理模拟方法。通过逐步加载或降低结构面强度直至大坝模型破坏，研究正常荷载组合下坝体和地基的受力性态，及超载工况下高拱坝的坝体或基础的开裂、扩展机制，浅层抗滑以及大坝、坝基应力分布，以及变形状态和最终破坏形态。

地质力学模型试验的基本理论是相似理论，即要求在试验过程中模型和原型的各物理量均需遵循一定的比例关系。相似理论主要包含以下三个相似定理：

(1) 相似第一定理。相似的现象，其单值条件相似，其相似准则的数值相同。因此，相似现象具有如下的性质：①相似的现象必然在几何相似的系统中进行，而且在系统中所有各相应点上，表现现象特性的各同类量间的相似比尺相等。②相似现象服从与自然界同一种规律，所以表现现象特性的各个量之间被某种规律所约束着，它们之间存在着一定的关系。如果将这些关系表示为数学的关系式，则在相似的现象中这个关系是相同的。

（2）相似第二定理。对于相似的物理系统，其相似模数方程相同。指出了模型和原型的关系，任何物理方程均可转为无量纲的关系方程，还使变量从多元 n 个减少到 $n-k$ 个（其中 n 为总量纲个数，$n-k$ 为基本量纲个数），可使得试验次数大幅减少。

（3）相似第三定理。对于几何相似系统，物理过程可用统一方程表达并且对应点上的所有相似模数数值相等。

试验模型处于线弹性阶段时，结构的应力、应变关系处于线性变化，可用胡克定律 $\sigma = E\varepsilon$ 描述。模型所有点均需满足平衡方程、物理方程、几何方程和相容方程。地质力学模型要求给出与原型相似的破坏形态、极限变形和极限承载能力，要求两者在试验中应力应变关系全过程相似，要求材料屈服面相似，强度条件等相似。

目前地质力学模型试验中主要物理量（如变形参数、强度参数）的相似比主要根据相似第一定理确定，即通过已知描述现象的物理方程确定各相似比之间的相互关系。对于具有明显的非线性和蠕变性的岩石材料，采用量纲分析法确定相似比关系。模型采用的材料应是高密度、低强度、低变形模量的模型材料。为了模拟岩石的抗剪强度，常采用低黏结剂的胶液来砌筑模型，较完整地模拟岩体的综合特征，同样也可以模拟各组断层构造及裂隙，以使其破坏形式符合于岩体的特性。在降强法和综合法模型试验中，根据变温相似材料的基本原理，通过采用粒状高分子材料模拟断层软弱带材料，在试验中布置升温系统和温度控制系统，通电后电阻丝受热升温，热量传递给变温相似材料，使高分子材料熔解，改变岩体接触面间的摩擦形式，降低材料的抗剪强度参数。

地质力学模型试验是三维静力结构破坏试验，按照加载方法主要有三种：超载法、强度储备系数法（降强法）以及超载与强度储备相结合的综合法。一般说来，超载法主要考虑荷载作用的不确定性，通过超载水容重或超水位两种方式得到拱坝的超载安全系数，以研究结构承受超载作用的能力。强度储备法主要考虑材料强度的不确定性和可能的弱化效应，通过仅降低断层和软结构面的强度参数，但不降低全部坝肩岩体强度和变形等参数，研究整体安全强度储备。由于很难通过单纯降低断层和软结构面的强度参数完成拱坝破坏试验，因此强储法一般和超载法结合，采用先超载后降强，得到综合安全系数评价拱坝整体稳定。

超载模型试验评价方法，根据模型破坏过程，当模型结构首次出现裂缝的超载倍数，称为起裂超载安全系数 K_1；继续增加水压荷载，模型结构的裂缝扩展，但结构体系整体稳定，且变位与载荷关系仍然维持线性关系，则表明结构整体维持准弹性工作状态，当超载大于 $K_2 P_0$ 时，结构变形开始出现快速增加，即变位随荷载增加出现非线性增加，则 K_2 称之为结构非线性超载安全系数；超载至 $K_3 P_0$ 时，试验中的模型结构出现大量开裂并多数开裂缝贯穿坝体或坝基，大坝整体出现失稳，则超载系数 K_3 称为拱坝极限超载安全系数。

综合法模型试验评价方法是超载法和强度储备法的结合，一般是先将荷载加载至 1 倍正常荷载，然后保持荷载不变，逐步降低岩体力学参数到一定倍数，最后再超载直到破坏。综合法安全系数 K_C 等于模型破坏时降强倍数 K_S 与超载系数 K_P 的乘积，即 $K_C = K_S K_P$。

锦屏一级拱坝地质条件复杂，结合不同阶段的拱坝设计，先后进行了 5 次地质力学模型试验，清华大学于 2003 年完成了可研体形的天然和加固地基的超载法模型试验，2006年完成施工图阶段体形的模型试验。四川大学分别在 2003 年和 2012 年完成了可研和施工图阶段体形的综合法模型试验研究。

9.3.2 超载法模型试验整体稳定分析

1. 模型设计

2006 年完成的超载法模型试验的坝体为技施图阶段的体形，比例尺 1:250。模型实际模拟范围为：上游实际模拟 0.52 倍坝高，下游实际模拟 2.0 倍坝高；坝体基础深度实际 0.57 倍坝高；模型模拟范围为 1037m×860m×480m（横河向×顺河向×总高度）。模拟尺度保证了左右岸断层的模拟及左坝肩煌斑岩脉、深部裂隙的力学模拟，保证了底部约束相似，侧面约束相似。模型试验模拟的地质条件、坝基处理加固措施和坝体结构与三维非线性有限元法分析模型一致，详见 9.2.2 节。

模型采用重晶石粉、水、膨润土等材料混合夯实成型做成的块体。灌浆后材料及断层材料用脱水石膏等制成。模型几何比尺 $C_l = 250$，岩体自重的比尺 $C_\gamma = 1.0$，应力比尺 $C_\sigma = 250$、$C_f = 1$、$C_\mu = 1$、$C_c = 250$，应变比尺 $C_\varepsilon = 1.0$，位移比尺 $C_\delta = 250$，弹模比尺 $C_E = 250$。

2. 正常工作状态坝体应力位移分析

大坝在正常水荷载下，顺河向位移最大在拱冠顶约为 85mm，坝基最大位移约为12.5mm。大坝拱冠梁顺河向位移列于表 9.3-1，大坝下游面变形如图 9.3-1 所示。

表 9.3-1　　　　　　　　　　正常工况下坝体下游面顺河向位移

高程/m	近右拱端/mm	右 1/2 拱/mm	拱冠/mm	左 1/2 拱/mm	近左拱端/mm
1885.00	15.0		85.0		10.0
1810.00	10.0	60.0	70.0	45.0	5.0
1730.00	20.0	57.5	72.5	30.0	7.5
1650.00	15.0		45.0		20.0
1600.00	8.0		20.0		7.0

根据模型试验中应变测点的测试数据，可计算大坝上下游面在正常荷载下的特征高程的应力见表 9.3-2，上、下游坝面应力分布如图 9.3-2 所示。

分析结果可知，试验中上游面最大拉应力为 1.15MPa，位于高程 1580.00m 坝踵；上游面最大压应力为 −4.82MPa，出现在高程 1770.00m 的拱冠处，如图 9.3-2（a）所示。下游面基本没有出现拉应力，下游面右岸压应力较左岸大，但总体基本对称，最大压应力为 −9.12MPa，出现在右岸建基面高程 1630.00m 处，如图 9.3-2（b）所示，与非线性有限元计算成果应力分布规律一致。

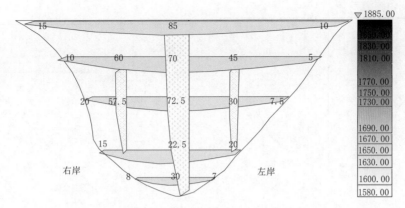

图 9.3-1 正常工况下大坝下游面顺河向位移（单位：mm）

表 9.3-2   正常荷载下坝体上、下游面的特征应力

高程/m	上游面特征应力/MPa						下游面特征应力/MPa					
	右拱端		拱冠梁		左拱端		右拱端		拱冠梁		左拱端	
	σ_1	σ_3	σ_1	σ_3	σ_1	σ_3	σ_1	σ_3	σ_1	σ_3	σ_1	σ_3
1850.00	−2.33	0.23	−3.42	0.05	−1.58	0.1	−4.85	0.1	—	—	−4.5	−0.45
1810.00	−2.35	−0.4	−2.02	0.02	−2.58	−0.25	−5.25	−0.3	—	—	−5.92	−1.02
1770.00	−1.52	−0.21	−4.82	−0.06	−1.82	−0.21	−5.64	−0.26	—	—	−4.8	−0.2
1710.00	−1.25	0.24	−1.44	0.1	−1.0	0.25	−4.62	−0.1	−2.9	−0.15	—	—
1670.00	−0.44	0.21	−0.3	0.24	−0.58	0.27	−3.52	−0.1	−3.24	−0.14	−4.5	−0.35
1630.00	−0.85	0.11	−0.3	0.5	−0.44	0.85	−5.12	−0.3	−4.68	−0.27	−9.12	−0.08
1580.00	—	—	1.15	0.25	—	—	—	—	−3.75	−0.15	—	—

注 表中负值代表压应力，正值代表拉应力。

3. 超载安全度分析

（1）坝体超载变形及开裂。坝体上、下游面开裂示意图如图 9.3-3 所示。坝体下游面开裂过程见表 6.4-8 中方案二，表 9.3-3 详细描述了大坝在各载荷阶段出现的开裂过程。

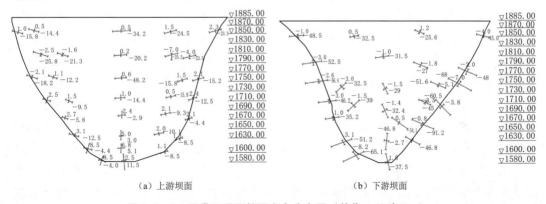

（a）上游坝面   （b）下游坝面

图 9.3-2 正常工况下坝面应力分布图（单位：10^{-1}MPa）

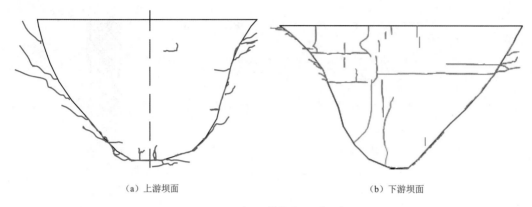

（a）上游坝面   （b）下游坝面

图 9.3-3　坝面的最终开裂示意图

表 9.3-3　　　　　　　　　　　　　　坝体下游面开裂过程描述

荷载	开 裂 过 程 描 述
$1P_0$	大坝及两坝肩无开裂及屈服区
$2.5P_0$	上游坝踵及基础开裂，出现拉裂区
$3P_0$	下游面在靠右岸坝趾高程出现梁向拉裂纹
$3.5P_0 \sim 4P_0$	右岸坝趾高程出现的梁向拉裂纹继续沿下游坝面向上部高程扩展；同时在右岸高程1630.00m附近出现垂直建基面的拉裂纹；在右岸高程1830.00m出现新的横向开裂
$4P_0 \sim 5P_0$	右岸坝趾高程出现的梁向拉裂纹继续沿下游坝面向上部高程扩展；在右岸高程1630.00m附近出现垂直建基面的拉裂纹拐弯沿梁向开裂；高程1830.00m的横向开裂继续伸展，并在此高程建基面附近出现开裂，坝址底部靠左岸出现沿建基面开裂，左岸在高程1790.00～1810.00m出现横向开裂
$5P_0 \sim 7P_0$	裂纹扩展速度加快，右岸高程1790.00m附近出现新的梁向裂纹和原来几组扩展裂纹汇合，并在右岸建基面出现较多次生开裂裂纹；左岸在高程1790.00～1810.00m出现的横向开裂向大坝中部扩展
$7.5P_0 \sim 8P_0$	结构迅速大变形，大坝右部分出现多条梁向和横向扩展裂纹相互贯通，形成坝面较大破坏区；左岸建基面在高程1790.00～1810.00m出现较多横向开裂，一直延伸至大坝垫座，大坝丧失承载能力

　　拱坝基础处理后，上游坝踵在 $2.5P_0$ 时出现开裂，表明起裂安全度 $K_1 \geqslant 2.5$；非线性超载倍数 $K_2 \geqslant 4.0$，说明坝肩岩体具有足够的稳定度；极限超载倍数为 $K_3 \geqslant 7.5$。

　　（2）基岩变形及破坏分析。$3P_0$ 时右坝肩顺河向、横河向及 f_{13} 断层开裂。$3.5P_0$ 上游坝踵进一步开裂，近区岩体出现非线性开裂，右岸近坝区下游面在高程1690.00m，绿片岩夹层出露高程1770.00m附近分别出现顺河向、顺层开裂，同时出现横向沿近 SN 非优势裂隙开裂，左坝肩上部加固处理措施承载能力减弱。$4P_0$ 近坝区岩体及两坝肩出现大变形，右岸上部岩体错动开裂，左岸上部高程1790.00～1810.00m出现垫座开裂。$5P_0$ 近坝区岩体大变形，右岸沿顺河向、顺层开裂长度增加，顺 f_{14} 断层有滑移；左岸顶高程拱端出现开裂，垫座与 f_5 交接处出现沿 f_5 的开裂滑移，远端大变形出现。左右岸都有滑移出现，因此坝面出现梁向开裂。$6P_0 \sim 7P_0$ 近区岩体大变形，两坝肩逐渐丧失承载能力，尤其右岸沿 f_{14} 与 f_{13} 之间的顺横向节理。在极限荷载 $7.5P_0$，右岸顺河向、顺层开裂延伸长度达100m，左岸垫座在高程1790.00～1810.00m剪断。左、右岸岩体的最终裂缝以红线示意如图 9.3-4 所示。

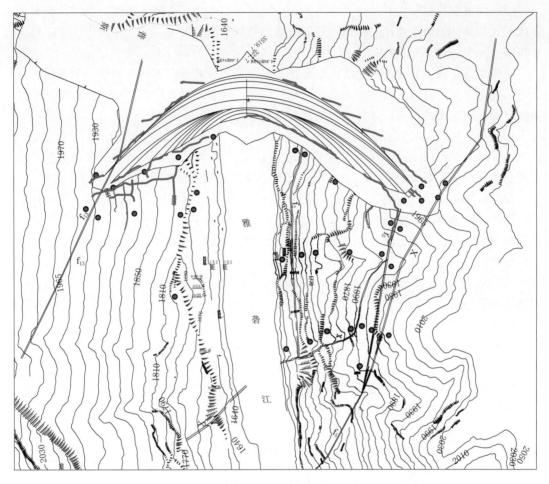

图 9.3-4　锦屏一级拱坝地质力学模型试验坝基最终开裂示意图

超载法地质力学试验成果表明，拱坝基础处理后，上游坝踵在 $2P_0$ 以上开裂，其非线超载倍数 $K_2 \geqslant 3.5$，说明坝肩岩体具有足够的稳定度，极限超载倍数 $K_3 \geqslant 7.5$。

9.3.3　综合法模型试验整体稳定分析

2012 年 7 月完成的综合法模型试验，反映了锦屏一级水电站工程地质条件及工程设计的特点，采用了综合法进行模型试验，研究大坝的整体安全度。即在坝体和坝基岩体采用设计力学参数情况下，开展岩体弱化试验，见 8.3.1 节，仅降低影响坝肩稳定的主要软弱结构面的抗剪断强度，以考虑软弱结构面受到水的浸蚀或渗透的影响可能出现的强度弱化现象，试验中结构面抗剪断强度的降低幅度约为 30%。模型试验模拟的地质条件、坝基处理加固措施和坝体结构与超载法试验模型一致。

1. 模型设计

模型几何比 $C_L = 300$。模型模拟范围为 1200m×1200m×850m（纵向×横向×高度），相应的模型尺寸为 $4m \times 4m \times 2.83m$（纵向×横向×高度）。

原型、模型的容重比 $C_\gamma = 1$、应力比 $C_\sigma = 300$、$C_f = 1$、黏聚力比 $C_c = 300$、变形模量比 $C_E = 300$、泊松比之比 $C_\mu = 1$。采用由模型材料实测得的 f'_m 与 C'_m 值，以 $f'-C'$ 综合效应即 $\tau'_m = f'_m \sigma_m + C'_m$，求得 τ'_m 值。

根据变温相似材料的基本原理，综合法试验中需要布置升温系统和温度控制系统。通电后，电阻丝受热升温，热量传递给变温相似材料，使其中的粒状高分子材料熔解，改变岩体接触面间的摩擦形式，降低材料的抗剪强度参数。

根据主要结构面与软弱岩体高应力、强渗水作用下的弱化效应试验研究成果（见表8.3-1），在3MPa水压下，绿片岩夹层、煌斑岩脉、IV_2 类大理岩和砂板岩及各类断层的强度参数综合下降幅度为30%。由此确定了综合法地质力学模型试验的降强幅度30%。

试验时先对模型进行预压，然后加载至1倍正常荷载即 $1.0P_0$，在此基础上进行降强阶段试验，即升温降低坝肩坝基岩体内的 f_2、f_5、左岸煌斑岩脉、f_{13}、f_{14}、f_{18} 等主要结构面的抗剪断强度，升温过程分为6级，此时上述主要结构面的抗剪断强度降低约30%。在保持降低后的强度参数条件下，再进行超载阶段试验，对上游水荷载分级进行超载，超载首先按 $0.2P_0$ 的步长加载至 $3.0P_0$，然后以 $0.3P_0 \sim 0.4P_0$ 的步长超载至拱坝与地基出现整体失稳的趋势为止。

2. 破坏过程

坝肩及抗力体的破坏发展过程，主要根据试验现场观测记录、坝体表面变位与坝体应变、坝肩及抗力体表面变位、各主要结构面相对变位等资料综合分析得出。

（1）在正常工况下，即超载倍数为 $1.0P_0$ 时，大坝变位与应变、坝肩岩体表面变位及结构面相对变位正常，表明拱坝与坝肩工作正常，无异常现象。

（2）在正常荷载作用下进行降强试验，即降强系数 K_S 为 $1.0P_0 \sim 1.3P_0$ 时，测试数据有一定波动。由于受降强的影响，各结构面的相对变位及坝体应变的变化较为敏感，但大坝及坝肩岩体表面变位的变幅小，无开裂迹象。

（3）保持30%的降强幅度进行超载试验，当超载倍数为 $1.4P_0 \sim 1.6P_0$ 时，坝体应变与变位曲线大部分测点出现一定波动，通过对坝体应变特征的分析，可推测出此时上游坝踵在左岸高程 1830.00 $\sim$ 1880.00m 区域附近发生初裂。

（4）超载倍数为 $2.6P_0 \sim 2.8P_0$ 时，左、右坝肩相继在坝顶高程的坝踵附近开始起裂，断层 f_{42-9} 在左坝肩坝顶垫座上游侧向下起裂，断层 f_{13} 在右坝肩坝顶高程坝踵处起裂后扩展至坝顶以上高程，断层 f_{18} 在右坝肩高程 1640.00m 附近坝趾处开始起裂。

（5）当超载倍数为 $3.6P_0$ 时，断层 f_{42-9}、f_{13}、f_{18} 上的裂缝沿结构面逐渐扩展；右坝肩断层 f_{14} 在下游高程 1820.00m 的坝趾附近开始出现微裂缝。

（6）当超载倍数为 $4.0P_0$ 时，上游坝踵附近岩体表面产生多条拉裂缝；左坝肩坝顶处的裂缝沿断层 f_{42-9} 向上游扩展至高程 1870.00m，向下游扩展至高程 1940.00m，煌斑岩脉在垫座下游侧的平台上起裂，产生一条水平裂缝；左坝肩下游中部高程 1700.00m 坝趾附近，断层 f_2、层间挤压错动带出露处及附近岩体表面开始出现裂缝；右坝肩断层 f_{13} 上的裂缝向顶部扩展至高程 1920.00m；断层 f_{14}、f_{18} 上的裂缝沿结构面向下游扩展；右坝肩岩体在坝顶下游侧发生开裂，自拱端沿节理裂隙向下游逐渐扩展；右坝肩位于断层 f_{14} 下部的岩体表面开始出现裂缝。

(7) 当超载倍数为 $4.6P_0$ 时，大坝表面位移明显增大，位移曲线发生波动、出现转折，坝踵裂缝开裂明显、左右贯通，坝肩岩体及结构面上的裂缝不断扩展、明显增多；左拱端顶部高程 1900.00m 处的岩体表面产生两条竖向裂缝，并与断层 f_{42-9} 上的裂缝相交，煌斑岩脉上的裂缝沿结构面向下游扩展至高程 1920.00m，在高程 1940.00m 附近断层 f_5 发生开裂；右坝肩断层 f_{13} 上的裂缝向顶部扩展至高程 1940.00m，断层 f_{14} 上的裂缝沿结构面向顶部扩展至高程 1860.00m，向下沿坝趾扩展至高程 1760.00m，断层 f_{18} 上的裂缝沿结构面向下游扩展至高程 1670.00m；两坝肩中部岩体及右岸坝顶下游侧岩体开裂范围明显增大，右岸岩体裂缝自拱端向下游扩展了约 30cm（模型值，下同）。

(8) 当超载倍数为 $5.0P_0$ 时，两坝肩岩体及结构面上的裂缝继续增多，两坝肩中部岩体及右岸坝顶下游侧岩体开裂范围向下游扩展，右岸坝顶裂缝自拱端向下游扩展了约 50cm，煌斑岩脉和断层 f_5、f_{42-9}、f_{18} 上的裂缝不断延伸，其中煌斑岩脉上的裂缝向下游扩展至高程 1885.00m，断层 f_5 上的裂缝向顶部及下游不断扩展，断层 f_{42-9} 在顶部高程 1940.00～1970.00m 区间的岩体表面产生一条顺河向裂缝。

(9) 当超载倍数为 $6.0P_0$ 时，两坝肩岩体及结构面上的裂缝继续向下游扩展，右岸坝顶裂缝距拱端约 70cm，煌斑岩脉上的裂缝继续向下游扩展至高程 1820.00m；断层 f_5 上的裂缝向下游扩展至高程 1930.00m，向顶部扩展至高程 1960.00m 后转而向下游产生一条水平裂缝；断层 f_{18} 上的裂缝扩展至高程 1700.00m。

(10) 当超载倍数为 $7.0P_0$～$7.6P_0$ 时，坝体表面位移和应变较大，左右坝肩岩体表面裂缝相互交汇、贯通，拱坝、坝肩抗力体及软弱结构面出现变形不稳定状态，拱坝与地基呈现出整体失稳的趋势。

3. 最终破坏形态

(1) 坝踵与坝趾破坏。断层 f_{42-9} 自坝顶垫座处沿结构面向下开裂至高程 1870.00m；在左岸高程 1810.00～1885.00m 坝踵区域，沿坝体与垫座、垫座与岩体交汇处发生开裂，裂缝长约 25cm；断层 f_5 在左岸上游高程 1750.00～1810.00m 之间的区域发生开裂，裂缝长约 25cm；断层 f_{18} 在河床坝踵处发生开裂，裂缝长约 10cm；断层 f_{14} 在右岸上游高程 1690.00m 附近发生开裂，从坝踵沿结构面延伸长约 20cm；断层 f_{13} 在右岸自上游高程 1840.00m 处开裂，向上扩展至坝顶上部高程 1910.00m，裂缝长约 25cm，上游坝踵开裂破坏，裂缝贯通左右两岸，如图 9.3-5～图 9.3-7 所示。拱坝下游由于有贴脚的加固，沿坝趾没有发生开裂贯通，仅在右岸拱肩槽高程 1640.00m 以及高程 1760.00～1840.00m 附近，有少量裂缝出现，如图 9.3-8 所示。

(2) 左坝肩破坏。坝顶自垫座上游侧倾斜向上开裂至高程 1970.00m，开裂范围长约 50cm，其中断层 f_{42-9} 自上游坝踵附近高程 1870.00m 处沿结构面向下游开裂至高程 1940.00m，裂缝长约 40cm。煌斑岩脉在坝顶左拱端垫座下游侧边缘处起裂，沿结构面向下游开裂至高程 1680.00m 与断层 f_2 相交。断层 f_5 沿结构面自高程 1900.00m 开裂至高程 1950.00m，其附近岩体从高程 1910.00m 开裂破坏至高程 1970.00m，该区域破坏范围从I-I勘探线向下游延伸约 40cm。左坝肩下游抗力体高程 1640.00～1760.00m 区域，在断层 f_2 和

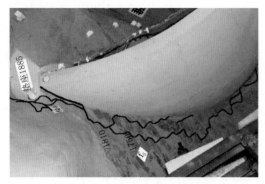

图 9.3-5 左坝肩坝踵开裂破坏形态

图 9.3-6 右坝肩坝踵开裂破坏形态

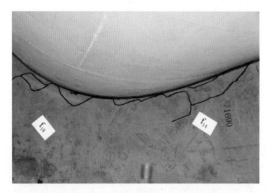

图 9.3-7 河床坝踵开裂破坏形态

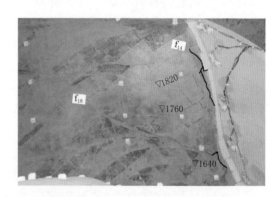

图 9.3-8 右岸坝趾开裂破坏形态

层间挤压带出露处附近，沿结构面和岩体开裂形成顺河向长 40cm、高 40cm 的破裂区。左坝肩最终破坏形态如图 9.3-9，左岸坝顶最终破坏形态如图 9.3-10 所示。

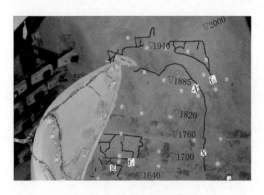

图 9.3-9 左坝肩最终破坏形态

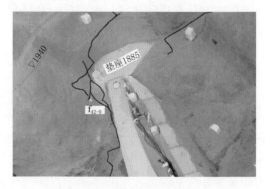

图 9.3-10 左岸坝顶最终破坏形态

（3）右坝肩破坏。坝顶自拱端上游边缘沿断层 f_{13} 倾斜向上开裂至高程 1940.00m，裂缝长约 25cm。断层 f_{14} 在高程 1800.00m，从坝趾处沿结构面向上延伸至高程 1860.00m，裂缝长约 25cm。断层 f_{18} 在高程 1640.00m 坝趾处开裂，沿结构面向下游延伸至高程 1730.00m，裂缝长约 80cm。坝肩岩体自坝顶倾斜向下游开裂至高程 1800.00m 的 f_{18} 处，开裂范围长约 85cm、宽约 20cm。右坝肩下游高程 1760.00～1820.00m 之间的岩体，沿顺河向从拱端向下游开裂扩展约 30cm。右坝肩最终破坏形态如图 9.3－11 所示，右岸坝顶最终破坏形式如图 9.3－12 所示。

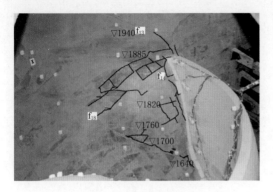

图 9.3－11　右坝肩最终破坏形态

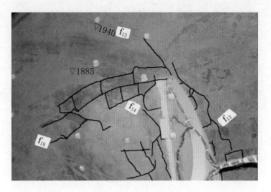

图 9.3－12　右岸坝顶最终破坏形态

综上所述，加固处理后的锦屏拱坝模型的最终破坏形态呈现出以下几点特征：①上游坝踵开裂破坏，裂缝贯通左右两岸；②下游坝趾由于贴脚的加固作用，仅在右岸断层 f_{14}、f_{18} 与坝体交汇处出现少量裂缝；③左坝肩的破坏形态表现为以断层 f_{42-9}、f_2、f_5 及煌斑岩脉为主的结构面发生开裂；④右岸坝肩开裂破坏区域主要分布在从断层 f_{18} 至坝顶的楔形体区域，在这个区域内由于断层与陡倾裂隙的相互切割，以及坝肩中部发育绿片岩透镜体，使断层 f_{13}、f_{14}、f_{18} 相继发生开裂，坝肩岩体沿陡倾裂隙方向不断开裂、扩展，最终与断层结构面相互交汇、贯通。

4. 整体安全度

综合法试验表明，在对影响坝肩稳定的主要结构面抗剪断强度降低约 30% 后，超载倍数为 1.4～1.6 倍时，上游坝踵发生初裂，当超载倍数为 4.0～4.6 时，拱坝与地基出现大变形，坝踵裂缝左右贯通，坝肩岩体及结构面上的裂缝不断扩展，明显增多。锦屏一级拱坝与地基的整体稳定综合法试验降强系数 $K_S=1.3$，拱坝与地基发生大变形时的超载倍数为 4.0～4.6，则综合法试验安全系数为 1.3×（4.0～4.6）=5.2～6.0。上述试验结果表明，拱坝基础经加固处理后，具有足够的安全度。

9.4　锦屏一级拱坝整体安全分析评价

9.4.1　整体安全度类比分析

近年来，有限元法和地质力学模型法已广泛运用于高拱坝结构特性和坝肩稳定性分析研究，积累了大量的研究成果，如何认识和评价计算与试验的结果是工程上所关心的问题。清华大学脆性结构实验室采用基于非线性有限元的变形体极限分析得到典型拱坝的大坝整体超载能力的安全度见表 9.4－1，超载法地质力学模型试验安全系数成果见表 9.4－2；四川大学水电学院综合法地质力学模型试验拱坝综合法安全度见表 9.4－3。高拱坝超载法地质力学模型试验统计分析，拱坝安全性的评价指标为，起裂安全系数 $K_1 > 1.5$～2.0，非线性变形起始安全系数 $K_2 > 3.0$～4.5，而极限承载力安全系数 $K_3 > 7.0$。

表 9.4-1　　　　　　　典型拱坝非线性有限元变形体极限分析的安全度

序号	工程名称	坝高/m	K_1	K_2	K_3
1	锦屏一级（天然地基2003年1月）	305.0	1.5~2.5	3.0~4.0	5.0
2	锦屏一级（可研基础处理，2003年9月）	305.0	1.5~3.5	3.5~4	6.0~7.0
2	锦屏一级（施工图基础处理，2006年5月）	305.0	1.5~4.0	4~5	7.5
5	小湾	294.5	1.5	3.0	7.0
6	溪洛渡（可研体形）	285.5	2.0	4.0	8.0
7	溪洛渡（优化体形）	285.5	1.5~2.0	3.0~4.0	7.5
8	拉西瓦（2004年11月）	250	1.5~2.0	3.5~4.0	6.0~6.5
9	二滩（模拟岩体黏聚力C值）	240	2.0	4.0	8.0~9.0
11	构皮滩（长委）	232.5	2.0	3.0~4.0	8.0~9.0
13	大岗山（2006年1月）	210	2.0	4.5	7.0~8.0

表 9.4-2　　　　　　　典型大坝超载法地质力学模型试验安全系数比较表

工程名称	坝高/m	K_1	K_2	K_3
锦屏一级（天然地基，2003年1月）	305.0	1.5~2.0	3.0~4.0	5.0~6.0
锦屏一级（可研基础处理，2003年9月）	305.0	2.0	3.5~4.0	6.0~7.0
锦屏一级（施工图基础处理，2006年5月）	305.0	2.5	4.0~5.0	7.5
溪洛渡（可研体形）	285.5	1.8	5.0	6.5~8.0
溪洛渡（优化体形）	285.5	1.8~2.0	4.5	8.5
大岗山（2006年1月）	210.0	2.0	4.0~5.0	9.0~10.0
二滩（模拟岩体黏聚力C值）	240.0	2.0	4.0	11.0~12.0
二滩（不模拟岩体黏聚力C值）	240.0	2.0	3.5	8.0
湖南凤滩空腹拱坝	112.5	1.5	2.0	4.0
龙羊峡重力拱坝	178.0	1.2	1.8	3.25
紧水滩	102.0	2.0	3.9	10.0
东风（厚坝）	166.0	2.0	4.0	12.0
东风（薄坝）	166.0	2.0	3.8	8.0
李家峡（天然地基）	165.0	1.6	3.0	5.4
小湾	294.5	1.5~2.0	3.0	7.0
构皮滩（处理，长江水利委员会）	232.5	2.4	4.4	8.6
拉西瓦（2004年11月）	250.0	2.0	3.5~4.0	7.0~8.0
薯沙溪	82.3	1.25~1.3	2.5	3.5
铜头（地基加固）	75.0	1.5	1.5	4.0
铜头（天然地基）	75.0	1.1	1.5	2.5
龙竹（长江科学院）	63.0	1.6	/	6.0

表 9.4－3 　　　　　　拱坝工程综合法三维地质力学模型试验安全度对比

序号	工 程 名 称	坝高/m	弧高比	降强系数 K_S	坝肩起裂超载系数	大变形超载系数 K_P	综合法试验安全系数 K_C
1	小湾（加固坝基最终方案）	294.5	3.06	1.2	1.8	3.3～3.5	3.96～4.2
2	大岗山（天然坝基）	210.0	2.96	1.25	2.0	4.0～4.5	5.0～5.6
3	白鹤滩（天然坝基含扩大基础）	289.0	2.38	1.2	1.5～1.75	3.5～4.0	4.2～4.8
4	锦屏一级（天然坝基含左岸垫座）	305.0	1.86	1.3	2.6～2.8	3.6～3.8	4.68～4.94
5	锦屏一级（加固坝基）	305.0	1.81	1.3	2.6～2.8	4.0～4.6	5.2～6.0

上游坝踵区域容易出现应力集中而拉裂，若裂缝扩展贯通，击穿防渗帷幕，将形成渗流通道，对大坝的安全造成威胁。图 9.4－1 所示为非线性有限元计算中，超载倍数为 1.5 时，多个高拱坝建基面（坝体）屈服区的分布情况。模型试验的坝踵起裂大都在超载 1.5～2.0 倍，超载 1.5 倍时，建基面（坝体）受拉导致的屈服区不击穿防渗帷幕，可作为高拱坝上游的控制标准。

坝体大面积屈服贯通说明拱坝整体出现了不可逆的塑性变形，此时大坝虽然还能继续承载，但已基本丧失正常工作功能。图 9.4－2 所示为超载 3.0 倍时多个高拱坝下游坝面屈服区的分布情况，非线性有限元数值计算中，超载 3.0 倍时下游坝面左右岸的屈服区不贯穿，可作为高拱坝下游的控制标准。国内典型高拱坝不同水荷载倍数下的总屈服区体积见表 9.4－4，锦屏一级拱坝的屈服区小于小湾，大倍数超载时小于二滩工程和白鹤滩工程，整体安全储备较大。

表 9.4－4 　　　　　　国内典型高拱坝不同水荷载倍数下的总屈服区体积　　　　　　　单位：m³

水荷载倍数	孟底沟	白鹤滩	锦屏一级	溪洛渡	大岗山	杨房沟	二滩	小湾
1.0	1601 (0.1%)	21669 (0.3%)	16328 (0.4%)	4092 (0.1%)	20424 (0.7%)	1752 (0.2%)	137 (0.0%)	959051 (12.6%)
1.5	43592 (2.3%)	463547 (6.0%)	414391 (8.9%)	193089 (3.6%)	147532 (5.0%)	27194 (3.3%)	49989 (1.3%)	1710270 (22.5%)
2.0	95966 (5.0%)	1050883 (13.5%)	802503 (17.2%)	469139 (8.7%)	283815 (9.5%)	68685 (8.3%)	412229 (10.8%)	4057387 (53.3%)
2.5	207282 (10.9%)	1820183 (23.4%)	1325547 (28.5%)	1004738 (18.7%)	436971 (14.7%)	116650 (14.1%)	1385950 (36.2%)	7355608 (96.6%)
3.0	342916 (18.0%)	3207830 (41.2%)	2026991 (43.5%)	1722089 (32.1%)	764926 (25.7%)	181689 (22.0%)	2595166 (67.9%)	12043140 (158.2%)
3.5	540943 (28.4%)	5092903 (65.4%)	2892506 (62.1%)	2691335 (50.1%)	1348123 (45.3%)	257326 (31.2%)	3814713 (99.8%)	16299990 (214.1%)
4.0	804918 (42.3%)	7474508 (96.0%)	3944147 (84.7%)	37628739 (70.0%)	2056427 (69.1%)	346897 (42.0%)	5131222 (134.2%)	—

注 　括号内屈服区体积比，为总的屈服区（坝体、坝基屈服区之和）体积与坝体体积之比。

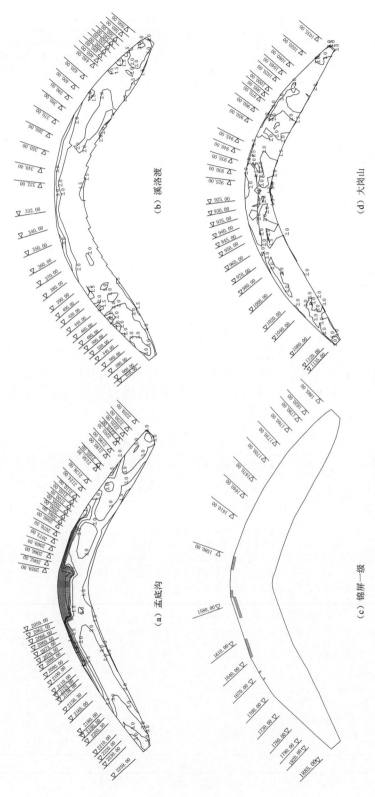

图 9.4－1　典型高拱坝超载 1.5 倍时建基面(坝体)屈服区分布图

（a）孟底沟　（b）溪洛渡　（c）锦屏一级　（d）大岗山

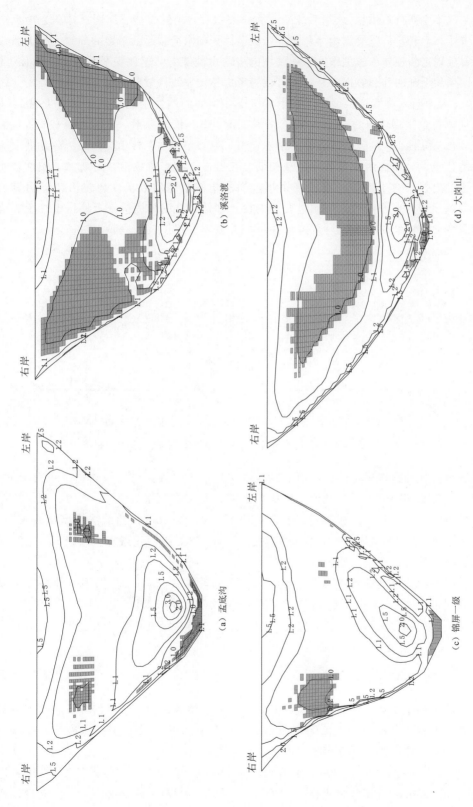

（b）溪洛渡

（d）大岗山

（a）孟底沟

（c）锦屏一级

图 9.4-2　典型高拱坝超载 3.0 倍时下游坝面屈服区分布图

超载工况下主要分析拱坝-地基系统的屈服开裂过程，塑性余能、屈服区体积也能反映坝体的工作性态，通常可以绘制塑性余能、屈服区体积随水荷载超载倍数的曲线，根据曲线性态和开裂过程判断坝体总体工作性态和拱坝的极限承载能力。超载安全系数 K_1 和 K_2 的实质即是坝踵和坝趾的开裂破损安全度，可视为考虑整体非线性效应的应力控制标准。

图 9.4-3 为国内典型高拱坝各工况下的基础和坝体的塑性余能范数，其中工况 1~9 分别表示坝体自重、坝体自重＋水荷载、正常工况、1.5 倍水荷载、2 倍水荷载、2.5 倍水荷载、3 倍水荷载、3.5 倍水荷载和 4 倍水荷载。从图 9.4-3 中可以看出，特高拱坝的塑性余能范数更大，塑性余能范数在超载初期增长缓慢，随着超载倍数的增加，塑性余能范数曲线逐渐上扬。对于锦屏一级特高拱坝，坝基塑性余能范数在高超载倍数下明显上扬，说明坝基屈服区范围较大，应通过合理的设计和针对性的加固措施，使得塑性余能范数随水荷载变化的曲线尽量平缓，以降低高拱坝开裂非稳定扩展的风险。

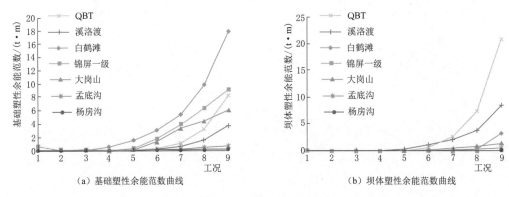

图 9.4-3 国内主要高拱坝的基础和坝体的总塑性余能范数曲线

锦屏一级拱坝的整体稳定分析，前后经过多次地质力学模型试验及相应三维有限元。计算了正常、超载和降强工况，数值分析成果表明，起裂安全系数 K_1 为 2.0，非线性超载安全系数 K_2 在 3.5~4.5，极限超载安全系数 K_3 为 7.0~8.0。超载法模型试验表明，起裂安全系数 K_1 为 2.5，非线性超载安全系数 K_2 在 4.0，极限超载安全系数 K_3 为 7.5。试验和计算结果的规律性是一致的。

锦屏一级拱坝与地基的整体稳定综合法试验降强系数 K_S 为 1.3，拱坝与地基发生大变形时的超载倍数 4.0~4.6，则综合法试验安全系数为 $1.3 \times (4.0~4.6) = 5.2~6.0$。

根据模型试验和数值计算结果，结合工程类比，锦屏一级拱坝整体安全度较高，K_1、K_2 和 K_3 均大于评价指标，整体安全性是有保证的。

9.4.2 拱坝运行期安全监测评价

拱坝监测成果是拱坝工作性态直观、有效和可靠的体现。相对于数值分析和物理模型试验等数学物理模拟，拱坝安全监测是原型观测，是分析评价拱坝安全的基础和直接手段，对于复杂地质特高拱坝安全评价具有特别重要的意义。

2012 年 11 月 30 日右岸导流洞下闸蓄水，库水位从 1648.37m 开始，至 2014 年 8 月 24 日，蓄水至 1880.00m 正常蓄水位，首次蓄水按期达到目标，至 2020 年 6 月 30 日，经历六个蓄水周期。

　　大坝径向位移整体表现为向下游，低温高水位工况下位移量值最大约44mm，出现于11号坝段高程1730.00m，高温低水位工况下位移量值最小约23mm，坝体径向位移大体以中间坝段为中心，向两岸测值逐渐变小，分布规律正常，变形协调。与库水位变化呈周期性变化，径向位移与库水位的相关系数均在0.9以上，相关性好，13号坝段大坝径向位移过程线如图9.4-4所示。大坝垂直位移呈河床中部大、靠两岸小的分布特征，14号坝段高程1664.00m沉降量最大，为16.1mm。各坝段变形协调，无突变现象，变形规律正常，大坝垂向位移如图9.4-5所示，从历年加卸载循环径向位移与库水位相关图来看，加卸载循环位移路径趋于重合，表现出准弹性、周期性和收敛性的变形特征，13号坝段1885.00m高程径向位移与库水位相关性如图9.4-6所示。

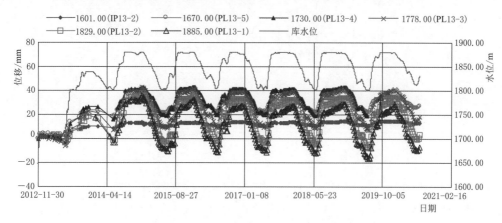

图9.4-4　13号坝段大坝径向位移过程线

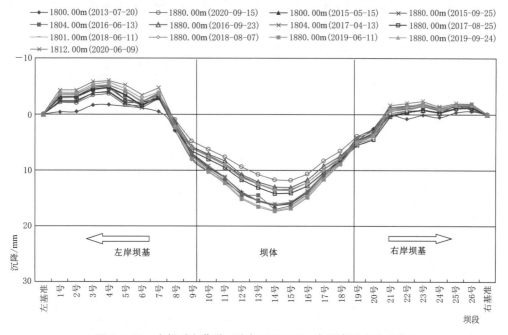

图9.4-5　大坝垂向位移（大坝1601.00m高程廊道水准观测）

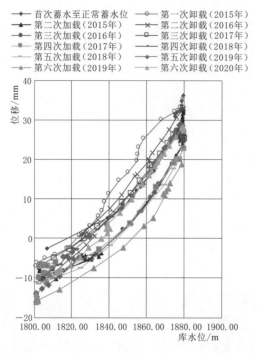

图 9.4－6 13 号坝段 1885.00m 高程径向位移与库水位相关性

锦屏一级拱坝变形具有周期相关性、空间连续性、收敛性、符合性的特点。周期相关性表现为坝体变形与库水位加卸载、温度升降同周期，变形效应量与荷载原因量相关性良好；空间连续性表现为坝体变形协调，分布规律正常，空间连续性好；收敛性表现为相同荷载变化量引起的变形增量逐步趋同；符合性表现为坝体径向位移实测值与反馈计算成果规律和量值一致。

综上，锦屏一级拱坝处于正常工作状态。

第 10 章

结语与展望

锦屏一级特高拱坝为世界第一高坝，承受的水推力巨大，坝址区地质条件极为复杂，具有高山峡谷、高地应力、高拱坝、高边坡、高水头和深部裂缝等"五高一深"的特点。坝区为不对称 V 形河谷，发育规模较大的 f_5、f_8、f_2、f_{13}、f_{14}、f_{18} 断层和煌斑岩脉等一系列软弱结构面，左岸坝肩自上游 II 勘探线至下游 A 勘探线长约 1km、距岸坡水平深约 $50\sim330m$ 范围内均有发育深部裂缝，右岸大理岩内顺坡向的层间挤压错动带发育。复杂的建坝条件，给拱坝建基面选择、拱坝体形设计、坝肩抗滑稳定分析、拱坝变形稳定、拱坝防裂设计、坝基加固处理等带来前所未有的挑战。

锦屏一级拱坝设计建设过程中，开展了大量的勘探、试验、设计和研究论证工作，取得了丰富的创新成果，以及宝贵的工程实践经验。根据勘探揭示的开发河段地质条件差异，抓住制约工程布置的突出地质问题，提出了"先避让、后布置、再处理"的总体设计思路，合理选择了坝址、坝线；结合坝基岩体条件，开展了现场灌浆试验，提出了从岩体类别、变形模量、承载能力、结构安全等方面综合分析评判的建基面确定方法；针对拱坝建基条件不对称、不均匀性突出的问题，修正了特别复杂坝基条件下的结构系数，提出了固定拱端位置、以拱冠梁驱动拱坝形态的体形描述方法，并建立了拱坝体形合理性评价体系；分析了刚体极限平衡法坝肩抗滑稳定计算的局限性，采用刚体极限平衡法、刚体弹簧元及非线性有限元的变形体极限平衡法、整体稳定分析法等多种分析方法，综合评价了拱座稳定性；由于左岸坝基抗力体抗变形能力弱，开展了坝基变形控制和加固处理方案研究，提出了拱端抗变形系数及坝基变形控制的加固目标，采用了置换垫座、传力洞、置换网格和抗力体固结灌浆为主的综合加固措施；首次提出了拱坝结构的系统防裂设计理念，以线弹性点安全度和非线性不平衡力集中区作为开裂风险区的识别方法，提出了拱坝防裂设计的方法和加固措施；对复杂地质条件的坝肩边坡变形，提出了上部倾倒为主、中下部受蓄水影响为主的变形模式，揭示了边坡长期变形机理，分析边坡长期变形对拱坝结构的影响，采用多种方法分析评价了拱坝的整体安全性。

以二滩、拉西瓦、构皮滩、小湾、溪洛渡、锦屏一级、大岗山等为代表的一大批高拱坝工程相继建成，并投入安全运行，标志着我国水电工程的特高拱坝建设技术已趋成熟，居于世界前列。在建的白鹤滩、乌东德、杨房沟、叶巴滩、旭龙、孟底沟及规划的牙根二级、松塔等高拱坝工程，也面临深山峡谷、复杂地质条件、高海拔、高寒等诸多工程建设的技术难题及挑战，锦屏一级高拱坝建基面选择、坝基变形控制、坝体防裂设计及岸坡变形对拱坝安全影响等关键技术，具有广阔的应用前景。高拱坝的建设技术仍然任重而道远，需要不断研究，不断深化，值得重点关注和进一步研究的问题如下：

（1）坝肩抗滑稳定的分析评价。刚体极限平衡法为规范规定坝肩抗滑稳定分析的基本方法，从计算分析的假定和参数取值来分析，计算结果内含了较多的安全储备，非优势结构面滑块的假定和受力与实际情况有所偏离，存在较大的局限性。锦屏一级的坝肩抗滑稳定分析，采用了刚体弹簧元法、基于有限元的变形体极限分析法、整体稳定分析等多方法相结合的坝肩抗滑稳定综合分析评判。这些方法尚未建立设计控制标准，还需要积累大量工程数据，并建立与这些分析方法相配套的控制标准。

（2）复杂地基拱坝的变形稳定控制。坝基变形控制是复杂地基拱坝结构安全关注的重要问题，研究提出了坝基变形模量的最低值、相邻部位的比值等指标要求，及坝基抗变形系数与坝基综合变形模量加固目标等概念，但坝基变形是拱坝与地基联合产生的效应，如何进行有效的坝基变形控制，怎么控制变形，需要从理论及设计中不断完善，是仍需进一步研究探索的问题。

（3）拱坝结构防裂设计。拱坝结构的防裂设计是拱坝结构安全的重要问题，导致拱坝开裂的因素很多，主要是荷载和抗力两方面，对复杂地基特高拱坝而言，坝基地质地形缺陷处理及拱坝结构抗力改善应是抗裂设计的研究重点，行业规范要求拱坝处于弹性工作状态的设计理念，赋予了拱坝较高抗裂安全裕度，但在工程实践层面，并不能完全保障拱坝不开裂，也没有相应的防裂设计要求。拱坝开裂问题是个高度非线性问题，锦屏一级拱坝开展了大量拱坝受力非线性分析探索工作。影响拱坝开裂因素很多，可能是材料、温度、渗流、徐变、流变、边坡变形因素单独或耦合作用，尚需结合数值分析和模型试验等领域的技术进步，不断深化研究，完善拱坝结构防裂设计研究。

（4）谷幅变形机理及其对拱坝结构安全的影响。近年来建设的特高拱坝，蓄水后谷幅变形的趋势和量值差异较大，而在谷幅变形的机理方面，也存在诸多不同的假设，这与工程特定的地质条件紧密相连，对具体工程的谷幅变形机理和拱坝结构产生一定的影响，仍需不断地深化认识、实践分析。在已有工程经验的基础上，揭示谷幅变形机理，评价拱坝的结构安全性，是拱坝设计需要深入研究的重要课题。

问题驱动创新，技术的发展和进步是不断面临新问题、深化认识、总结提升的过程。后续大量拟建、在建工程的设计建设和已建工程的运行，为拱坝设计关键技术厚植了创新的土壤，我国高拱坝设计技术必将提升到新的高度。

参 考 文 献

[1] 王仁坤. 我国特高拱坝的建设成就与技术发展综述 [J]. 水利水电科技进展, 2015 (5): 13 - 19. DOI: 10.3880/j. issn. 10067647. 2015. 05. 002.

[2] 荣冠, 朱焕春, 王思敬. 锦屏一级水电站左岸边坡深部裂缝成因初探 [J]. 岩石力学与工程学报, 2008 (S1): 2855 - 2863.

[3] 王胜, 黄润秋, 陈礼仪. 锦屏一级水电站深部裂缝控制性灌浆技术研究 [J]. 工程地质学报, 2012, 20 (2): 276 - 282. DOI: 10.3969/j. issn. 1004 - 9665. 2012. 02. 017.

[4] 刘国华, 吴党中, 王茂荣. 拱坝优化时建基面岩体变模的合理选用 [J]. 四川大学学报 (工程科学版), 2011, 43 (6): 48 - 52.

[5] 李维树, 周火明, 陈华, 等. 构皮滩水电站高拱坝建基面卸荷岩体变形参数研究 [J]. 岩石力学与工程学报, 2010, 29 (7): 1333 - 1338.

[6] 杨海霞. 基于遗传算法的拱坝优化设计 [J]. 水利水运科学研究, 2000 (3): 13 - 17. DOI: 10.3969/j. issn. 1009 - 640X. 2000. 03. 003.

[7] 孙林松, 张伟华, 郭兴文. 基于加速微种群遗传算法的拱坝体形优化设计 [J]. 河海大学学报 (自然科学版), 2008, 36 (6): 758 - 762. DOI: 10.3876/j. issn. 1000 - 1980. 2008. 06. 007.

[8] 杨海霞, 艾永平, 卓家寿. 多拱梁法计算拱坝位移和应力的若干问题 [J]. 水利水运工程学报, 2001 (2): 26 - 30. DOI: 10.3969/j. issn. 1009 - 640X. 2001. 02. 006.

[9] 张敬, 饶宏玲, 唐忠敏. 二滩高拱坝温度边界条件的研究 [J]. 水电站设计, 2008, 24 (1): 1 - 4, 9. DOI: 10.3969/j. issn. 1003 - 9805. 2008. 01. 001.

[10] 汪树玉, 刘国华, 杜王盖, 等. 拱坝多目标优化的研究与应用 [J]. 水利学报, 2001 (10): 48 - 53. DOI: 10.3321/j. issn: 0559 - 9350. 2001. 10. 010.

[11] 谢能刚, 孙林松, 王德信. 拱坝体型的多目标模糊优化设计 [J]. 计算力学学报, 2002, 19 (2): 192 - 194. DOI: 10.3969/j. issn. 1007 - 4708. 2002. 02. 013.

[12] S 格里戈罗夫, 郭欣, 付湘宁. 拱坝体型优化要素分析 [J]. 水利水电快报, 2013, 34 (2): 29 - 30, 37. DOI: 10.3969/j. issn. 1006 - 0081. 2013. 02. 013.

[13] 肖桃先, 莫珍, 石泽. 双河病险水库拱坝坝肩稳定分析及加固设计 [J]. 水利水电快报, 2006, 27 (22): 29 - 31. DOI: 10.3969/j. issn. 1006 - 0081. 2006. 22. 009.

[14] 陈会芳. 病险拱坝裂缝模拟分析及整体安全度评价研究 [D]. 南京: 河海大学, 2007. DOI: 10.7666/d. y1241794.

[15] 何丕廉. 铜头电站大坝的设计及运行 [J]. 四川水力发电, 2006, 25 (4): 12 - 14, 17. DOI: 10.3969/j. issn. 1001 - 2184. 2006. 04. 004.

[16] 吴德双. 四川华能铜头电站坝址区主要工程地质问题及治理措施 [J]. 四川水力发电, 2000, 19 (1): 71 - 74. DOI: 10.3969/j. issn. 1001 - 2184. 2000. 01. 030.

[17] 赵永刚. 二滩水电站坝基软弱岩带的处理方法 [J]. 水电站设计, 2001, 17 (3): 23 - 28. DOI: 10.3969/j. issn. 1003 - 9805. 2001. 03. 008.

[18] 杨弘, 涂向阳, 奚智勇. 二滩高拱坝裂缝监测与控制措施综合分析 [J]. 人民珠江, 2010, 31 (6): 66 - 69. DOI: 10.3969/j. issn. 1001 - 9235. 2010. 06. 022.

[19] 任青文, 王柏乐. 关于拱坝柔度系数的讨论 [J]. 河海大学学报 (自然科学版), 2003, 31 (1): 1 - 4. DOI: 10.3321/j. issn: 1000 - 1980. 2003. 01. 001.

[20] 朱伯芳. 混凝土拱坝的应力水平系数与安全水平系数 [J]. 水利水电技术, 2000, 31 (8): 1 - 3. DOI: 10.3969/j. issn. 1000 - 0860. 2000. 08. 001.

[21] 李瓒. 石门拱坝的坝踵裂缝 [J]. 水利学报, 1999 (11): 61 - 65. DOI: 10.3321/j. issn: 0559 - 9350. 1999. 11. 011.

[22] 龙云霄, 李瓒. 石门双曲拱坝长期运行中发生的两个问题 [J]. 西北水电, 2000 (1): 26 - 30, 68.

[23] 李华兵. 象鼻岭水电站碾压混凝土双曲高拱坝高效筑坝技术研究 [C] // 中国大坝工程学会 2017 学术年会论文集, 2017: 521 - 528.

[24] 吴清华, 周炳昊, 李欢, 等. 白山水电站重力拱坝坝基抗震稳定分析研究 [J]. 东北水利水电, 2010, 28 (5): 53 - 55. DOI: 10.3969/j. issn. 1002 - 0624. 2010. 05. 026.

[25] 刘范学. 克林水电站混凝土拱坝设计 [J]. 广西水利水电, 2013 (3): 33 - 35, 39. DOI: 10.3969/j. issn. 1003 - 1510. 2013. 03. 011.

[26] 刘世煌. 拉西瓦拱坝建基面的优化 [J]. 水力发电, 1996 (12): 17 - 20, 71.

[27] 姚栓喜, 李蒲健, 雷丽萍. 拉西瓦水电站混凝土双曲拱坝设计 [J]. 水力发电, 2007, 33 (11): 30 - 33. DOI: 10.3969/j. issn. 0559 - 9342. 2007. 11. 010.

[28] 徐建军, 徐建荣, 何明杰. 周公宅水库混凝土双曲拱坝体形优化设计 [J]. 水力发电, 2010, 36 (8): 31 - 34. DOI: 10.3969/j. issn. 0559 - 9342. 2010. 08. 010.

[29] 王进廷, 杨剑, 王吉焕, 等. 二滩拱坝应力仿真及参数敏感性分析 [J]. 水利学报, 2007, 38 (7): 832 - 837. DOI: 10.3321/j. issn: 0559 - 9350. 2007. 07. 011.

[30] 计家荣, 丁予通. 二滩拱坝设计与优化 [J]. 水力发电, 1998 (7): 25 - 28. DOI: 10.3969/j. issn. 0559 - 9342. 1998. 07. 008.

[31] 王仁坤, 林鹏. 溪洛渡特高拱坝建基面嵌深优化的分析与评价 [J]. 岩石力学与工程学报, 2008, 27 (10): 2010 - 2018. DOI: 10.3321/j. issn: 1000 - 6915. 2008. 10. 007.

[32] 张冲, 王仁坤, 汤雪娟. 溪洛渡特高拱坝蓄水初期工作状态评价 [J]. 水利学报, 2016, 47 (1): 85 - 93. DOI: 10.13243/j. cnki. slxb. 20150404.

[33] 王仁坤. 溪洛渡等特高拱坝的关键技术研究与实践 (一) [C] // 第三届全国水工抗震防灾学术交流会论文集. 北京: 中国水利水电出版社, 2011: 3 - 13.

[34] 李同春, 王仁坤, 游启升, 等. 高拱坝安全度评价方法研究 (2007 重大水利水电科技前沿院士论坛暨首届中国水利博士论坛) [J]. 水利学报, 2007 (增刊): 78 - 83, 105.

[35] 王仁坤, 赵文光, 杨建宏, 等. 300m 级高混凝土拱坝合理建基面研究与应用 [R]. 成都: 中国水电顾问集团成都勘测设计研究院, 2009.

[36] 邹丽春, 喻建清, 李青. 小湾拱坝设计及基础处理 [J]. 水力发电, 2004, 30 (10): 21 - 23. DOI: 10.3969/j. issn. 0559 - 9342. 2004. 10. 007.

[37] 马洪琪. 小湾水电站建设中的几个技术难题 [J]. 水力发电, 2009, 35 (9): 17 - 21. DOI: 10.3969/j. issn. 0559 - 9342. 2009. 09. 005.

[38] 熊远发, 张建海, 艾永平, 等. 小湾拱坝坝肩加固方案研究 [J]. 水电站设计, 2006, 22 (4): 16 - 19, 22. DOI: 10.3969/j. issn. 1003 - 9805. 2006. 04. 004.

[39] 曹去修, 王志宏, 江义兰. 构皮滩拱坝设计及优化 [J]. 人民长江, 2006, 37 (3): 23 - 25. DOI: 10.3969/j. issn. 1001 - 4179. 2006. 03. 009.

[40] 何建明, 智立新, 孙磊. 构皮滩水电站左坝肩地质缺陷深层处理 [J]. 人民长江, 2008, 39 (9): 26 - 28. DOI: 10.3969/j. issn. 1001 - 4179. 2008. 09. 013.

[41] 胡著秀, 张建海, 周钟, 等. 锦屏一级高拱坝坝基加固效果分析 [J]. 岩土力学, 2010, 31 (9): 2861 - 2868. DOI: 10.3969/j. issn. 1000 - 7598. 2010. 09. 029.

[42] 周钟, 唐忠敏. 锦屏一级水电站枢纽总布置 [J]. 人民长江, 2009, 40 (18): 18 - 20. DOI:

10.3969/j. issn. 1001 – 4179.2009.18.007.

[43] 漆祖芳，姜清辉，唐志丹，等. 锦屏一级水电站左岸坝肩边坡施工期稳定分析 [J]. 岩土力学，2012, 33 (2): 531 – 538. DOI: 10.3969/j. issn. 1000 – 7598.2012.02.033.

[44] 徐慧宁，周钟，徐进，等. 锦屏一级水电站软弱岩体高水头弱化效应的试验研究 [J]. 岩石力学与工程学报，2013 (z2): 4207 – 4214.

[45] 祁生文，伍法权. 锦屏一级水电站普斯罗沟左岸深部裂缝变形模式 [J]. 岩土力学，2002, 23 (6): 817 – 820. DOI: 10.3969/j. issn. 1000 – 7598.2002.06.038.

[46] 薛利军，饶宏玲，唐忠敏. 锦屏一级水电站拱坝整体稳定性分析和抗裂设计 [J]. 人民长江，2017, 48 (2): 14 – 16, 28. DOI: 10.16232/j. cnki. 1001 – 4179.2017.02.004.

[47] 杨剑锋，张俊德，谢文峰. 锦屏一级大坝左岸建基面 f2 断层处理施工技术 [J]. 人民长江，2017, 48 (2): 40 – 43. DOI: 10.16232/j. cnki. 1001 – 4179.2017.02.011.

[48] 饶宏玲，曾纪全，庞明亮，等. 锦屏一级拱坝岩体抗剪强度参数取值研究 [J]. 长江科学院院报，2014, 31 (11): 7 – 11, 21. DOI: 10.3969/j. issn. 1001 – 5485.2014.11.002.

[49] 刘忠绪，杨静熙. 锦屏一级水电站工程地质勘察综述 [J]. 水电站设计，2017, 33 (2): 5 – 10.

[50] 唐虎. 锦屏一级水电站左岸 f2 断层综合处理设计 [J]. 甘肃水利水电技术，2012, 48 (12): 30 – 32, 35.

[51] 柴军瑞. 拱坝坝肩岩体动力稳定性分析研究方法简述 [J]. 岩石力学，2003, 24 (10): 666 – 668.

[52] 张建海，范景伟，胡定. 刚体弹簧元理论及其应用 [M]. 成都: 成都科技大学出版社，1997.

[53] 谢德华，黄虎. 有限元方法在拱坝稳定分析中的应用 [J]. 水利水电工程，2012, 39 (4): 95 – 97. doi: 10.3969/j. issn. 1000 – 1379.2012.09.032.

[54] 庞明亮，唐忠敏，陆欣. 锦屏一级水电站拱坝坝肩稳定分析及工程措施研究 [J]. 西北水电，2012, 22 (4): 23 – 27. doi: 10.3969/j. issn. 1006 – 2610.2012.04.006.

[55] T Kawai. 离散结构分析中的新单元模型 [J]. 日本造船协会论文集，1976, 141: 174 – 180.

[56] 杨强，朱玲，翟明杰. 基于三维非线性有限元的坝肩稳定刚体极限平衡法机理研究 [J]. 岩石力学与工程学报，2005, 24 (19): 3403 – 3409. doi: 10.3321/j. issn: 1000 – 6915.2005.19.01

[57] 汝乃华，姜忠胜. 大坝事故与安全·拱坝 [M]. 北京: 中国水利水电出版社，1995.

[58] 潘家铮. 溪洛渡电站拱坝设计优化之我见 [J]. 中国三峡建设，2004, 11 (2): 4 – 5.

[59] 汝乃华. 浅议拱坝的开裂——兼谈广东长沙拱坝的开裂及其影响 [J]. 广东水利水电，2003 (4): 3 – 6. DOI: 10.3969/j. issn. 1008 – 0112.2003.04.002.

[60] 李瓒. 玛尔巴塞拱坝的破坏与拱坝上滑稳定分析 [J]. 水电站设计，2002, 18 (2): 12 – 17, 20. DOI: 10.3969/j. issn. 1003 – 9805.2002.02.003.

[61] 朱伯芳. 小湾拱坝施工期裂缝成因的再探讨 [J]. 水利水电技术，2015, 46 (4): 1 – 5. DOI: 10.3969/j. issn. 1000 – 0860.2015.04.001.

[62] 张楚汉. 高拱坝抗震研究中若干关键问题 [J]. 西北水电，1992 (2): 58 – 63.

[63] 马洪琪. 我国坝工技术的发展与创新 [J]. 水力发电学报，2014, 33 (6): 1 – 10.

[64] WANG R. Key technologies in the design and construction of 300 m ultra – high arch dams Engineering 2 (2016) 350 – 359, 2016. //doi. org/10.1016/j. wse. 2019.01.002.

[65] WANG R, CHEN L, ZHANG C. Seismic design of Xiluodu Ultra – high arch dam [J]. Water Science and Engineering, 2018, 11 (4): 288 – 301 – Elsevier//dx. doi. org/10.1016/J. ENG. 2016.03.012.

[66] 王仁坤，林鹏，周维垣. 复杂地基上高拱坝开裂与稳定研究 [J]. 岩石力学与工程学报，2007, 26 (10): 1951 – 1958. DOI: 10.3321/j. issn: 1000 – 6915.2007.10.002.

[67] 周维垣，王仁坤，林鹏. 拱坝基础不对称性影响研究 [J]. 岩石力学与工程学报，2006, 25 (6): 1081 – 1085. DOI: 10.3321/j. issn: 1000 – 6915.2006.06.001.

[68] 王仁坤，张冲，陈丽萍，等. 特高拱坝结构安全度再评价 [J]. 长江科学院院报，2014, 31

（11）：136－142，148．DOI：10.3969/j．issn．1001－5485.2014.11.027.

[69] 周钟，巩满福，雷承第．锦屏一级水电站左坝肩边坡稳定性研究［J］．岩石力学与工程学报，2006（11）：2298－2304.

[70] 周钟，唐忠敏．锦屏高拱坝复杂地基加固处理及整体安全性分析，高坝工程技术进展［M］．北京：中国水利水电出版社，2012：45－51.

[71] 祝海霞，潘晓红．锦屏一级水电站左岸抗力体固结灌浆处理设计及效果评价［J］．水电站设计，2015.

[72] 张敬，赵永刚，薛利军，等．蓄水初期锦屏一级拱坝基础处理措施工作性态分析［C］//西南 5 省第二次岩石力学大会文集，2018.

[73] 周钟，张敬，薛利军，等．蓄水初期锦屏一级拱坝工作性态分析和左岸边坡变形影响研究［C］//西南 5 省第二次岩石力学大会文集，2018.

[74] 周钟，张敬，薛利军．锦屏一级水电站左岸边坡变形对拱坝安全的影响［J］．人民长江，2017，48（2）：49－54.

[75] 周钟，饶宏玲．锦屏深切河谷高边城稳定性分析及加固措施［J］．人民长江，2009（18）：31－33.

[76] 宋胜武，郑汉淮，巩满福．左岸深部裂缝的地质待征及成因分析［J］．人民长江，2009（18）：34－36.

[77] 杨强，薛利军，王仁坤，等．岩体变形加固理论及非平衡态弹塑性力学［J］．岩石力学与工程学报，2005，24（20）：3704－3712.DOI：10.3321/j．issn：1000－6915.2005.20.016.

[78] 程立，刘耀儒，潘元炜，等．锦屏一级拱坝左岸边坡长期变形对坝体影响研究［J］．岩石力学与工程学报，2016（S2）.

[79] 杨强，潘元炜，程立，等．蓄水期边坡及地基变形对高拱坝的影响［J］．岩石力学与工程学报，2015，34（S2）：3979－3986.

[80] 杨强，潘元炜，程立，等．高拱坝谷幅变形机制及非饱和裂隙岩体有效应力原理研究［J］．岩石力学与工程学报，2015（11）.

[81] 张泷，刘耀儒，薛利军，等．基于内变量热力学的黏弹性本构方程及其基本性质研究［J］．中国科学：物理学 力学 天文学，2015（1）.

[82] 黄润秋．中国西南岩石高边坡的主要特征及其演化［J］．地球科学进展，2005，20（3）：292－297.

[83] 周创兵，陈益峰，姜清辉，等．论岩体多场广义耦合及其工程应用［J］．岩石力学与工程学报，2008，27（7）：1329－1340.

[84] 周维垣，杨若琼，刘耀儒，等．高拱坝整体稳定地质力学模型试验研究［J］．水力发电学报，2005，24（1）：53－58，64．DOI：10.3969/j．issn．1003－1243.2005.01.008.

[85] 周维垣，陈欣．锦屏双曲拱坝整体稳定分析［J］．华北水利水电学院学报，2001，22（3）：31－34．DOI：10.3969/j．issn．1002－5634.2001.03.007.

[86] 姜清辉，王笑海，丰定祥，等．三维边坡稳定性极限平衡分析系统软件 SLOPE3D 的设计及应用［J］．岩石力学与工程学报，2003，22（7）：1121－1125．DOI：10.3321/j．issn：1000－6915.2003.07.014.

[87] 位伟，段绍辉，姜清辉，等．反倾边坡影响倾倒稳定的几种因素探讨［J］．岩土力学，2008，29（z1）：431－434．DOI：10.3969/j．issn．1000－7598.2008.z1.087.

[88] 任青文，钱向东，赵引，等．高拱坝沿建基面抗滑稳定性的分析方法研究［J］．水利学报，2002（2）：1－7.

[89] 任青文．灾变条件下高拱坝整体失效分析的理论与方法［J］．工程力学，28（S2）：85－96，2011.

[90] 陈祖煜．岩质边坡稳定性分析——原理·方法·程序［M］．北京：中国水利水电出版社，2005.

索　引

《大国重器　中国超级水电工程·锦屏卷》
编辑出版人员名单

总 责 任 编 辑　营幼峰

副总责任编辑　黄会明　王志媛　王照瑜

项 目 负 责 人　王照瑜　刘向杰　李忠良　范冬阳

项 目 执 行 人　冯红春　宋　晓

项 目 组 成 员　王海琴　刘　巍　任书杰　张　晓　邹　静

　　　　　　　　　李丽辉　夏　爽　郝　英　李　哲

《复杂地质特高拱坝设计关键技术》

责 任 编 辑　宋　晓
文 字 编 辑　宋　晓
审 稿 编 辑　柯尊斌　方　平　吴　娟
索 引 制 作　张　敬
封 面 设 计　芦　博
版 式 设 计　吴建军　孙　静　郭会东
责 任 校 对　梁晓静　王凡娥
责 任 印 制　崔志强　焦　岩　冯　强
排　　　　版　吴建军　孙　静　郭会东　丁英玲　聂彦环

Contents

For this book, Chapter 1 is prepared by Rao Hongling and Zhang Jing, Chapter 2 by Wang Renkun, Zhou Zhong and Tang Zhongmin, Chapter 3 by Wang Renkun, Rao Hongling, Tang Zhongmin and Tang Hu, Chapter 4 by Zhang Jing, Zhou Zhong and Wang Renkun, Chapter 5 by Pang Mingliang and Tang Zhongmin, Chapter 6 by Zhang Jing, Zhou Zhong, Chen Qiuhua and Zhu Haixia, Chapter 7 by Xue Lijun, Zhou Zhong and Yang Qiang, Chapter 8 by Zhou Zhong, Yang Qiang, Xue Lijun and Zheng Fugang, Chapter 9 by Wang Renkun, Rao Hongling, Xue Lijun and Yang Qiang, and Chapter 10 by Zhou Zhong and Zhang Jing. Zhou Zhong and Zhang Jing are responsible for the overall planning of this book, Zhang Jing takes charge of the final compilation and editing of this book, and Professor Ren Qingwen of Hohai University checks the draft.

This book systematically summarizes the main research findings on design of Jinping – 1 Arch Dam under complex geological conditions. Generations of reconnaissance, design and research personnel of POWERCHINA Chengdu Engineering Corporation Limited have paid hard work and condensed their wisdom after decades of research and practice. Tsinghua University, Wuhan University, Sichuan University, Hohai University and China Institute of Water Resources and Hydropower Research participate in the research of relevant scientific research topics. The scientific research project of Jinping – 1 construction is funded by Yalong Hydropower Development Co., Ltd. In the review of each stage, China Renewable Energy Engineering Institute and Yalong Hydropower Development Co., Ltd. give strong support. Hereby, we would like to express our sincere thanks to the leaders, experts and scholars of the above units.

The preparation of this book receives great support from the leaders and colleagues at all levels of Power China Chengdu Engineering Corporation Limited and China Water & Power Press has also made great efforts for the publication of this book. We would like to express our heartfelt gratitude to them!

Due to the limitation of the editors and lack of time, errors and deficiencies are inevitable. Please criticize and correct.

Authors
July 2021

lyzed, a variety of dam axis types are compared, and the optimization design method and evaluation system of arch dam shape are established. The proposed optimized shape has good adaptability to the dam foundation conditions. In Chapter 5, sliding mode of the arch abutment is analyzed, and the sliding stability of the arch abutment of Jinping – 1 Arch Dam is comprehensively analyzed and demonstrated by using various analysis methods such as rigid body limit equilibrium, deformation body limit equilibrium and overall stability analysis. In Chapter 6, the problems and research ideas of dam foundation deformation control of high arch dam are put forward, the anti – deformation coefficient of abutment is constructed, and the deformation control objectives of dam foundation are put forward. Through analysis and comparison, comprehensive reinforcement measures for cushion, consolidation grouting of resistant body, grid replacement and force transfer tunnel are determined, and a variety of analysis methods are used to demonstrate the effectiveness and rationality of reinforcement measures. In Chapter 7, the main influencing factors of arch dam cracking are analyzed, the anti – cracking design concept for arch dam structure system is put forward, the main areas with cracking risk are identified, and the targeted anti – cracking and reinforcement measures are taken to reduce the cracking risk of arch dam. In Chapter 8, the stability and deformation characteristics of left dam abutment slope are introduced, the theory of pore plasticity of fractured rock mass is put forward, the long – term deformation mechanism of the high and steep slope of the left bank abutment is revealed, the convergence of long – term deformation of slope is predicted by viscoelastic – plastic rheological analysis method, and the influence of long – term slope deformation on arch dam safety is studied and evaluated. The arch dam has a strong capacity to adapt to the deformation of dam abutment slope. In Chapter 9, the overall stability analysis of arch dam foundation is carried out by using three – dimensional nonlinear finite element method and geomechanical model test. It is demonstrated that Jinping – 1 Arch Dam has excellent overload capacity. In Chapter 10, the achievements and application results of the design and research of Jinping – 1 super high arch dam under complex geological conditions are summarized, and the issues worthy of further attention and research are put forward.

specific structure and lithology, and the unloading depth is large. The horizontal depth of unloading of marble in the middle and lower part of the valley slope is 150 – 200m, the horizontal depth of unloading of sand and slate in the middle and upper part reaches 200 – 300m, and the distribution length along the river is almost 1000m. The unloading cracks are mostly relaxed and opened along the structural joint of the rock mass, and the crack opening is 10 – 20cm. This rare geological phenomenon is called deep unloading. Prominent geological problems such as severely asymmetric topographical and geological conditions, large – scale weak structural plane and deep unloading bring unprecedented challenges to the selection of arch dam foundation surface, design of arch dam shape, sliding stability analysis of abutment, deformation and stability of arch dam, cracking prevention design of arch dam and reinforcement treatment of dam foundation. There are also problems of continuous deformation of the abutment on the left bank and its impact on the structural safety of the arch dam. In order to solve the above problems, a series of scientific research and in – depth research have been carried out to break through the conventional design theories, methods and specifications, and explore a set of design and analysis methods suitable for the construction of super high arch dam under complex conditions, which effectively supports the design and construction of Jinping – 1 Arch Dam.

This book is organized in 10 chapters. In Chapter 1, the background of the project and the selection of dam site and dam type are introduced, and the key technical problems in the design of Jinping – 1 super high arch dam are analyzed. In Chapter 2, aiming at the impact of complex engineering geology and left bank deep cracks on the dam construction, the formation mechanism of deep cracks is studied, the impact is analyzed from the aspects of mountain stability, arch abutment stability, dam foundation deformation stability and dam foundation seepage control stability, the corresponding engineering measures are put forward, and the feasibility of dam construction is demonstrated. In Chapter 3, the requirements and approaches for the selection of arch dam foundation rock mass are put forward. Through the fine selection of dam axis, the impact of deep cracks and weak zone is reduced. Combined with the field grouting test, the available rock mass is determined. The selected arch dam and cushion foundation surface meet the safety control requirements through structural analysis. In Chapter 4, the shape design conditions of arch dam are ana-

Foreword

Arch dam is a high – order statically indeterminate space shell structure that can give full play to the performance of concrete materials. Compared with other dam types, arch dam is usually thinner and has better seismic performance. It is a dam type with superior economy and safety, and has developed rapidly all over the world. Until the end of the last century, more than 20 super high arch dams with height greater than 200m were built. Representative projects abroad include Inguri Dam, Mauvoisin Dam, Sayano – Shushenskaya, Glen Canyon Dam, Dez Dam and Kolnbrein Dam. The Ertan Arch Dam, with a maximum dam height of 240m, is the first dam with height exceeding 200m in China. With the development of arch dam construction technology, the dam height is advancing to 300m level, the hydraulic thrust of arch dam rises sharply, the stress level of dam improves significantly, the seismic effect increases significantly, and the requirements for the stress of dam structure and dam foundation conditions are higher. Therefore, the arch dam must be built on the corresponding dam foundation, which must have sufficient bearing capacity, stability, safety and reliability.

Jinping – 1 super high arch dam is the highest dam in the world and bears huge hydraulic thrust. Under the normal storage water level of 1880.00m, the dam body bears a total hydraulic thrust of nearly 13.5 million tons, and the geological conditions of its dam site are also extremely complex. Above the dam crest (EL. 1885.00m), the slope is up to 1315 – 1715m high. The valley slope is steep with a typical V – shaped canyon. The dam area is an asymmetric terrain with the right bank steeper than the left bank and the lower part steeper than the upper part. A series of large – scale weak structural planes such as f_5, f_8, f_2, f_{13}, f_{14} and f_{18} faults and lamprophyre dike are developed in the dam foundation. The rock mass on left bank is strongly unloaded due to the influence of

I am glad to provide the preface and recommend this series of books to the readers.

Zhong Denghua

Academician of the Chinese Academy of Engineering

December 2020

All these have technologically supported the successful construction of the Jinping – 1 Hydropower Station Project.

The Jinping – 1 Hydropower Station Project is located in an alpine and gorge region with steep topography, deep river valley, faults development, high in – situ stress, limited space and scarce social resources. I have led the team of Tianjin University to study on the "Key Technologies in Modeling and Analysis of Hydropower Engineering Geology" in the feasibility study stage of the Jinping – 1 Project. We have researched the theoretical method to model and analyze the hydropower engineering geology based on such engineering and technical issues as complex geological structure, great amount of information, real – time analysis and quick feedback in accordance with the engineering design and construction of major hydropower projects. Moreover, we have proposed a 3D unified modeling technology for hydropower engineering geology by coupling multi – source data, which wins the Second National Prize for Progress in Science and Technology. We have studied the "concrete construction quality and real – time control system for construction progress for high arch dam", proposed a dynamic acquisition system of dam construction information and a real – time control system for high arch dam concrete construction progress and an integrated system for high arch dam concrete construction information, and established a dynamic real – time control and warning mechanism for quality so that the dam construction quality and progress are always under control, providing technical support for the efficient and high – quality construction of Jinping – 1 Hydropower Station. I have visited the construction site for many times and remember the experience here vividly. Seeing the successful construction of Jinping – 1 Hydropower Station, I am deeply impressed by the hardships during the construction of Jinping – 1 Hydropower Station and proud of the great achievements.

This series of books, as a set of systematic and cross – discipline engineering books, is a systematic summary of the technical research and engineering practice of Jinping – 1 Hydropower Station by the designers of Chengdu Engineering Corporation Limited. I do believe that the publication of this series of books will be beneficial to the hydropower engineering technicians and make new contributions to the hydropower development.

charge and energy dissipation for high arch dam hub in narrow valley, safety monitoring analysis of high arch dams, and technical difficulties in research on and practice of aquatic ecosystem protection. Also, these books study the influence of deep cracks in the left bank on dam construction conditions, and establishes a rock body quality classification system under the influence of deep cracks. Moreover, the researchers propose the deformation stability analysis method for arch dam foundation controlled by the deformation coefficient of arch end, take measures to reinforce the arch dam resistance body, and also put forward the design concept and method for crack prevention of the arch dam structure. The researchers adopt the dissipated energy analysis method for surrounding rock stability, expanding analysis method for surrounding rock failure and long – term stability analysis method, reveal the evolutionary mechanism of progressive failure of surrounding rock of underground powerhouse and evaluate the long – term stability and safety of underground cavern surrounding rocks. For flood discharge and energy dissipation of high arch dams, the researchers propose and realize the energy dissipation technology by means of outflowing by multiple outlets without collision, which significantly reduces the effects of flood discharge atomization, and develop the method to mitigate aeration through super high – flow spillway tunnels and dissipate energy through dovetail – shaped flip buckets. The feedback analysis is performed for the working behavior safety monitoring of high arch dams and safety evaluation is conducted for the deformation and stress behavior during the operation period. Also, a safety monitoring system is established for the working behavior of the super high arch dam during the initial impoundment period and operation period. Jinping – 1 Hydropower Station sets up the environmental protection consciousness of "ecological priority without exceeding the bottom line", adheres to the social consensus of "harmonious coexistence between human – beings and the nature", coordinates the relationship between hydropower development and ecological protection and plans the ecological optimization and scheduling, long – term tracking monitoring and dynamic adjustment of countermeasures, which solves the difficulties in the significant hydro – fluctuation reservoir and protection of aquatic organisms in the Yalong River bent section, and actively promotes the sustainable development of ecological and environmental protection.

Such hydropower projects with high arch dams were designed and completed at the beginning of the 21st century, including Jinping – 1, Xiludu and Dagangshan ones. In addition, the high arch dams of Yebatan and Mengdigou were designed. Among them, the Jinping – 1 Hydropower Station, with the highest arch dam all over the world, is faced with quite complex engineering geological conditions and the greatest difficulty in foundation treatment. Also, the Xiludu Hydropower Station is provided with the most flood discharge outlets on the dam body and the largest flood discharge capacity and the greatest difficulty in the design of arch dam structure. The seismic fortification horizontal acceleration of Dagangshan Project is 0. 557g, which is the most difficult in seismic design of arch dam. PowerChina Chengdu Engineering Corporation Limited has a complete set of core technologies in the design of arch dam shape, anti – sliding stability of arch dam abutment, aseismic design of arch dam, foundation treatment and design of arch dam under complex geological conditions, flood discharge and energy dissipation design of hub, temperature control and structure crack prevention design and three – dimensional design. It is bestowed with the international – leading design technology of high arch dams.

The Jinping – 1 Hydropower Station, with the highest arch dam all over the world, is located in a region with complex engineering geological conditions. Thus, it is faced with great technical difficulty. Chengdu Engineering Corporation Limited is brave in innovation and never stops. For the key technical difficulties involved in Jinping – 1 Hydropower Station, it cooperates with famous universities and scientific research institutes in China to carry out a large number of scientific researches during construction, make scientific and technological breakthroughs, and solve the major technical problems restricting the construction of Jinping – 1 Hydropower Station in combination with the on – site construction and geological conditions. In the series of books under the National Press Foundation, including Great Powers – China Super Hydropower Project (Jinping Volume), the researchers summarize the major engineering geological difficulties in Jinping – 1 Hydropower Station, key technologies for design of super high arch dams, surrounding rock failure and deformation control for underground powerhouse cavern group, key technologies for flood dis-

Preface II

The Yalong River extends for thousands of miles and the construction of high dams is vigorously developing. The Yalong River originates from the snow – covered mountains of the Qinghai – Tibet Plateau and flows into the deep valleys and ravines of the folded belt of the Hengduan Mountains after joining with many streams and rivers. It rushes down with majestic grandeur and magnificence and meets the world's highest dam in the great river bay of Jinping Mountains on Panxi Region, forming an area with high gorges and flat lakes, which is known as the Jinping – 1 Hydropower Station. Among the existing dam types, the arch dam transmits the water thrust to the mountains on both sides of the river through making full use of the high compressive strength of concrete. It has a good loading and adjustment ability, which, to some extent, can adapt to the changes of complex geological conditions, structural form and load case. The arch dam is featured by good anti – seismic property, small work quantities and economical investment as well as strong overload capacity and favorable economic security. Jinping – 1 Hydropower Station is located in an alpine and gorge region, the rock body of dam foundation is dominated by marbles and the upper elevation part of left bank is composed of sandstones and slates, with the width – to – height ratio of the valley being 1. 64. Therefore, a concrete double – arch dam is the best choice. Currently, the design and construction technology of high arch dams has gained rapid development. PowerChina Chengdu Engineering Corporation Limited designed and completed the Ertan and Shapai High Arch Dams at the end of the 20th century. The Ertan Dam, with a maximum dam height of 240m, is the first concrete dam reaching 200m in China. The roller compacted concrete dam of Shapai Hydropower Station, with a maximum dam height of 132m, was the highest roller compacted concrete arch dam all over the word at that time.

arch dam hub in narrow valley, safety monitoring analysis of high arch dams, and design & scientific research achievements from the research on and practice of aquatic ecosystem protection. These books are deep in research and informative in contents, showing theoretical and practical significance for promoting the design, construction and development of super high arch dams in China. Therefore, I recommend these books to the design, construction and management personnel related to hydropower projects.

Ma Hongqi
Academician of the Chinese Academy of Engineering
December 2020

and warning system during engineering construction, water storage and opera-
tion period. Aquatic ecosystem protection in the development and construction
of hydropower stations, especially which of Yalong River Bent Section at
Jinping Site, is of great significance. This research elaborates the ecological and
environmental protection issues including the maintenance of eco – hydrological
process, the influence of water temperature in large reservoirs, water intake by
layers, fish enhancement and releasing, the protection of fish habitat in Yalong
River Bent at Jinping site, and the ecological operation of cascade power
station. The main technological research achievements of Jinping – 1 Hydro-
power Station reach the international leading level. The engineering design and
scientific research project of Jinping – 1 Hydropower Station have won one Na-
tional Award for Technological Invention, 5 National Prizes for Progress in Sci-
ence and Technology, 16 first or special prices at provincial or ministerial level
for progress in science and technology, and 12 first prizes at provincial or minis-
terial level for excellent design. Jinping – 1 Hydropower Station was awarded
the title of "highest dam" by Guinness World Records in 2016, and won Zhan
Tianyou civil engineering award in 2017, FIDIC Project Awards for
Outstanding Achievements in 2018, and the National Quality Engineering Gold
Award in 2019. The Jinping – 1 Hydropower Station has been operating safely
for 6 years, and its innovative technological achievements have been popularized
and applied in many hydropower projects such as Dagangshan, Wudongde,
Baihetan and Yebatan ones. Jinping – 1 Hydropower Station is considered as a
new milestone in the construction of high arch dams, especially those with a
height of about 300m.

As the leader of the expert group under the special advisory group for the
construction of Jinping – 1 Hydropower Station, I have witnessed the whole
construction progress of Jinping – 1 Hydropower Station. I am glad to see the
compilation and publication of the National Press Foundation – Great Powers –
China Super Hydropower Project (Jinping Volume) . This series of books
summarize the study on major engineering geological difficulties in Jinping – 1
Hydropower Station, key technologies for design of super high arch dams, sur-
rounding rock failure and deformation control for underground powerhouse cav-
ern group, key technologies for flood discharge and energy dissipation for high

River Bent where the geological conditions are extremely complex. It encounters with major engineering geological challenges like regional stability, influence of deep cracks on the dam construction conditions, selection of engineering geological characteristics and parameters of rock body, stability of super high arch dam foundation rock and deformation and failure of underground cavern. The dam foundation is developed with lamprophyre vein and multiple large-scale faults and other fractured weak zones. The rock body on left bank is strongly unloaded due to the influence of specific structure and lithology. The large unloading depth and the development of deep cracks bring unprecedented challenges to the deformation control of arch dam foundation, reinforcement treatment and structural crack prevention design. The researchers put forward the optimize method of arch dam shape under complex geological conditions, propose the dam foundation reinforcement design technology of deformation resistance coefficient at arch end, and analyze and evaluate the influence of long-term deformation of side slope on arch dam structure. For the underground powerhouse cavern group, this research focuses on the failure of surrounding rock and time-dependent deformation caused by extremely low strength rock and poor geological structure, and analyzes the rock characteristics of triaxial loading-unloading and rheology, reveals the evolutionary mechanism of progressive failure of surrounding rock of underground powerhouse, and proposes a complete set of technologies to stabilize and control the deformation of surrounding rock of underground cavern group. The flood discharge and energy dissipation of high arch dam through collision has solved the difficulty involved in flood discharge and energy dissipation for high arch dam. However, the flood discharge atomization endangers the normal operation of E & M equipment and the stability of side slope. The research puts forward the energy dissipation technology by means of outflowing by multiple outlets without collision, which significantly reduces the effects of flood discharge atomization on bank slope. Under such complex environments as high waterhead, high seepage pressure, continuous deformation of high side slope at the dam abutment on the left bank and complicated geological conditions, the difficulties in safety monitoring and warning technology exceeds those in the existing projects at home and abroad. The research has been completed for safety monitoring

Arch dams are famous for their reasonable structure, beautiful shape, high safety capacity and small work quantities. When the geological conditions permit, an arch dam is usually preferred where a high dam is built over a narrow valley with a width – to – height – ratio less than 3. From the construction of Meishan Multi – arch Dam in 1950s to the end of the 20th century, China had completed 11 concrete arch dams with a height of more than 100m, accounting for half of the total arch dams in the world, ranking first all over the world. The Ertan Double – arch Dam completed in 1999 with a dam height of 240m ranks the fourth throughout the world, indicating that Chinese high arch dams have reached the international advanced level in terms of design & construction. Hydropower works in China have been rapidly developed in the 21st century. Currently, a number of high arch dams with a height of about 300m have been available, including Xiaowan Project with a dam height of 294.5m, Jinping – 1 Project with a dam height of 305.0m and Xiluodu Project with a dam height of 285.5m. These projects not only have the characteristic of high dam height, large reservoir and large dam body volume, but also the flood discharge power and installed capacity scale are among the best in the world, which indicates that China's high arch dam design & construction technology has reached the international leading level.

The Jinping – 1 Hydropower Station is one of the most challenging hydropower projects, and developing Yalong River Bent at Jinping site has been the dream of several generations of Chinese hydropower workers. Jinping – 1 Hydropower Station is characterized by alpine and gorge region, high arch dam, high waterhead, high side slope, high in – situ stress and deep unloading. It is a huge hydropower project with the most complicated geological conditions, the worst construction environment and the greatest technological difficulty, ranking the first in the world in terms of arch dam height, complexity of super high arch dam foundation treatment, energy dissipation without collision between surface spillways and deep level outlets, deformation control for underground cavern group under low ratio of high in – situ stress to strength, height of hydropower station intakes where water is taken by layers and overall layout for construction of super high arch dam in alpine and gorge region. Jinping – 1 Hydropower Station is situated in the deep alpine and gorge region of Yalong

The wonderful motherland, beautiful mountains and rivers, peaks rising one higher than another. The Yalong River, as originating from the southern foot of the Bayan Har Mountains which are characterized by range upon range of pinnacles, runs along the Hengduan Mountains, experiencing ups and downs all the way and joining Jinsha River from north to south. Jinping – 1 Hydropower Station, located in Liangshan Yi Autonomous Prefecture, Sichuan Province, is the controlled reservoir cascade in the middle and lower reaches of Yalong River developed and planned for hydropower. Jinping – 1 Hydropower Station is huge in scale, and is a super hydropower project in China, with total install capacity of 3600MW and annual power generation capacity of 16. 62 billion kWh. With a height of 305. 0m, the dam is the highest arch dam in the world. The reservoir is provided with a full supply level of 1880. 00m. The Jinping – 1 Hydropower Station is bestowed with annual regulation performance. The construction of Jinping – 1 Hydropower Station focuses on the concepts of "green Jinping, ecological Jinping and scientific Jinping". Mainly for power generation, Jinping – 1 Hydropower Station stores water in flood season and mitigates the flood control burdens on the middle and lower reaches of the Yangtze River. Also, it can improve the downstream navigation, sediment retaining and ecological environment protection and other comprehensive benefits. The "Jinguan Direct Current Transmission" Project composed of Jinping – 1, Jinping – 2 Hydropower Stations and Guandi Hydropower Station, is the key of West – East Electricity Transmission Project, which can realize the optimal allocation of power resources throughout China. The completion of the station has improved the external and internal traffic conditions of the reservoir area, completed the development of resettlement and supporting works construction, and promoted the development of local energy, mineral and agricultural resources.

Informative Abstract

This book is a sub – volume of the *Key Technology for Design of Super – high Arch Dam under Complex Geological Conditions under Great Powers – China Super Hydropower Project (Jinping Volume)*, which is a project of the National Press Foundation. Based on the 305m super high arch dam project of Jinping – 1 Hydropower Station, this book of 10 chapters, focusing on the key technical issues such as dam construction conditions, foundation surface se-lection, shape design, arch abutment stability analysis, dam foundation de-formation control, dam crack control, abutment slope deformation impact and overall safety of the arch dam under complex geological conditions, demon-strates the feasibility of dam construction, studies and determines the available rock mass for dam foundation, carries out the optimization design of the arch dam shape, discusses and evaluates the sliding stability analysis method and stability of abutment, puts forward the anti – deformation coefficient and rein-forcement scheme of the abutment to control the deformation of dam founda-tion, identifies the cracking risk of arch dam, and carries out the rheological and weakening tests of faults and soft rocks, reveals the impact of long – term slope deformation on arch dam structure, and evaluates the overall safety of arch dam foundation with various methods. The research achievements in this book have been successfully applied to the construction of Jinping – 1 super high arch dam, which has withstood the test of project operation.

This book can be read by designers, researchers, managers and colleges teachers and students dedicated to hydropower and water conservancy projects. It also can be used as reference for other relevant professionals.